Julie Chesné

Rôle de l'IL-17A dans un modèle d'asthme allergique aux acariens

Julie Chesné

Rôle de l'IL-17A dans un modèle d'asthme allergique aux acariens

Presses Académiques Francophones

Imprint

Any brand names and product names mentioned in this book are subject to trademark, brand or patent protection and are trademarks or registered trademarks of their respective holders. The use of brand names, product names, common names, trade names, product descriptions etc. even without a particular marking in this work is in no way to be construed to mean that such names may be regarded as unrestricted in respect of trademark and brand protection legislation and could thus be used by anyone.

Cover image: www.ingimage.com

Publisher:
Presses Académiques Francophones
is a trademark of
International Book Market Service Ltd., member of OmniScriptum Publishing Group
17 Meldrum Street, Beau Bassin 71504, Mauritius

Printed at: see last page
ISBN: 978-3-8416-3388-0

Zugl. / Agréé par: Nantes, Université de Nantes, 2014

"Aucun de nous ne sait ce que nous savons tous, ensemble."

Euripide, dramaturge

REMERCIEMENTS

Au terme de ce travail, c'est avec émotion que je remercie tous ceux qui, de près ou de loin, ont contribué à la réalisation de ce projet.

Je tiens à remercier chaleureusement mon directeur de thèse, Antoine MAGNAN pour m'avoir fait confiance tout au long de ces années. Il y a maintenant 6 ans que j'ai effectué mes premiers pas au laboratoire pour mon stage de licence 3 dans votre équipe. Grâce à vous, j'ai eu l'opportunité de travailler sur divers projets et thématiques qui m'ont permis de développer mes connaissances scientifiques. Je vous remercie de la liberté d'action que vous m'avez donné à chaque étape de cette aventure. Je vous suis également très reconnaissante de toutes les discussions que nous avons pu avoir autant sur le plan scientifique que clinique. Merci de m'avoir transmis votre passion pour la "médecine translationnelle". Un grand MERCI pour votre soutien, votre gentillesse et votre optimisme sans faille. Vous avez toujours su trouver les bons mots pour m'encourager et me réconforter. Quoi qu'il en soit, j'ai beaucoup appris à vos côtés et je suis très honorée de vous avoir eu comme encadrant. Vous trouverez dans ces lignes mon grand respect et ma très sincère gratitude.

Je remercie très sincèrement Sophie BROUARD, ma co-encadrante de thèse, pour son aide précieuse en particulier sur le projet transcriptome. Vos conseils scientifiques m'ont été très bénéfiques.

Merci également au professeur Hervé LE MAREC, directeur de l'institut du thorax, pour m'avoir accueillie dans son unité.

Je remercie très chaleureusement Professeur Fan CHUNG d'avoir accepté d'assister à mon jury de thèse. C'est un honneur pour moi de vous avoir en tant qu'examinateur.

Je remercie très sincèrement Docteur Maria LEITE DE MORAES et Monsieur le Professeur Roger MARTHAN pour l'honneur qu'ils me font d'assister à ce jury et pour le temps consacré en tant que rapporteurs de mon travail.

Je remercie également Professeur François-Xavier BLANC d'avoir accepté la présidence du jury de ma thèse.

Je tiens aussi à remercier les membres de mon comité de thèse Eric THERVET et Patrick BERGER pour leurs conseils scientifiques.

J'offre bien sincèrement ma gratitude à Gervaise LOIRAND pour son aide et pour m'avoir fait confiance sur les projets en cours. Notre collaboration a vraiment été bénéfique pour moi. J'admire vos qualités scientifiques et humaines. Merci pour votre soutien au cours de ma thèse ainsi que pour vos conseils avisés.

Un grand MERCI également :

- Aux membres de l'équipe 2 "Signalisation et Hypertension Artérielle", en particulier Maître Vincent SAUZEAU. Merci à toi pour tout : ton dynamisme, ta bonne humeur, ton soutien, ton aide sur mon travail. Tu m'as transmis ta passion pour la science, je n'oublierai jamais nos discussions scientifiques. Et évidemment, merci à toi d'avoir réalisé l'ensemble des expériences "contractions bronchiques" ! Un grand merci aussi à Gilliane CHADEUF (alias Madame Gilliane). C'était un réel plaisir de travailler avec toi ! J'admire ta joie de vivre, ton dynamisme, ta rigueur au travail et surtout ta persévérance. Il est vrai que les expériences de "Western Blot" n'ont pas toujours été simples !

- A tous les membres qui m'ont accueilli dans l'équipe, notamment Yannick LACOEUILLE. J'ai effectué à tes côtés mes premiers pas dans un laboratoire. Tu as su m'enseigner avec rigueur la culture cellulaire et l'expérimentation animale. Merci également à Karine BOTTURI-CAVAILLES, sans qui mes mémoires durant ma licence et mon master n'auraient pas été aussi bien rédigés.

- A tous les stagiaires que j'ai eu le plaisir de rencontrer au cours de ma thèse : Carine GOMEZ, Philippe LACOSTE, Tiphaine BIHOUEE, Camille ROLLAND-DEBORD et enfin Dorian HASSOUN.

- Aux stagiaires qui ont travaillé avec moi, Guillaume MAHAY, Anaïs KERVALLEC, Aurélie HAUTEFORT et enfin Margaux PACAUD.

- Au noyau dur de l'équipe 6 "Pathologies Bronchiques et Allergie" : Marie-Aude CHEMINANT (mon animalière préférée), Mallory PAIN (tata MALLO), Pierre-joseph ROYER ("papa Pierre"), Maxim DURAND (mon adobe illustrateur préféré), Jennifer LOY (ma

confidente et ma copine de Gym), Sandie PARES (ma petite papuche adorée) et Damien REBOULLEAU.

- A mes collègues et amis du master et du doctorat, Sophie, Benjamin, Fabien, Damien, Jérôme et Valentine. Nous avons passé de bons moments ensemble lors de notre petite cohabitation dans le bureau des thésards. La rédaction n'aurait pas été si sympa sans votre humour, votre joie de vivre et surtout, sans les bons petits restos.

- A tout le personnel de la plateforme CYTOCELL, en particulier Nadège MAREC et Juliette DESFRANCOIS pour leur bonne humeur, leur compétence sans faille mais aussi pour leur patience (Promis, je n'oublierai plus jamais d'éteindre le cytomètre).

- A l'équipe des animaliers. Vous faites un travail exemplaire, grâce à vous, nous avons la chance d'avoir des animaux sains et des résultats reproductibles.

Je ne saurais terminer sans souligner le soutien amical et chaleureux de mes copines et copains de tous les jours qui m'ont soutenue durant ce parcours doctoral. Je nommerai en particulier ma meilleure amie, ma soeur de coeur, Marina, que je remercie spécialement pour sa sensibilité, son amitié et ses inestimables conseils durant toutes ces années. Un grand merci aussi à Pierrot et France-Anne pour leur amitié et leur gentillesse hors pair.

Mes remerciements vont également à ma belle-famille et ma famille, en particulier mes parents pour leur soutien inconditionnel et pour leur grand amour. Merci pour tout ce que vous avez fait pour moi. Merci d'avoir soutenu mon choix de carrière et de m'avoir aidée à m'y épanouir. J'ai de la chance d'avoir des parents comme vous. Vous avez toujours été là pour moi et je vous en remercie !

Les mots me manquent pour remercier à sa juste valeur, mon loulou, Faouzi BRAZA, pour son soutien moral sans faille et ses encouragements. Tu as toujours cru en moi et en mes capacités de devenir une future "chercheuse" et je t'en remercie très sincèrement. Tu le sais, j'ai adoré travailler avec toi. J'ai beaucoup appris à tes côtés. Ce travail, je te le dois car il n'aurait pas vu le jour sans toi. Je suis fière du chemin que nous avons accompli ensemble. Merci pour tout cet amour qui dure depuis 5 ans. Je suis ravie de partir avec toi en post-doc et j'espère aussi que nous passerons de très bons moments là bas.

AVANT-PROPOS

Les maladies respiratoires chroniques touchent environ 30 millions de personnes en France. Parmi les plus courantes, on retrouve l'asthme, la broncho-pneumopathie chronique osbtructive (BPCO), les fibroses pulmonaires, la mucoviscidose mais aussi des maladies vasculaires pulmonaires. La plupart de ces maladies peuvent à un stade terminal, aboutir à une insuffisance respiratoire chronique (IRC). L'IRC est généralement définie par l'existence d'une hypoxémie chronique. La prise en charge de ces maladies a comme objectif de contrôler les symptômes et ralentir l'évolution.

La physiopathologie de ces maladies n'est que partiellement connue. Plusieurs facteurs personnels (prédispositions génétiques, pathologies respiratoires associées) et/ou liés à l'environnement (infections virales ou bactériennes, allergènes, polluants, tabac) jouent un rôle essentiel sinon dans leur genèse, du moins dans leur évolution. Une des voies de recherche actuelle est d'identifier les facteurs environnementaux et personnels des pathologies respiratoires aigües et chroniques, et de caractériser les interactions entre l'environnement et le système immunitaire pulmonaire. Nous devons mieux comprendre les phénomènes cellulaires et moléculaires qui régulent l'inflammation pulmonaire et le remodelage des structures tissulaires de l'appareil respiratoire. Ce remodelage est en effet un élément majeur des maladies respiratoires chroniques qu'elles évoluent ou non vers l'insuffisance respiratoire chronique.

C'est en effet une meilleure compréhension des mécanismes cellulaires et moléculaires qui régulent l'inflammation des voies aériennes, qui a permis de mieux contrôler les maladies respiratoires bronchiques comme l'asthme, en proposant les anti-inflammatoires et les thérapies ciblées. Il faut toutefois aller plus loin, dans le but d'identifier (1) de nouveaux biomarqueurs pour la détection précoce de ces maladies ainsi que la prédiction de leur pronostic et (2) de nouvelles cibles thérapeutiques capables au minimum de les contrôler, au mieux de les guérir et au maximum de les prévenir.

L'ensemble des travaux présentés dans ce manuscrit a été réalisé au sein de l'institut du Thorax (INSERM, UMR 1087 ; CNRS 6291) et de l'Institut de Transplantation Urologie Nephrologie (INSERM, U1064).

Au cours de mon master 2, j'ai travaillé sur un projet visant à étudier le profil transcriptomique sanguin de patients en phase terminale atteints de mucoviscidose ou d'HTAP (Hypertension artérielle pulmonaire). Cette étude a permis d'identifier de nouveaux gènes associés à l'insuffisance respiratoire chronique. Le manuscrit accepté pour publication dans PLOS one est présenté à la fin de cette thèse.

Les principaux travaux présentés dans ma thèse portent sur l'étude d'un modèle d'asthme allergique aux acariens. L'originalité de ce modèle est l'association d'une sensibilisation percutanée et d'un challenge respiratoire avec un allergène mimant la pathologie humaine. L'objectif a été de caractériser le modèle puis d'identifier les mécanismes inflammatoires mis en jeu dans le développement de l'asthme allergique. Ainsi, nous avons mis en évidence un rôle clé de l'IL-17A, cytokine sécrétée par les lymphocytes T_H17 dans l'induction de l'asthme. Ce projet a fait l'objet d'une publication en révison dans Journal of Allergy and Clinical Immunology (JACI).

J'ai également participé à d'autres travaux qui s'articulent autour du modèle d'asthme allergiques aux acariens : "Identification d'une sous-population B régulatrice CD9+ capable de contrôler l'inflammation bronchique allergique" ; "Effet d'une allergie alimentaire à l'oeuf sur le développement de l'asthme allergique" ; "La vaccination ADN et peptidique dans le traitement de l'asthme allergique". L'ensemble de ces travaux a abouti à une publication publiée ou soumise.

Enfin, j'ai contribué à la réalisation d'un projet en collaboration avec l'équipe 2 "Hypertension artérielle et signalisation" mené par Gervaise Loirand et Vincent Sauzeau ayant pour objectif d'identifier le rôle d'une petite protéine G, Rac1 dans le développement de l'asthme.

SOMMAIRE

LISTE DES PUBLICATIONS ET DES COMMUNICATIONS

> **Revues didactiques**

- **Titre : IL-17 in severe asthma : where do we stand?**
  Chesné J, Braza F*, Mahay G, Brouard S, Aronica M, and Magnan A*
  Publiée dans American Journal of Respiratory and Critical Care Medicine, Août 2014
  ** These authors contribute equally to this work*

- **Titre : Regulatory functions of B cells in allergic diseases**
  *Braza F, **Chesne J**, Castagnet S, Magnan A and Brouard S*
  Publiée dans Allergy, Juillet 2014

- **Titre : Th17, neutrophiles et hyperréactivité bronchique**
  J.Chesné, F.Braza, A.Magnan
  Publiée dans Revue française d'allergologie, Février 2013

- **Titre : Preventing asthma exacerbations : What are the targets?**
  *Karine Botturi, Marie Langelot, David Lair, Anaïs Pipet, Mallory Pain, **Julie Chesne**, Dorian Hassoun, Yannick Lacoeuille, Arnaud Cavaill.s, Antoine Magnan*
  Publiée dans Pharmacology and Therapeutics, 2011

> **Lettres et articles originaux**

- **Titre : Prime role of IL-17A in a house dust mite induced- allergic asthma**
  *· **Julie Chesné***, Faouzi Braza*, Gilliane Chadeuf, Guillaume Mahay, Marie-Aude Cheminant, Sophie Brouard, Vincent Sauzeau, Gervaise Loirand and Antoine Magnan*
  Lettre en Revision, Journal of Allergy and Clinical Immunology, Juillet 2014

- **Titre : A regulatory CD9+ B cell subset controls HDM-induced allergic airway inflammation**
  Braza F, **Chesne J***, Dirou S, Mahay G, Durand M, Cheminant MA, Magnan A and Brouard S*
  Soumis dans PNAS, Novembre 2014

- **Titre : Systematic analysis of blood cell transcriptome in end-stage chronic respiratory diseases**
  J. Chesné, R. Danger*, K. Botturi-Cavaillès, M. Reynaud-Gaubert, S. Mussot, M. Stern, I. Danner-Boucher, JF. Mornex, C. Pison, C. Dromer, R. Kessler, M. Dahan, O Brugière, J. Le Pavec, F. Perros, M. Humbert, C. Gomez, S. Brouard*, A. Magnan* and the COLT consortium*
  Publiée dans Plos One, Septembre 2014

- **Titre : Food allergy enhances allergic asthma in mice**
  Tiphaine Roussey-Bihouée, Gregory Bouchaud*, **Julie Chesné***, David Lair, Camille Rolland-Debord, Faouzi Braza, Marie-Aude Cheminant, Philippe Aubert, Guillaume Mahay, Michel Neunlist, Sophie Brouard, Marie Bodinier, Antoine Magnan*
  Sous presse dans Respiratory Research, Novembre 2014

- **Titre : Vaccination with Hypoallergenic Der p 2 peptides improves respiratory function and airway inflammation in a mouse model of house dust mite-induced asthma**

  Bouchaud G, Braza F*, **Chesné J**, Lair D, Chen KW, Rolland-Debord C, Hassoun D, Roussey-Bihouée T, Marie-Aude Cheminant, Christine Sagan, Vrtala S and Antoine Magnan*

  Lettre sous presse dans Journal of Allergy and Clinical Immunology, Décembre 2014

- **Titre : Block Copolymer/DNA vaccination induces a strong allergen-specific local response in a mouse model of house dust mite asthma**

  *Camille Rolland-Debord, David Lair, Tiphaine Roussey-Bihouée, Dorian Hassoun, Justine Evrard, Marie-Aude Cheminant, **Julie Chesné**, Faouzi Braza, Guillaume Mahay, Vincent Portero, Christine Sagan, Bruno Pitard, Antoine Magnan*

  Publié dans Plos One, 2013

> **Communications orales**

- **Gene expression analysis in peripheral blood from recipients before transplantation**

  Comprehensive Pneumology Center - INSERM Winter Retreat, 2-5 Février 2012, Munich

- **Prime role of IL-17A in House Dust Mite-induced Asthma**

  EAACI Congress, Copenhague, Danemark, June 2014

  Prix du meilleur abstract (Oral Abstract session n°30 : Asthma model)

- **Etude du transcriptome sanguin chez des patients en insuffisance respiratoire chronique**

  Conférence "Transplantation pulmonaire", Assemblée nationale, Paris, Novembre 2013

- **Etude du transcriptome sanguin de patients en attente de greffe pulmonaire**

  Vaincre la mucoviscidose, Colloque des jeunes chercheurs, 2012

  Lungstorming, Paris, 2011

> **Posters**

- **IL-17 is critical for airway hyperresponsiveness in House Dust Mite exposure models of allergic asthma**

  Journée de la recherche respiratoire (J2R), Montpellier, Octobre 2013, Prix du meilleur poster

- **IL-17 is critical for airway hyperresponsiveness in House Dust Mite exposure models of allergic asthma**

  WIRM (World Immune Regulation Meeting), Davos, Suisse, Mars 2013

- **Etude de l'axe IL-17-neutrophile dans un modèle d'asthme murin allergique aux acariens**

  Journée de la recherche respiratoire (J2R), Lille, Octobre 2012

LISTE DES ABREVIATIONS

AA : Allergie alimentaire

ACh : Acétylcholine

Alum : Aluminum

CCL- : CC chemokine ligand

CCR- : C-C chemokine receptor

CEB : Cellule épithéliale bronchique

CML : Cellule musculaire lisse

CXCL- : The chemokine (C-X-C motif) ligand

DA : Dermatite atopique

DC : Cellule dendritique

Der f : Dermatophagoïdes farinae

Der p : Dermatophagoïdes pteronyssinus

GATA3 : GATA binding protein 3

HDM : House dust mite

HE : Hematoxylin and eosin

HRB : Hyperréactivité bronchique

HRP : horseradish peroxidase

ICS : Corticoïdes inhalés

IgE : Immunoglobuline E

IL : Interleukine

ILC : Cellule lymphoïde innée

iNKT : les cellules T Natural killer invariants

i.p : intrapéritonéale

KCl : Chlorure de potassium

LABA : β2 mimétiques à longue durée d'action

LBA : alvéolaire

MCh : Métacholine

MEC : Matrice extracellulaire

MEK : Mitogen-activated protein–extracellular signal-regulated kinase kinase

MMLV : Moloney Murine Leukemia Virus

NANC : système complexe non adrénergique, non cholinergique

NK : Natural Killer

NKT : les cellules T Natural killer

NLR : Nod Like Receptor

NO : Monoxyde d'azote

OCS : Corticoïdes oraux

OMS : Organisation mondial de la santé

OVA : Ovalbumine

PAMP : pathogen-associated molecular patterns

PAS : periodic acid-Schiff

PARs : protease-activated receptors

PBS : Phosphate buffer saline

Penh : Enhanced pause

PDGF : Platelet-derived growth factor

PMA : Phorbol myristate acetate

PRRs : Pattern Recognition Receptors

p.s : sensibilisation percutanée

Rac1 : Ras-related C3 botulinum toxin substrate 1

RhoA : Ras homolog gene family, member A

ROR-γt : The retinoic acid-related orphan receptor- (γt)

RPMI : Roswell Park Memorial Institute medium

SABA : β2 mimétiques à courte durée d'action

SVF : Sérum de veau foetal

T-bet : T-box transcription factor

TCR : T cell receptor

TEM : Transition trans-épithéliaux mésenchymateuse

TGF-β : Transforming growth factor beta

T$_H$: T Helper

TLR : Toll Like Receptor

Treg : lymphocytes T régulateurs

TSLP : Thymic stromal lymphopoietin

VEMS (=FEV1) : Volume expiratoire maximal par seconde

Tableaux :

CHAPITRE I : Généralités

I. Physiopathologie de l'asthme

I.1. Définition

L'asthme touche tous les groupes d'âge, mais se déclare souvent pendant l'enfance. C'est une maladie qui se caractérise par des crises récurrentes, où l'on observe des difficultés respiratoires et une respiration sifflante, et qui varient en gravité et en fréquence d'une personne à l'autre. Cette affection est due à une inflammation chronique entrainant un rétrécissement des voies aériennes et une réduction du débit d'air inspiré et expiré. La définition qui apparait dans les lignes suivantes a été donnée par un groupe d'expert internationaux (GINA, 2012).

"L'asthme est un désordre inflammatoire chronique des voies aériennes dans lequel de nombreuses cellules et éléments cellulaires jouent un rôle. Cette inflammation est responsable d'une augmentation de l'hyperréactivité bronchique (HRB) qui entraîne des épisodes récurrents de respiration sifflante, de dyspnée, d'oppression thoracique et/ou de toux. Ces épisodes sont marqués par une obstruction bronchique, variable, souvent intense, généralement réversible, spontanément ou sous l'effet d'un traitement."

Les recommandations GINA (Global Initiation for Asthma) (Koshak, 2007) antérieures ont individualisé quatre niveaux de sévérité de l'asthme (intermittent, persistant léger, persistant modéré et persistant sévère) en fonction de l'importance des symptômes diurnes et nocturnes, la fonction respiratoire, et la consommation de β2-mimétiques de courte durée d'action (tableau 1). Cette classification reste utilisée pour l'évaluation initiale d'un patient asthmatique avant traitement.

Léger intermittent	Léger persistant	Modéré persistant	Sévère persistant
symptômes diurne < 1x/sem	symptômes diurne > 1x/sem et < 1x/j	symptômes diurne 1x/j	symptômes toute la journée
pas de limitation	limitation discrète de l'activité et de sommeil	limitation modérée de l'activité et de sommeil	limitation marquée
exacerbation brèves			exacerbations fréquentes
symptômes nocturnes < 2x/mois	symptômes nocturnes > 2x/mois et < 1x/sem	symptômes nocturnes > 1x/sem et < 1x/j	symptômes nocturnes 1x/j
VEMS/DEP > 80% prédit, variabilité < 20%	VEMS/DEP > 80% prédit, variabilité < 20-30%	VEMS/DEP 60-80% prédit, variabilité > 30%	VEMS/DEP < 60% prédit, variabilité > 30%

DEP : Débit expiratoire de pointe
VEMS : Volume expiré maximal par seconde

Tableau 1 : Classification de l'asthme selon la sévérité ; d'après GINA 2007.

I.2. <u>Epidémiologie</u>

L'asthme constitue dans le monde entier l'une des pathologies chroniques les plus fréquentes. Il représente une cause de morbidité importante dans les pays occidentaux en raison de sa prévalence élevée, et une préoccupation majeure dans les pays en voie de développement (Figure 1). L'enquête épidémiologique ISAAC (International Study of Asthma and Allergies in Childhood) montre qu'au cours des dernières années, la prévalence de l'asthme est restée stable ou a diminué dans la plupart des pays industrialisés, alors qu'elle a augmenté dans la majorité des grandes villes des autres pays. Le GINA et l'OMS estiment que l'asthme atteint environ 300 millions de personnes dans le monde, et la survenue de 100 millions de nouveaux cas est prévue d'ici 2025 (Delmas and Fuhrman, 2010). Sa fréquence s'accroît depuis 20 ans d'environ 6 à 10% par an chez l'enfant, quelque soit le pays ou l'ethnie (GINA, 2004). En France, on compte plus de 4 millions d'asthmatiques avec une prévalence cumulée de l'asthme de plus de 10% chez l'enfant (de plus de 10 ans) et une prévalence de l'asthme actuel de 6,7% chez l'adulte (Delmas et al., 2012).

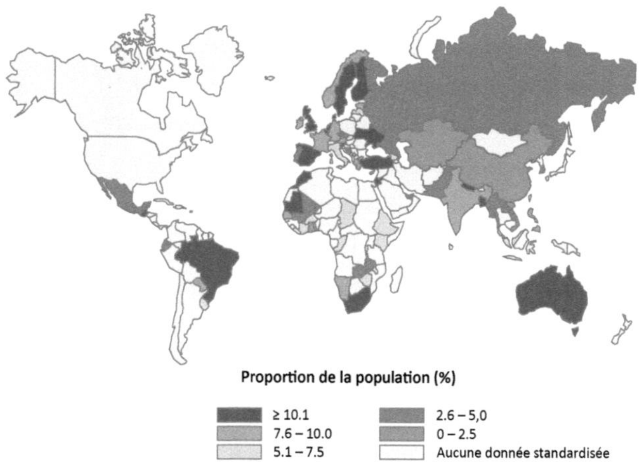

Figure 1 : Prévalence de l'asthme dans le monde ; d'après Global atlas of asthma, EAACI, 2014.

Au cours des deux dernières décennies, la mortalité par asthme a diminué grâce aux corticoïdes, un des traitements majeur de l'asthme (Wijesinghe et al., 2009; Tual et al., 2008). Néanmoins, le nombre de décès n'a pas cessé d'augmenter ces dernières années en raison d'une forte prévalence de l'asthme associé à des maladies allergiques. Ainsi, on enregistre aujourd'hui 250 000 morts par an dans le monde (Bousquet et al., 2010). La France se situe dans une position moyenne par rapport aux autres pays européens (Delmas and Fuhrman, 2010). Une récente étude épidémiologique synthétise les décès survenus entre 1980 et 2006 en France. On compte alors 1038 décès en 2006, soit un taux annuel brut de mortalité par asthme pour la France de 1,3/100000 hommes et de 2,0/100000 femmes. Comme en témoigne la figure 2, le taux standardisé de mortalité diminue progressivement chez les hommes comme chez les femmes (-9% par an entre 2000 et 2006). Cette variation est confirmée chez les enfants et jeunes adultes de moins de 45 ans avec -11% (Delmas and Fuhrman, 2010). La diminution de la mortalité associée à l'asthme au cours des dernières années est essentiellement due à une amélioration de la prise en charge des patients notamment grâce à des traitements préventifs plus appropriés.

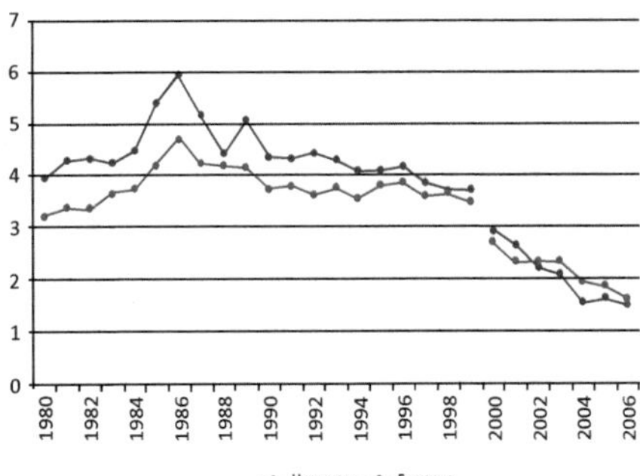

Figure 2 : Taux annuel standardisé de mortalité par asthme en France métropolitaine entre 1980 à 2006 ; d'après Delmas et al., 2010.

I.3. Impact Socioéconomique

Les coûts de santé de l'asthme sont très élevés, non seulement pour les malades et leur famille, mais aussi pour la société. Ils sont d'autant plus élevés que les traitements utilisés sont inadéquats. Le coût de santé de l'asthme au niveau mondial évalué en nombre de pertes d'« années de vie corrigées du facteur d'invalidité » (AVCI) a été estimé à 15 millions par an (Masoli et al., 2004). Le coût de cette maladie pour la société est important car elle est responsable de 600 000 journées d'hospitalisation et de 7 millions de journées d'arrêt de travail par an. Le coût de l'asthme pour la société pourrait être réduit en grande partie par une action nationale et internationale concertée. Elle consiste notamment à déterminer des interventions efficaces et peu coûteuses ou encore à actualiser les normes de soins pour les rendre plus accessibles aux différents systèmes de santé. Par sa prévalence élevée, la prévention possible des exacerbations, et les coûts élevés engendrés par cette maladie, l'asthme constitue une priorité de santé publique.

I.4. Facteurs de risques

L'asthme est une maladie multifactorielle dépendant à la fois de facteurs génétiques et d'éléments liés à l'environnement (Kleeberger and Peden, 2005; Erika von Mutius MD, 2009) (Figure 4). Il s'agit d'une affection étroitement associée à l'hyperréactivité bronchique (HRB) et à l'atopie, deux anomalies comportant également une composante génétique. L'hyperréactivité bronchique (HRB) se définit par une sensibilité exagérée des voies aériennes à divers stimuli. La plupart des asthmatiques ont une HRB prononcée mais l'HRB est aussi retrouvée chez des sujets asymptomatiques chez lesquels elle constitue un facteur de risque de l'asthme. L'atopie est une prédisposition à développer des allergies courantes, en rapport avec une hypersensibilité aux allergènes de l'environnement. Elle est définie par une réponse positive aux tests cutanés à des pneumoallergènes communs traduisant une production spontanée d'Immunoglobin(Ig) E spécifiques de l'allergie et en cas d'asthme, d'éosinophiles dans les voies aériennes (Koh and Irving, 2007). L'atopie représente la première cause de l'asthme, puisqu'elle en est responsable dans environ 90 % des cas chez l'enfant et 70% des cas chez l'adulte. Bien que la plupart des asthmatiques soient atopiques seulement une minorité de sujets atopiques deviennent asthmatiques (Burrows, 1995). La caractérisation des facteurs déclenchant ou favorisant l'asthme est cruciale pour (1) repérer l'origine habituelle des crises d'asthmes d'un individu et (2) permettre une prise en charge préventive.

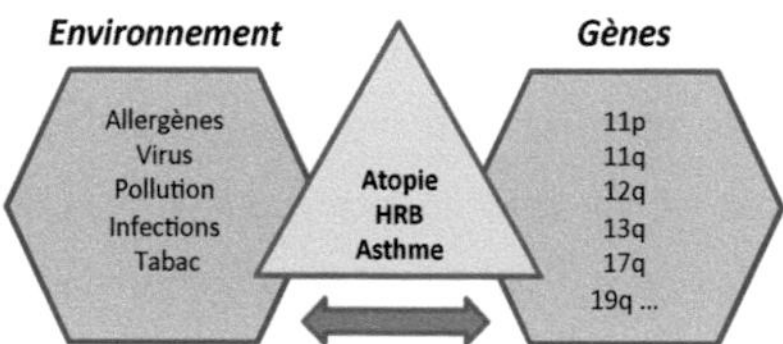

Figure 4 : Les facteurs de risques génétiques et environnementaux prédisposants le plus à l'asthme.

I.4.1. Facteurs de risque génétiques

Le risque de devenir asthmatique augmente lorsque des membres de la famille sont asthmatiques. A ce jour, plusieurs approches sont utilisées pour identifier et localiser des gènes de susceptibilité pour l'asthme. Des études de familles démontrent que 11,5% des enfants sans parent asthmatique développent un asthme contre 1/3 si l'un des parents est asthmatique et enfin 1/2 si les deux parents le sont (Burrows, 1995). Des analyses de génétique moléculaire ou analyses de liaisons menées par l'étude française EGEA (étude épidémiologique des facteurs Génétique et Environnementaux de l'asthme) entre 1991 et 1995 a permis de détecter des gènes en lien avec l'asthme et ses traits associés (Atopie et hyperréactivité bronchique) (Kauffmann et al., 2002). Par des techniques de criblage du génome, 7 régions de chromosome liées à l'asthme ou à un de ses traits associés ont été identifiées : 1p, 11p, 11q, 12q, 13q, 17q, 19q. Des analyses de polymorphismes ont permis de mettre en évidence dans la régions chromosomique 17q21, 36 variants génétiques finement corrélés avec l'asthme et l'atopie (Smit et al., 2010; Leung et al., 2009). Les variants du locus ORMDL3/GSDMB situé sur le chromosome 17q21 apparaissent spécifiques de l'asthme sévère chez l'enfant (Bønnelykke et al., 2014; Binia et al., 2010; Moffatt et al., 2007). De même, des variants de PLAUR (PLasminogen Activator Urokinase Receptor) au sein du chromosome 19q13 ont été montrés fortement corrélés avec le déclin de la fonction respiratoire (Barton et al., 2009). D'autres associations significatives au sein du génome entier ont été détectées entre l'asthme et des variants génétiques impliquant les loci suivants : Interleukine (IL)-33 (chromosome 9), IL-1RL1 (chromosome 2), SMAD3 (chromosome 15), IL-2RB (chromosome 22), HLADQ (chromosome 6), IL-17A/F (chromosome 6) (Bønnelykke et al., 2014; Moffatt et al., 2010; Wang et al., 2009). L'asthme est une maladie hétérogène tant sur le plan phénotypique que génétique. Une récente étude montre que les polymorphismes de la voie IL-33-IL-1 receptor-like 1 (IL-1RL1) sont associés avec les phénotypes de sifflements dans l'enfance et l'asthme (Savenije et al., 2014). En conclusion, même si les avancées dans le domaine de la génétique ont permis de mettre en évidence plusieurs régions du génome impliquées dans l'asthme et l'atopie, il existe une certaine discordance dans les résultats. En effet, les variants identifiés dans des populations ne sont pas forcément confirmés sur d'autres ce qui peut être en partie expliqué par une définition différente des phénotypes étudiés ou encore des différences entre origine ethnique des populations étudiées soumises à des environnements différents.

I.4.2. Facteurs de risque environnementaux

L'augmentation de la prévalence de l'asthme et de l'atopie au cours de ces dernières années est probablement due en grande partie à la modification des facteurs de l'environnement. Parmi ces facteurs, on retrouve les allergènes domestiques avec une augmentation de l'exposition aux acariens, les allergènes alimentaires avec l'oeuf qui touche près de 75% des nourrissons, les irritants domestiques, le tabagisme actif et passif mais aussi les infections virales et bactériennes. Une cause allergique est retrouvée chez 70 à 80 % des adultes asthmatiques et chez 95 % des enfants atteints. La marche atopique est un terme adopté pour désigner l'histoire naturelle des manifestations allergiques (Just, 2011). Elle se définit comme la succession de sensibilisations allergéniques aux trophallergènes (pénétration par voie digestive), puis aux pneumoallergènes (pénétration par voie respiratoire). Ces sensibilisations sont associées avec des maladies atopiques, comme la Dermatite Atopique (DA) ou eczéma, l'allergie alimentaire (AA), puis la rhinite allergique et l'asthme (Gustafsson et al., 2000).

	Asthme (oui) n=44 (%)	Asthme (non) n=50 (%)
Atopie et hérédité	78	64
Eczema et hérédité	71	46
Allaitement maternel avant l'âge de 6 mois	51	55
début d'eczema avant l'âge de 4 mois	53	49
Exposition à la fumée de tabac	38	35
Animaux domestiques	18	35
Réaction alimentaires avant l'âge de 36 mois	82	65
Réaction au lait de vache, œuf, poisson et soja avant l'âge de 36 mois	47	37

Tableau 2 : Enfants avec ou sans asthme en fonction des facteurs externes ; d'après Gustafsson D et al., 2000.

I.4.2.A. De la dermatite atopique à l'asthme

La DA ou eczéma atopique est une pathologie allergique touchant la peau préférentiellement chez l'enfant (Thomsen, 2014). Elle est souvent la première manifestation de l'atopie survenant chez des sujets génétiquement prédisposés. L'asthme et la DA sont deux maladies étroitement liées sur le plan clinique (initiation par exposition à l'allergène, forte composante familiale) et sur le plan génétique (gènes impliqués dans la réponse allergique). Plus de 60% des enfants atteints de DA développent une rhinite allergique et un asthme dans l'enfance. Récemment, il a été montré une forte corrélation entre des polymorphismes du gène filaggrine et le développement de l'asthme (Garrett et al., 2013). 19,1% des enfants asthmatiques atteints de DA durant la petite enfance ont ce polymorphisme. Sur une cohorte de 71 jeunes enfants, une étude montre que 50% d'entre eux ont une DA persistante associée à une fréquence élevée de prick et de patch tests positifs aux acariens de poussière de maison. La sensibilisation à l'acarien est un facteur de risque de la persistance de la dermatite atopique. Ainsi, les enfants qui conservent leur DA développent plus de symptômes respiratoires. En effet, plusieurs études témoignent d'une prédisposition à l'hyperréactivité bronchique (HRB) chez des patients porteurs de DA (Salob et al., 1993). L'étude de cohorte Multicentre Allergy Study (MAS) a mesuré tous les ans la sensibilisation allergénique vis à vis des allergènes respiratoires chez 1314 enfants. 77% des enfants ayant des parents atopiques et une DA sont sensibilisés aux aéroallergènes à l'âge de 5 ans. Ce facteur de risque est associé de façon significative à l'apparition d'un asthme avec une valeur prédictive de 50%. Une histoire familiale de DA et l'existence d'animaux domestiques au domicile sont des facteurs de risque de passage à un asthme persistant. La DA s'améliore dans 87% des cas, l'asthme se développe dans 43% des cas. La sévérité de la DA est un facteur de risque du passage à l'asthme. 70% des patients présentant une DA sévère développent un asthme. La mise en place d'un eczéma sévère est fortement associé à une sensibilisation allergénique multiple (aliments, urticaires) (Just, 2011).

I.4.2.B.   De l'allergie alimentaire à l'asthme

L'asthme et l'allergie alimentaire (AA) sont étroitement imbriquées, en particulier chez l'enfant (Wang and Liu, 2011). Les sensibilisations aux allergènes alimentaires apparaissent en premier lieu, suivies par les sensibilisations aux pneumoallergènes qui représentent un facteur favorisant le développement de l'asthme. Dans l'étude MAS, il a été reporté que les enfants qui restent sensibilisés plus d'un an aux trophallergènes ont un risque 5,5 fois plus élevé de développer un asthme comparé aux enfants sensibilisés de façon transitoire (Kulig et al., 1998). Il a également été montré que la sensibilisation aux allergènes alimentaires survenait chez le nourrisson et faiblissait après la première enfance, mais qu'elle est un élément prédictif de sensibilisation aux pneumoallergène et de persistence de l'asthme à l'âge de 22 ans. La prévalence des AA est largement plus élevée chez les atopiques (57%) que chez les non atopiques (17%) (Kanny et al., 2001). Les patients ayant une AA présentent en effet plus souvent des symptômes d'atopie (eczéma, rhume des fois asthme) que les témoins (Schäfer et al., 2001). Finalement, une sensibilisation persistente à un allergène alimentaire ou une co-sensibilisation avec un pneumoallergène doit être considérée comme un facteur de risque élevé de développement de l'asthme. Les AA se manifestent à travers la peau, les muqueuses, le tube digestif, l'appareil respiratoire mais aussi l'appareil cardiovasculaire. L'asthme est souvent plus fréquent au cours d'une allergie à l'arachide (13,6%) que dans les autres AA (7,6%). Une étude menée en 2006 recense une grande fréquence de l'asthme (74%) au cours des décès par AA (Bock et al., 2007). Globalement, la présence d'une AA augmente la morbidité de l'asthme, rend le contrôle de l'asthme plus difficile et surtout fait courir le risque d'asthme aigu grave pouvant mettre la vie en danger surtout chez les sujets jeunes. Tout comme la DA, plusieurs études vont dans le sens d'une HRB au cours des AA pouvant rester asymptomatique ou s'aggraver sous l'effet de facteurs tels qu'une hyperperméabilité intestinale.

Au cours de la marche atopique, la séquence dermatite atopique et/ou sensibilisation (allergie) alimentaire-asthme-rhinite allergique est habituellement décrite (Karila, 2013). Néanmoins, les mécanismes immunologiques et moléculaires impliqués dans le passage d'une AA et/ou DA à l'asthme sont mal connus. Par conséquent, il y a une nécessité de développer des modèles animaux reproduisant le passage d'une allergie alimentaire à l'asthme (Bihouée et al., 2014, publication jointe au manuscrit).

I.4.3. La théorie de l'hygiène

Les allergies sont en constante augmentation depuis 50 ans notamment dans les pays industrialisés. Plus d'une personne sur trois est concernée aujourd'hui par un problème d'allergie et les chiffres continuent d'augmenter régulièrement (OMS). Qu'est-ce qui pourrait expliquer la hausse des allergies ? La théorie de l'hygiène stipule que la diminution de l'exposition aux microbes par "excès" d'hygiène et d'antibiotiques dans la petite enfance favorise l'essor des maladies allergiques, auto-immunes, inflammatoires ainsi que d'autres comme l'obésité (Strachan, 1989). Le mode de vie aseptisé peut limiter fortement le contact entre les enfants et les micro-organismes environnants, empêchant ainsi le système immunitaire de se développer comme il le faut. Ainsi l'organisme agit de manière exagérée en réponse à des éléments inoffensifs tels que les acariens et les pollens. Plusieurs études menées par l'équipe de U.Wahn et E.Von Mutius montrent que les enfants vivant à la ferme s'exposent à un plus grand nombre et une plus grande diversité de microbes et donc sont protégés du développement des maladies allergiques et de l'asthme (Ege et al., 2011; Illi et al., 2012). En effet, l'environnement riche en éléments microbiens dans lequel les enfants d'agriculteurs ont été élevés stimule le système immunitaire et prévient les allergies (Riedler et al., 2001; Lluis et al., 2014a). A la ferme, les enfants sont très vite exposés à des animaux (vache, chien, chat) et à des microorganismes tels que les champignons, bactéries (Ege and Mutius, 2014). Cette protection allergénique peut intervenir directement pendant la grossesse. En effet, il a été montré que l'exposition aux étables des femmes enceintes pouvait activer les mécanismes de défenses immunitaires du foetus in utero (Ege et al., 2006; 2008; Frei et al., 2014; Lluis et al., 2014b). L'urbanisation et la diminution de l'environnement rural pourraient donc expliquer l'augmentation de la prévalence des allergies, en particulier les allergies respiratoires en réponse aux pollens, acariens, chien et chat (Hulin and Annesi-Maesano, 2010). D'autres facteurs ont été récemment décrits comme étant importants dans la mise en place d'un système immunitaire protecteur telle que la diversité alimentaire. De récentes données montrent que l'augmentation de la diversité de la nourriture introduite dans l'alimentation des enfants est négativement associée avec le développement de l'asthme et l'allergie alimentaire (Roduit et al., 2014). Ainsi, il existe une grande variété de facteurs impliqués dans le développement de l'allergie (Figure 5) et il n'existe pas encore une seule et unique explication pour identifier les raisons de l'allergie.

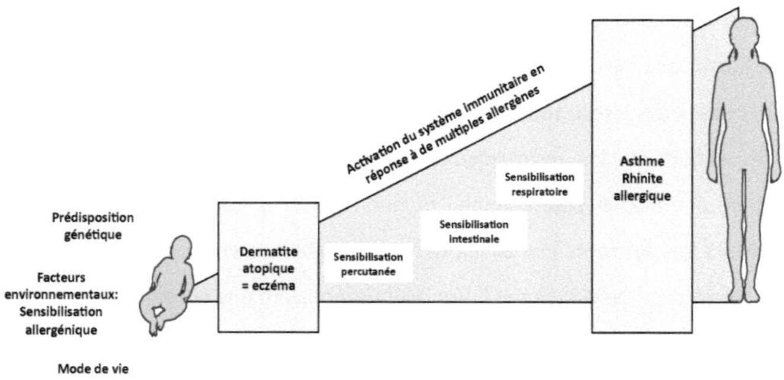

Figure 5 : Association entre la dermatite atopique et l'asthme.

I.5. <u>Les caractéristiques de l'asthme</u>

L'asthme est une maladie inflammatoire des voies aériennes qui les rend hyper-réactives à toutes sortes de stimuli (pollens, acariens, ...) favorisant l'obstruction bronchique. Cette obstruction est liées à 4 mécanismes principaux qui interviennent à des degrés divers en fonction de la sévérité de l'asthme, du type et de la durée de la crise : la contraction des muscles lisses bronchiques facilitée par l'hyperréactivité bronchique (HRB), l'inflammation de la paroi bronchique (oedème et remaniement de la structure bronchique avec infiltration de cellules inflammatoires), une production excessive de mucus épais dans la lumière bronchique et un remodelage bronchique (Hirota et al., 2009; Newcomb and Peebles, 2013) (Figure 6).

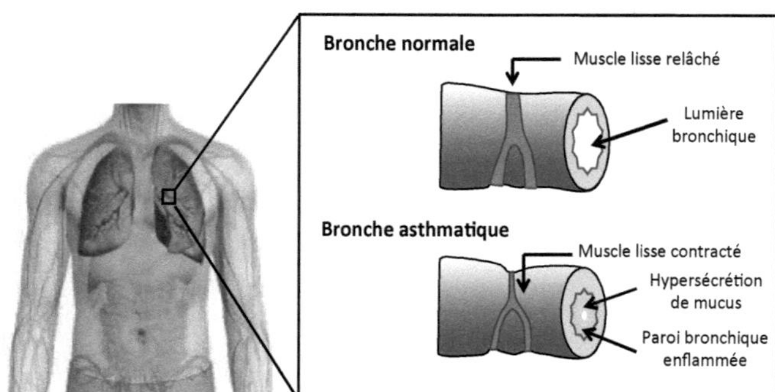

Figure 6 : Caractéristiques de l'asthme

I.5.1. L'hyperréactivité bronchique

I.5.1.A. Définition

L'hyperréactivité bronchique (HRB) est une réponse exagérée des voies aériennes vis-à-vis de stimuli n'ayant pas d'effet chez le sujet sain (Barnig and de Blay, 2013). Une forte HRB est corrélée avec la sévérité de la maladie asthmatique (Busse, 2010) (Figure 7). La preuve de l'HRB peut être visualisée en soumettant les bronches du sujet à une stimulation contrôlée avec des agents pharmacologiques connus pour ne déclencher aucune réaction chez le sujet sain à faible dose. Elle est largement augmentée lors de l'exposition allergénique chez le patient sensibilisé et diminuée en réponse à une corticothérapie inhalée.

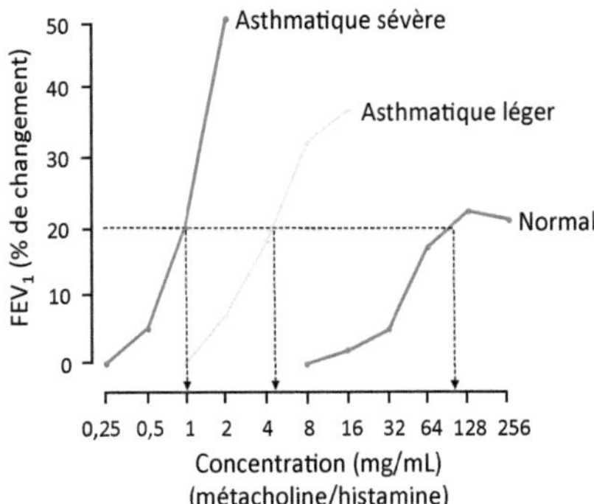

Figure 7 : Courbes dose-réponse après inhalation d'un agoniste (métacholine ou histamine) chez des sujets normaux et des asthmatiques légers à sévères ; d'après Busse et al., 2010.

Les stimuli utilisés pour induire la provocation bronchique peuvent être classés en agents directs et indirects (Busse, 2010; Ozier et al., 2011) (Figure 8). Les agents indirects induisent une contraction du muscle bronchique par la libération de médiateurs à partir de cellules inflammatoires telles que les mastocytes. La métacholine ou l'histamine sont eux des agents directs capables de contracter la musculature bronchique en agissant directement au niveau du récepteur spécifique du muscle bronchique lisse. La métacholine est le mode de stimulation le plus largement utilisé pour documenter et quantifier l'HRB. La sensibilité du test à la métacholine pour le diagnostic de l'asthme est extrêmement forte, proche de 95%. Néanmoins, le test est très peu spécifique, une HRB peut-être retrouvée chez des sujets normaux (Jatakanon et al., 2000; Prieto et al., 2003; Green et al., 2002).

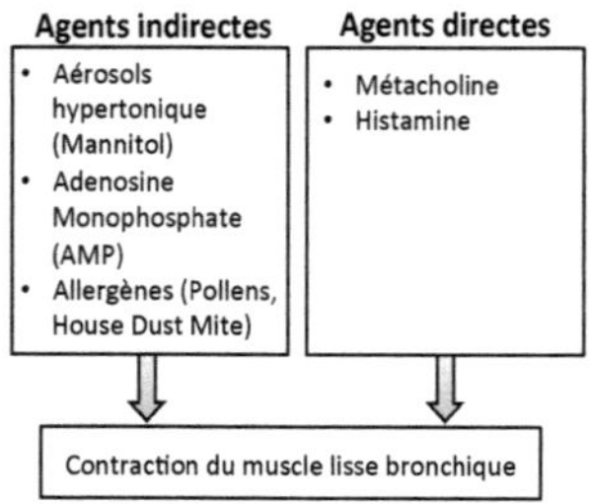

Figure 8 : Agents directs et indirects responsable de l'HRB ; d'après Busse et al., 2010.

I.5.1.B.   La contraction du muscle bronchique

L'hyperréactivité bronchique témoigne d'une contraction brutale du muscle lisse bronchique en réponse à une dose faible d'un agent pharmacologique. Le muscle lisse est organisé en faisceaux musculaires lisses encerclant les voies aériennes tout au long de l'arbre bronchique. Lors d'une contraction musculaire, il entraine une constriction et un raccourcissement de la bronche. La cellule musculaire lisse (CML) est la composante principale du muscle lisse bronchique. C'est une cellule de forme allongée, mononuclée, composée (1) de filaments contractiles d'actine dans le cytosol, (2) d'un réticulum endoplasmique et d'un appareil de golgi au pôle nucléaire. Les CML sont regroupées grâce à des jonctions d'ancrages et de communication au sein des faisceaux. En réponse à divers stimuli, la CML est capable de se contracter (Berger et al., 2002; Chung, 2007).

Un grand nombre de messagers extracellulaires contrôlent la contraction du muscle lisse bronchique. Ces messagers peuvent être classés en deux catégories : les neurotransmetteurs du système nerveux autonome et les médiateurs essentiellement produits par les cellules inflammatoires (Berger et al., 2002).

Le muscle lisse peut être stimulé par la libération de neutrotransmetteurs du système cholinergique, adrénergique et du système NANC (non adrénergique, non cholonergique). L'innervation cholinergique est le plus important système bronchoconstricteur chez l'homme. L'acétylcholine (ACh), le principal neurotransmetteur du système parasympathique agit par activation des récepteurs nicotiniques N1 et des récepteurs muscariniques M2 et M3. Le système NANC est, quant à lui, composé d'un système excitateur NANCe et inhibiteur NANCi. Les neurotransmetteurs du NANCe entraîne une bronchoconstriction comparable à celle déclenchée par la stimulation cholinergique par l'intermédiaire de neuropeptides comme la substance P. Un des neurotransmetteurs du NANCi, le monoxyde d'azote (NO) exerce un effet bronchodilatateur en inhibant l'effet contractant de l'ACh.

Une grande variété de médiateurs peut moduler la réactivité bronchique par action sur le muscle lisse (Ozier et al., 2011). Ils sont essentiellement produits par les cellules inflammatoires telles que les mastocytes, polynucléaires neutrophiles et éosinophiles, macrophages ainsi que les cellules épithéliales. Parmi ces médiateurs, on retrouve l'histamine capable d'induire un effet contractant par l'intermédiaire de son récepteur H1 présent sur le muscle lisse ; Les prostanoïdes incluant les prostaglandines (PG), la prostacycline et les thromboxanes (TX) tels que PGD2 et TXA2, deux puissants bronchocontractants ; Les leucotriènes, entre autre le LTB4 et les cysteinyl-leucotriènes (CysLTs) et la tryptase capable d'augmenter la concentration calcique de la CML par activation d'un récepteur PAR-2 (Protease Activated Receptor type 2) (Berger et al., 2001). La CML dispose également des récepteurs pour certaines cytokines, comme par exemple IL-5, IL-13, TNF-α, IL-1β et l'IL-17A (Yeganeh et al., 2013).

L'état de contraction des CML dépend (1) de la concentration en Ca^{2+} cytoplasmique impliquant le canal IP3 à la surface du réticulum sarcoplasmique (SR) et (2) de la sensibilité de l'appareil contractile au calcium (Kudo et al., 2013b) (Figure 9). La contraction bronchique est déterminée par le niveau de MLC (chaine légère de myosine) phosphorylée. La présence de $Ca^{2+/}$calmoduline augmente la phosphorylation de la MLC par la MLC kinase (MLCK). En réponse à de multiples agonistes (ACh, Métacholine), les récepteurs couplés aux protéines G (RCPG) activent des petites protéines G. La famille Rho contient 20 membres de petites GTPases, en particulier RhoA, Rac1 et CDC42. Le rôle majeur de RhoA a été démontré dans la contraction du muscle lisse vasculaire (Loirand et al., 2013) et bronchique (Chiba et al., 2010). L'activation de RhoA par le calcium inactive la MLCP via la phosphorylation d'une de ses sous-unités MYPT-1 par Rho kinase (ROCK) favorisant ainsi la contraction.

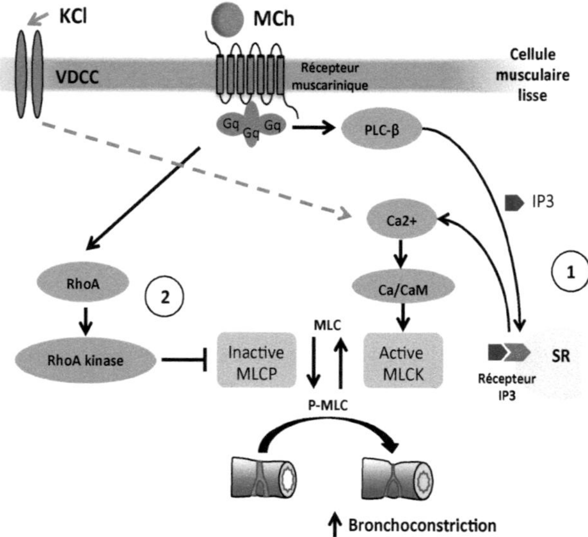

Figure 9 : Régulation de la contraction bronchique. (1) Concentration calcique (Ca) intracellulaire, voie de signalisation IP$_3$ et (2) Sensibilité calcique, phosphorylation de la MLCP par le couple RhoA/ROCK. KCl, Chlorure de potassium ; MCh, métacholine ; CaM, Calmoduline ; SR, Réticulum sarcoplasmique ; IP3, Inositol 1, 2, 5, -trisphosphate ; d'après Kudo et al., 2013.

I.5.2. L'inflammation bronchique

Les allergènes sont considérés comme responsables de cette inflammation bronchique dans les asthmes dits atopiques. Il faut savoir que 50 à 85% des asthmatiques sont typiquement allergiques aux acariens (House Dust Mite, HDM). Les maladies allergiques sont très importantes dans l'initiation de l'asthme. Les réponses immunitaires innées et adaptatives sont fortement modifiées au cours de l'asthme (Holgate, 2012).

I.5.2.A.   Mise en place de l'immunité innée

L'immunité innée est la première ligne de défense vis-à-vis des agents infectieux et allergènes qui nous entourent. Elle implique différentes composantes cellulaires : des cellules résidentes incluant les cellules épithéliales bronchiques et les cellules musculaires lisses et des cellules circulantes, en particulier les cellules dendritiques (DC), les mastocytes, basophiles, éosinophiles, neutrophiles, les cellules lymphoïdes innées (ILCs) et les cellules non conventionnelles (Deckers et al., 2013; Barrett and Austen, 2009).

I.5.2.A.a.   Les cellules épithéliales bronchiques

L'épithélium de revêtement est pseudo-stratifié et contient plusieurs types de cellules épithéliales bronchiques (CEB) : des cellules caliciformes productrices de mucus, des cellules ciliées, et des cellules basales (Figure 10) (Hirota and Knight, 2012). Les CEB sont liées les unes aux autres par des jonctions serrées permettant l'imperméabilité de la structure (Hammad and Lambrecht, 2008; Botturi et al., 2011). L'épithélium bronchique exerce 2 fonctions principales : (1) une barrière de défense contre l'invasion des allergènes et des microbes, et (2) une sécrétion des cytokines/chimiokines impliquées dans le recrutement de cellules inflammatoires (Erle and Sheppard, 2014).

La sensibilisation atopique induit une dysfonction de la barrière épithéliale permettant aux allergènes de pénétrer et d'activer l'épithélium. Les allergènes tels que les acariens contiennent des enzymes protéolytiques capables de cliver les jonctions serrées (occludine et ZO-1) des CEB et ainsi permettre l'entrée des allergènes dans la lumière bronchique mais aussi d'activer des récepteurs à la surface des CEB, les protease-activated receptors (PARs). La stimulation des PARs favorise l'ouverture des jonctions épithéliales et promeut la production de cytokines, facteurs de croissances et chimiokines par les CEB. Il a été mis en évidence une augmentation de PAR-2 sur les CEB de patients asthmatiques par rapport à des sujets contrôles. Par l'intermédiaire de récepteurs innés appelés PRR (Pattern Recognition Receptors), les CEB peuvent également reconnaître des épitopes allergéniques et des pathogen-associated molecular patterns (PAMP) (Hammad and Lambrecht, 2012). Ces PRR incluent les Nod Like receptor (NLRs) et les Toll like receptor (TLRs) (Botturi et al., 2011). Les lignées de CEB humaines ou les cellules primaires expriment un large nombre de TLRs et réagissent à une variété de ligands ou PAMPs. Le lipopolysacharide (LPS), le CpG, les ARN simple brin sont des PAMPs reconnus respectivement par les TLR4, 9 et 7. Certains types d'allergènes appartenant aux familles d'acariens *Dermatophagoides pteronyssinus* (Der p) et *farinae* (Der f) ont été décrits dans l'activation du TLR4 : Der p 2, 7 et Der f1 (Gregory and Lloyd, 2011; Trompette et al., 2009). L'activation des TLRs mène à la production de cytokines, chemokines et peptides anti-microbiens favorisant l'attraction et l'activation des cellules immunitaires innées et adaptatives (Figure 10).

Les CEB produisent une variété de chimiokines et cytokines, indispensables pour la mise en place de la réponse immunitaire innée et adaptative. Ces molécules permettent le recrutement et l'activation de cellules circulantes (lymphocytes, mastocytes, éosinophiles, mastocytes, cellules dendritiques). Elles sécrètent des chimiokines impliquées dans la migration et le recrutement des lymphocytes sur le lieu de l'inflammation comme CCL20 et CCL8 (MCP-2) (Struyf et al., 1998; Zijlstra et al., 2014) mais aussi des chimiokines ayant un rôle dans le recrutement et l'activation des neutrophiles telles que l'IL-8 (CXCL8), CXCL1, CXCL5, GM-CSF, G-CSF (Nembrini et al., 2009). L'altération de la barrière épithéliale par l'allergène contribue aussi à la sécrétion de cytokines telles que IL-25, IL-33 et TSLP. TSLP et l'IL-33 jouent un rôle crucial dans l'activation et la maturation des cellules dendritiques (DC), et la génération des lymphocytes T effecteurs de type T_H2, producteurs d'IL-4, IL-13 et d'IL-5. Elles peuvent également stimuler la production de cytokines de type T_H2 par les mastocytes et/ou les lymphocytes (Soumelis et al., 2002). L'IL-25, cytokine appartenant à la famille de l'IL-17, est capable en synergie avec la TSLP d'amplifier la réponse T_H2 (Saenz et al., 2008; Gregory and Lloyd, 2011) (Figure 10). Les signaux dérivés de l'épithélium bronchique sont indispensables pour activer les autres types de cellules innées.

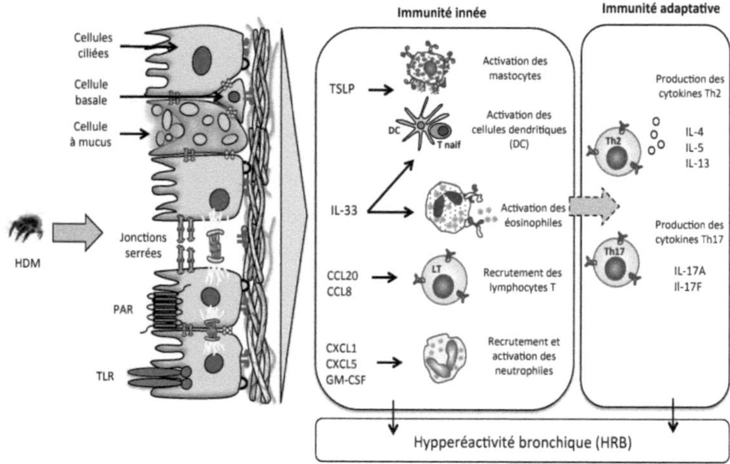

Figure 10 : Impact de l'allergène sur l'initiation de la réponse immunitaire innée.

I.5.2.A.b.   Les cellules musculaires lisses bronchiques

Le muscle lisse bronchique est également un acteur important dans l'initiation de la réponse inflammatoire dans l'asthme, particulièrement en réponse à des allergènes inhalés (Tliba et al., 2008; Roth and Tamm, 2010). Les allergènes contribuent aux recrutement des cellules immunitaires via l'activation à la surface des CMLs des récepteurs associés au système du complément tel que C3a, important dans l'activation des mastocytes (Humbles et al., 2000) et les récepteurs FcepsilonRI (spécifique des IgE) (Gounni et al., 2005) et PAR-2 (Chambers et al., 2001; Freund-Michel and Frossard, 2006), impliqués dans la contraction bronchique. En réponse à des allergènes, les CMLs sont également capables de produire des molécules d'adhésion telles que CD11α, LFA-1, CD40, CD40-L, CD44, CD80, CD86, ICAM-1, VCAM-1 nécessaires aux interactions cellule-cellule et donc à l'adhésion et au recrutement des cellules immunitaires innées. Enfin, de nombreux facteurs de croissance et cytokines peuvent être produits par la CML comme SCF (Stem cell Factor) et TGFβ, deux facteurs de croissance et chimiotactique des mastocytes ; des cytokines pro-inflammatoires non spécifiques telles que l'IL-6 ; des cytokines de type T_H1 avec l'IL-12, l'IFN-γ et de type T_H2 avec l'IL-5 ; des chimiokines impliquées dans l'attraction des polynucléaires neutrophiles et éosinophiles en particulier l'IL-8, l'eotaxine, RANTES (regulated on activation, normal T cell expressed and secreted) et Monocyte chemoattractant protein 1 (MCP-1) (Watson et al., 1998; John et al., 1997; Pepe et al., 2005). Ces molécules une fois synthétisées vont pouvoir agir sur la CML elle-même mais aussi sur d'autres cellules inflammatoires.

I.5.2.A.c.   Les cellules dendritiques

Les cellules dendritiques (DC) constituent un pont important entre l'immunité innée et adaptative. Ce sont des cellules présentatrices d'antigènes dotées de longs prolongements s'infiltrant entre les jonctions serrées de l'épithélium jusqu'à atteindre la lumière bronchique (fonction périscope) (Lambrecht and Hammad, 2003). Elles sont capables de reconnaître l'allergène via leur TLRs puis de le présenter dans les ganglions médiastinaux aux lymphocytes T naïfs et mémoires circulants (Hammad and Lambrecht, 2008; Lambrecht and Hammad, 2009). Selon les corécepteurs exprimés et les cytokines sécrétées, la DC oriente les lymphocytes T naïfs vers un profil T régulateurs (Treg) dans le cas d'une tolérance ou T effecteurs (T$_H$1, T$_H$2, T$_H$17) dans le cas d'une inflammation (Figure 11).

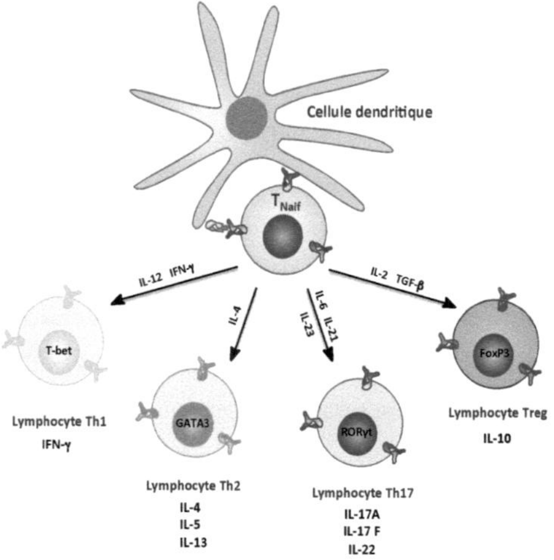

Figure 11 : Différenciation des lymphocytes T sous l'influence de la cellule dendritique.

I.5.2.A.d.   Les mastocytes et les polynucléaires basophiles

Les mastocytes et les polynucléaires basophiles sont des cellules-clé de l'hypersensibilité immédiate (type 1). Ce mécanisme de l'allergie se déclenche en deux phases : une phase de sensibilisation et une phase effectrice (Deckers et al., 2013). L'introduction de l'allergène active les lymphocytes T$_H$2 et donc la production des IgE par les plasmocytes. Les IgE spécifiques de l'allergène se fixent sur les mastocytes ou les basophiles via des récepteurs de haute affinité FcεR1. Ce processus de liaison des IgE est appelé "sensibilisation" car il sensibilise les mastocytes et les basophiles à l'activation en cas de réexposition avec l'allergène. Un second contact avec l'allergène (challenge) conduit à la libération extracellulaire d'amines vasoactives, de métabolites de l'acide arachidonique et de protéases ainsi que diverses cytokines pro-inflammatoires. L'amine principale, l'histamine, augmente la perméabilité vasculaire et stimule la contraction transitoire des muscles lisses. Les protéases provoquent des lésions des tissus locaux. Les métabolites de l'acide arachidonique comprennent les prostaglandines, qui entrainent une dilatation vasculaire, et les leucotriènes, qui stimulent la contraction prolongée des muscles lisses. Les mastocytes et les basophiles ont également des fonctions importantes dans la régulation des réponses immunes. Ils sont dotés de TLRs capables de reconnaître l'allergène indépendamment des IgE (Suurmond et al., 2014; Deckers et al., 2013). L'activation par des agonistes des TLRs favorise la production de cytokines de type T_H2 (IL-5, IL-4, IL-13) impliquées dans le recrutement des éosinophiles, neutrophiles et lymphocytes T_H2 (Ziegler and Artis, 2010; Siracusa et al., 2013).

I.5.2.A.e.   Les polynucléaires éosinophiles

L'accumulation des polynucléaires éosinophiles dans les poumons est une caractéristique majeure de l'asthme allergique chez l'homme et chez la souris (Sehmi et al., 1996; Amelink et al., 2013; Fulkerson and Rothenberg, 2013). Ils sont en partie responsables des lésions tissulaires observées dans la réaction allergique. En condition pathologique, de nombreux facteurs chimioattractants peuvent influencer l'activation et la domiciliation tissulaire des éosinophiles comme l'histamine, les leucotriènes, des chimiokines (eotaxine 1, -2 et -3, RANTES, IL-8, GM-CSF) et des cytokines (IL-5, IL-33, TSLP) (Deckers et al., 2013; Lampinen et al., 2004). Les allergènes peuvent être reconnus par les TLRs et PARs présents à la surface des éosinophiles et ainsi contribuer à leur activation (Kita, 2013). Les éosinophiles activés sont capables de phagocyter les particules telles que les bactéries mais leur principal mécanisme "tueur" est la libération de granules toxiques et la production de radicaux dérivés de l'oxygène. Ils sécrètent quatre granules cytotoxiques : major basic protein (MBP), eosinophil cationic protein (ECP), eosinophil protein X/eosinophil derived neurotoxin (EPX/EDN) et eosinophil peroxydase (EPO). De plus, les éosinophiles entretiennent et amplifient la réponse inflammatoire en stockant ou synthétisant des cytokines (IL-4, IL-5, IL-13, IL-6, TNFα), des chimiokines (RANTES, GM-CSF, IL-8) et des médiateurs lipidiques (leucotriènes, prostaglandines, ...). Les éosinophiles ne seraient pas juste des cellules terminales effectrices mais seraient activement impliqués dans la réponse immunitaire adaptative en contribuant à l'activation et à la prolifération des cellules T mémoires. En effet, ils stimulent la polarisation des lymphocytes T_H2 de manière directe en présentant eux-même l'antigène ou en sécrétant de l'IL-4, ou indirecte via une activation des cellules dendritiques (Yang et al., 2008; Jacobsen et al., 2011).

I.5.2.A.f.   Les polynucléaires neutrophiles

Les polynucléaires neutrophiles sont les premières cellules infiltrant massivement le foyer inflammatoire. Ils constituent un puissant système de défense contre des agents pathogènes comme les moisissures. Les neutrophiles activés par un agent pathogène sont le plus souvent bénéfiques à l'organisme en participant à son élimination. Cependant, leur activation excessive et prolongée peut conduire à des lésions tissulaires sévères (Monteseirín, 2009). Le nombre de neutrophiles est largement augmenté dans les formes sévères de l'asthme (Nakagome et al., 2012). L'activité chimiotactique est très élevée chez les patients asthmatiques (Monteseirín, 2009). Des substances secrétées par diverses cellules (CEB, lymphocytes) comme CXCL1, CXCL5, IL-8, IL-17 favorisent l'activation et l'afflux des neutrophiles (Nembrini et al., 2009). Sous l'influence de ces différents stimuli provenant de foyers inflammatoires, les neutrophiles adhèrent aux cellules endothéliales des capillaires ou des veinules post-capillaires, se glissent entre celle-ci par diapédèse et se dirigent de façon orientée vers leur cible tissulaire (Figure 12).

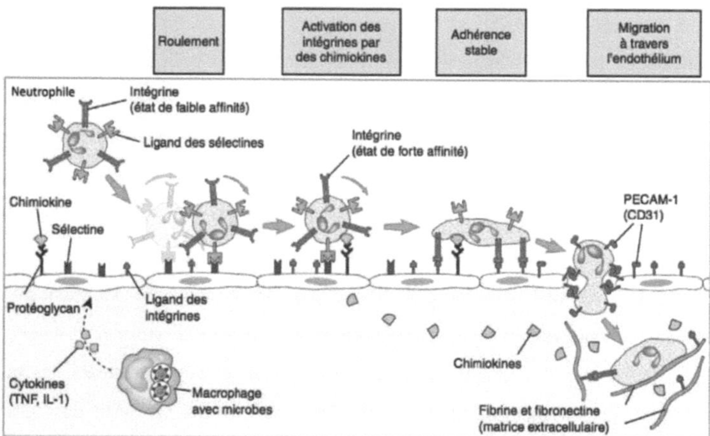

Figure 12 : Séquence des événements au cours de la migration des neutrophiles sanguins. Les macrophages produisent des cytokines qui stimulent la production de sélectines (liaison et roulement des neutrophiles), des ligands des intégrines (adhérence forte des neutrophiles) et des chimiokines (activation et migration des neutrophiles) par les cellules endothéliales (Image issue du livre "Les bases de l'immunologie fondamentale et clinique", édition n°3).

Arrivés au contact de l'agent pathogène, les neutrophiles reconnaissent leur cible grâce à des récepteurs TLRs, des récepteurs de chimiokines et de cytokines et des récepteurs de phagocytose comme FcεRI ou encore CD35, CD11b/CD18 capables de fixer les opsonines (Immunoglobulines et protéines du complément fixées sur l'allergène). Une fois activés, les neutrophiles ingèrent (phagocytose) des microbes et les détruisent dans des vésicules intracellulaires. Les récepteurs activés par les microbes engendrent une dégranulation d'une variété de molécules bactéricides : enzymes (la myélopéroxisase, NO synthase), formes réactives de l'oxygène. Les neutrophiles ne sont pas uniquement des cellules tueuses, ils jouent eux aussi un rôle important dans la régulation des réponses immunitaires innées et adaptatives via la production de diverses molécules pro-inflammatoires telles que la métalloprotéinase MMP-9, leucotriènes (LTB4), PAF et IL-8. L'IL-8 est la principale chimiokine produite par les neutrophiles, et est responsable d'une importante amplification de la migration des neutrophiles sur le lieu de l'inflammation (Pignatti et al., 2005). Le niveau d'IL-8 est augmenté dans les expectorations induites et les biopsies issues de patients asthmatiques (Bullens et al., 2006; Hamilton et al., 2003). La production d'IL-8 mais aussi d'IL-17 par les neutrophiles augmente l'attraction des éosinophiles sur le lieu de l'inflammation (Kikuchi et al., 2006). Ils produisent également d'autres cytokines/chimiokines (IL-6, IL-12, GM-CSF) pour attirer d'autres cellules immunitaires, comme les cellules NK et les lymphocytes.

I.5.2.A.g.   La famille des cellules lymphoïdes innées (ILCs)

Les cellules lymphoïdes innées sont une famille émergente de cellules effectrices, non-T et non-B jouant un rôle crucial dans l'immunité innée (Yu et al., 2014a). Elles représentent une source importante de cytokines pro-inflammatoires de type T helper (T_H1, T_H2, T_H17) mais n'expriment pas les marqueurs de surface associés aux autres lignages (ILCs LIN-). De plus, elles n'ont pas les récepteurs permettant la reconnaissance des antigènes. Le terme innate lymphoïd cells (ILC) inclut les ILCs LIN- mais aussi les cellules NK et les lymphoïd tissue-inducer (LTi) cells. Les ILCs peuvent être divisées en 3 groupes selon le type de cytokines qu'elles sécrètent (Walker et al., 2013) (Figure 13) :

- *Le groupe 1* est composé des ILC1s et des cellules tueuses natural killer (NK). Elles sont caractérisées par l'expression du facteur de transcription T-bet et par la production d'IFN-γ. Contrairement aux cellules NK, les ILC1s n'ont pas de fonction cytotoxique car elles n'expriment pas de perforine ou de granzyme B. Ces deux types de cellules ont été décrits dans le contrôle de l'inflammation allergique à éosinophiles. Les cellules NK augmentent l'infiltrat à éosinophiles ainsi que le niveau d'IL-5, d'IL-12, d'IgE et d'IgG. Les ILC1s semblent quant à elles avoir un rôle averse en induisant l'apoptose des éosinophiles.

- *Le groupe 2* contient les ILC2s aussi appelées les nuocytes. Ces cellules sont impliquées dans la réponse immunologique de type 2 via l'expression du facteur de transcription GATA3 et la production de cytokines IL-13, IL-5 et IL-9. Chez l'animal, elles semblent exercer un rôle important dans l'asthme allergique en augmentant l'attraction des éosinophiles, et la production des IgE (Halim et al., 2014; Gold et al., 2014). L'IL-25 et l'IL-33 induisent l'expansion des ILC2s productrices d'IL-5 et d'IL-13 dans les poumons, les ganglions et le lavage bronchoalvéolaire (LBA) de souris asthmatiques (Yu et al., 2014a; Klein Wolterink and Hendriks, 2013). Ces cellules jouent un rôle important dans l'initiation de la réponse immunitaire adaptative de type T_H2 et contribuent en synergie avec les T_H2 à l'inflammation bronchique (Drake et al., 2014; Wolterink et al., 2012). Néanmoins, des études chez l'homme devront être réalisées pour confirmer l'implication de ces cellules dans l'asthme allergique.

- *Le groupe 3* incluant les ILC3 NCR+ (ressemblent aux NK conventionnelles), les ILC3 NCR- et les cellules LTi (Walker et al., 2013). Le développement de ces sous-populations nécessite les facteurs de transcription GATA3 et RORγ-t. Les ILC3 productrices d'IL-17 expriment le récepteur CCR6 qui reconnait la chimiokine CCL20 produite par les CEB et impliquée dans l'attraction des T_H17. Ces cellules ont été retrouvées dans les poumons de souris asthmatiques mais aussi dans le LBA de patients avec un asthme sévère (Kim et al., 2014; Yu et al., 2014b).

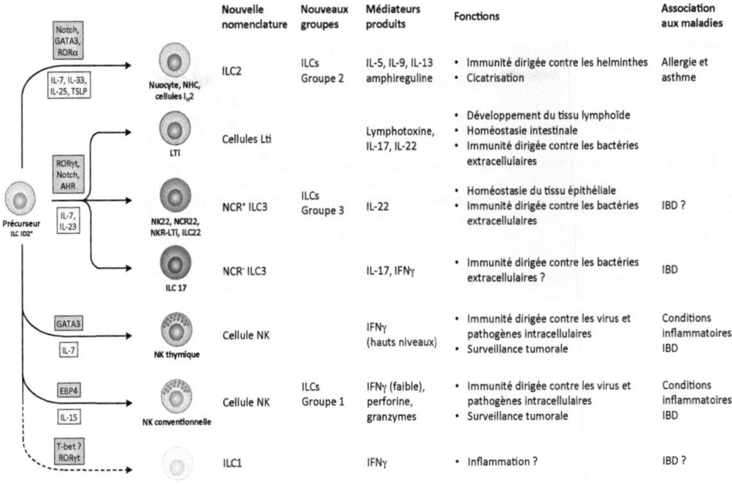

	Nouvelle nomenclature	Nouveaux groupes	Médiateurs produits	Fonctions	Association aux maladies
	ILC2	ILCs Groupe 2	IL-5, IL-9, IL-13 amphireguline	• Immunité dirigée contre les helminthes • Cicatrisation	Allergie et asthme
	Cellules Lti		Lymphotoxine, IL-17, IL-22	• Développement du tissu lymphoïde • Homéostasie intestinale • Immunité dirigée contre les bactéries extracellulaires	
	NCR⁺ ILC3	ILCs Groupe 3	IL-22	• Homéostasie du tissu épithéliale • Immunité dirigée contre les bactéries extracellulaires	IBD ?
	NCR⁻ ILC3		IL-17, IFNγ	• Immunité dirigée contre les bactéries extracellulaires ?	IBD
	Cellule NK		IFNγ (hauts niveaux)	• Immunité dirigée contre les virus et pathogènes intracellulaires • Surveillance tumorale	Conditions inflammatoires, IBD
	Cellule NK	ILCs Groupe 1	IFNγ (faible), perforine, granzymes	• Immunité dirigée contre les virus et pathogènes intracellulaires • Surveillance tumorale	Conditions inflammatoires, IBD
	ILC1		IFNγ	• Inflammation ?	IBD ?

IBD : Maladies inflammatoires de l'intestin

Figure 13 : Les différentes sous-populations de cellules lymphoïdes innées (ILCs) ; d'après Walker et al., 2013.

I.5.2.A.h. Les cellules T non conventionnelles

D'autres classes de lymphocytes peu diversifiés avec certaines caractéristiques des lymphocytes T et B interviennent également au début des réactions contre les microbes et participent à la réaction innée. On retrouve les lymphocytes T γδ présents essentiellement dans les épithéliums, et les cellules NKT présentes dans les épithéliums et les organes lymphoïdes. Ces deux types de cellules sont activés en interagissant avec des glycolipides présentés par le CD1 sur les cellules dendritiques.

Les NKT présentent à la fois des caractéristiques de cellules NK avec l'expression de marqueurs tels que NK1.1, NKG2D et de cellules T conventionnelles avec l'expression du TCR (Bendelac et al., 2007). Il existe deux sous-populations de cellules NKT : les NKT de type 1 ou invariants (NKTi) caractérisées par un TCR invariant appelé Vα14Jα18 chez la souris et Vα24Jα18 chez l'homme ; et les NKT de type II avec des TCRs variables. Une fois activées, ces cellules produisent rapidement un large panel de cytokines incluant, IFN-γ, IL-4, capables de stimuler en retour les cellules T, cellules NK, macrophages et les lymphocytes B. Le nombre de iNKT est très élevé dans les poumons et le LBA de patients asthmatiques, en particulier dans les cas sévères (Iwamura and Nakayama, 2010; Akbari, 2006). Ces cellules ont également été retrouvées augmentées dans le sang de patients atopiques (Magnan et al., 2000a). Elles sont capables d'induire en synergie ou non avec les T_H2 une HRB dans divers modèles d'asthme murins (Pichavant et al., 2008). L'environnement pro-inflammatoire oriente la sécrétion cytokinique des iNKT : IL-4 et IL-13 suite à une activation par l'allergène "ovalbumine" et production d'IL-17A suite à une stimulation par virus et ozone (Pichavant et al., 2008; Kim et al., 2008; Lisbonne et al., 2003; Meyer et al., 2006). Bien que les iNKT ont une fonction importante dans l'HRB, elles ne semblent cependant pas impliquées dans l'inflammation à éosinophiles (Umetsu and DeKruyff, 2010). En revanche, de récents travaux décrivent une forte contribution des iNKT17 (sécrétant l'IL-17A) dans l'inflammation bronchique à neutrophiles induite en réponse au LPS (ligand du TLR4) (Michel et al., 2007).

Les lymphocytes T γδ utilisent un récepteur de cellules T comprenant les chaines γ et δ. Ces cellules reconnaissent de petites molécules organiques comme des lipides à la surface des cellules dendritiques. Elles sont capables de produire un large panel de cytokines, en particulier des cytokines de type T_H2. Chez l'homme, il a été montré une augmentation des lymphocytes T γδ producteurs de cytokines T_H2 dans le LBA de patients asthmatiques allergiques. Ces cellules peuvent exercer une fonction pro-inflammatoire mais aussi régulatrice. En effet, selon le modèle murin utilisé, soit elles favorisent l'HRB et l'inflammation T_H2 ou soit au contraire elles exercent un rôle suppresseur sur la réponse T_H2 suite au challenge avec l'allergène (Robinson, 2010). Ces cellules ont la capacité de produire d'autres cytokines telles que l'IL-17A et l'IFN-γ dans les organes lymphoïdes et les tissus périphériques (Ribot et al., 2009). Une étude montre une diminution significative des lymphocytes T γδ IL-17+IFN-γ+ dans le sang de patients allergiques comparé à des volontaires sains, suggérant un rôle régulateur de cette population (Zhao et al., 2011).

Récemment, il a été découvert une nouvelle population de cellules T innées avec des caractéristiques proches des T γδ et des iNKT producteurs d'IL-17 portant le nom de T_H17 naturels (Kim et al., 2011). Ces cellules se développent dans le thymus et ont la capacité de sécréter de l'IL-17 et de l'IL-22. Elles répondent à des facteurs inflammatoires via une stimulation TLRs indépendamment du TCR (Massot et al., 2014). Néanmoins, le rôle de cette population dans l'asthme reste à élucider.

I.5.2.B. Mise en place de l'immunité adaptative

L'immunité adaptative est le prolongement de l'immunité innée et implique les lymphocytes B et T. La différenciation des lymphocytes T CD4+ auxiliaires en sous-populations T_H1, T_H2, T_H17 et Treg est un excellent exemple de la spécialisation de l'immunité adaptative, illustrant comment les réponses immunitaires visent à être les plus efficaces contre les microbes (Islam and Luster, 2012).

I.5.2.B.a. Les lymphocytes T_H1

Les lymphocytes T_H1 ont été découverts en même temps que les T_H2 et se distinguent par leur production de cytokines. Ils sont fortement impliqués dans la lyse des microbes par les phagocytes. Ces cellules sont caractérisées par l'expression du facteur de transcription T-bet et par la sécrétion de la cytokine INF-γ. Cette cytokine stimule la phagocytose des microbes et les capacités de présentation de l'antigène par les cellules dendritiques et les macrophages. La présence des lymphocytes T_H1 est associée à la physiopathologie de l'asthme. En effet, des concentrations élevées d'IFN-γ ont été retrouvées à la fois dans le sang et dans les expectorations induites de patients asthmatiques en exacerbation (Boniface et al., 2003; Magnan et al., 2000c). Les cellules T_H1 ont pour fonction d'inhiber le développement des T_H2. En effet, la déplétion des cellules T_H1 chez la souris provoque une forte HRB et une importante inflammation à éosinophiles (Finotto, 2002). Une dérégulation de la balance T_H1/T_H2 en faveur de la réponse T_H2 est considérée en tant que caractéristique de l'atopie. La théorie de l'hygiène alimente ce paradigme. Les infections infantiles favorisent le développement d'une réponse T_H1 au dépend de la réponse T_H2, empêchant ainsi le développement des maladies allergiques. A l'inverse, dans un environnement trop "hygiénique", le sous-type T_H1 n'étant pas sollicité, il est supposé que la réponse T_H2 soit amplifiée engendrant ainsi les maladies allergiques IgE dépendantes.

I.5.2.B.b.   Les lymphocytes T_H2

- <u>Génération des T_H2</u>

La polarisation des lymphocytes T naïfs vers les T_H2 nécessite une source obligatoire d'IL-4 pour activer l'expression des facteurs de transcriptions STAT6 et GATA3. L'IL-4 est principalement sécrétée par les T naïfs ainsi que par les mastocytes et basophiles. La libération d'IL-1α par les CEB est indispensable au développement des T_H2 et stimule la production des cytokines innées par les CEB. L'IL-33 a pour rôle de promouvoir la libération de leurs cytokines et l'IL-25 augmente la réponse mémoire T_H2 initiée par les cellules dendritiques pré-activées par la TSLP (Holgate, 2012). Des régulations épigénétiques sont également impliquées dans l''induction des T_H2. Chez la souris, le micro RNA miR-21 joue un rôle pivot dans la dérégulation de la balance T_H1/T_H2 en faveur d'un profil T_H2 (Lu et al., 2011).

- <u>Les Fonctions effectrices des T_H2</u>

Les lymphocytes T_H2 produisent de l'IL-4, qui stimule la production des anticorps IgE impliqués dans la sensibilisation allergique, de l'IL-5, qui est importante pour la survie et l'activation des éosinophiles et de l'IL-13, une cytokine pléiotrope, cruciale dans le développement de l'HRB et le remodelage tissulaire. Les T_H2 programmés sont capables d'exprimer des récepteurs aux chimiokines, en particulier CCR4 et CCR8 et chez l'homme le récepteur CRT_H2 (chemo- attractant receptor-homologous molecule expressed on T_H2 cells) ou DP2 spécifique des prostaglandines D2. Les cellules T_H2 peuvent être divisées en deux sous-populations, IL-4^{Hi}IL-5^{Lo} caractérisée par l'expression de CCR4 et IL-4^{Lo}IL-5^{Hi} avec à leur surface CCR8. La surexpression de CCR4 est retrouvée sur les T_H2 initialement différenciés alors que CCR8 est présent à la surface de T_H2 en phase terminale de différenciation.

Dans le cadre d'une inflammation chronique, il est important de signaler qu'il existe une certaine plasticité entre les lignages T_H1, T_H2, T_H17 et Treg (Figure 14). Des cellules T_H2

mémoires GATA3+ producteur d'IL-4 peuvent devenir des cellules T$_H$2/T$_H$1 avec la co-expression de GATA3/T-bet et la sécrétion concomitante d'IFN-g et d'IL-4 ou des cellules T$_H$2/T$_H$17 avec la co-expression de GATA3/ROR-yt et la production d'IL-17 et d'IL-4. De même, on peut retrouver des cellules T$_H$1/T$_H$17 productrices d'IFN-γ et d'IL-17A. Les cellules T$_H$2/T$_H$17 se différencient à partir des cellules T$_H$2 en présence des cytokines IL-1β, IL-6 et IL-21. Elles sont retrouvées dans le cadre d'une inflammation allergique sévère associée à un infiltrat mixte éosinophile/neutrophile (Wang et al., 2010; Cosmi et al., 2010). La proportion de T$_H$17/T$_H$2 parmi les cellules T CD4+ circulantes est très faible chez des sujets sains mais est plus élevée dans la circulation de patients asthmatiques. Une récente étude (Irvin et al., 2014) confirme la présence de cellules doubles positives T$_H$2/T$_H$17 dans le LBA de patients asthmatiques sévères.

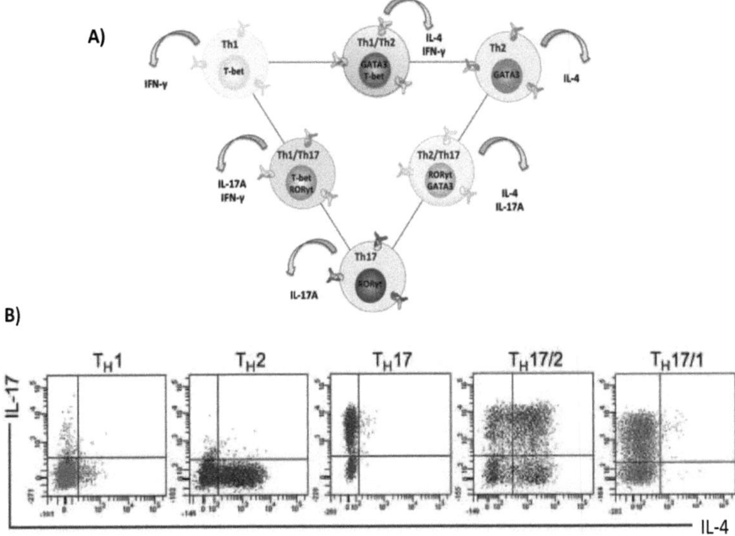

Figure 14 : Plasticité des lignages T$_H$1, T$_H$2 et T$_H$17 ; A) Schéma illustrant la plasticité entre les différentes populations ; B) Profil cytokinique généré par cytométrie en flux sur des cellules CD4+ CD161+ (T$_H$17) et CD161- circulantes de volontaires sains, les points rouge représentent les cellules IFN-γ+ ; d'après Cosmi et al 2010.

- **Lymphocytes T_H2 dans les maladies allergiques et l'asthme**

Les mécanismes d'inflammation générés par les cellules T_H2 ont été largement caractérisés chez l'homme et dans des modèles murins notamment dans l'inflammation allergique et l'asthme.

- **Dermatite atopique**

Le rôle des cellules T CD4+ effectrices dans le développement de la dermatite atopique a été démontré à la fois chez la souris et chez l'homme (Leung and Bieber, 2003). L'inflammation dans la peau dépend de l'expression de récepteurs aux chimiokines et du trafic des cellules T spécifiques de l'antigène. Le récepteur CCR4 est essentiel pour l'entrée des cellules T_H2 dans la peau durant la phase initiatrice de l'inflammation allergique cutanée. L'expression de CCR4 n'est pas nécessaire dans le cas d'inflammation chronique à éosinophiles. Dans ce cas, les T_H2 mémoires induisent et maintiennent une inflammation cutanée à distance via la production de cytokines. En revanche, le récepteur CCR8 et son ligand (CCL8) sont eux impliqués dans les formes chroniques de dermatites. Ils potentialisent l'inflammation éosinophilique menée par l'IL-5 (Islam et al., 2011). La chimiokine CCL8 attire d'autres cellules T_H2 mémoires CCR8+ composées des récepteurs à l'IL-5 et à l'IL-25 contribuant à l'attraction des éosinophiles. Récemment, des travaux menés dans un modèle murin de DA montrent une forte implication du récepteur CXC3CR1 et de sa chimiokine CX3CL1 (fractalkine) dans l'inflammation de la peau et dans le développement des symptômes pulmonaires (Staumont-Sallé et al., 2014).

- **Asthme**

Il a été mis en évidence un rôle central de la réponse T_H2 dans les modèles murins d'asthme ou l'asthme humain. Le nombre de cellules T_H2 dans les voies aériennes est corrélé avec la sévérité de la maladie (Larché et al., 2003). Le trafic des cellules T_H2 dans le contexte de la réponse asthmatique peut être divisé en deux phases (Islam and Luster, 2012) :

Phase précoce : Les complexes IgE-allergène se fixent sur les mastocytes ce qui engendre la dégranulation des mastocytes et la libération des médiateurs inflammatoires. Certains de ces médiateurs (CCL1, LTB4, PGD2, IL-4) recrutent et/ou activent les cellules T_H2 dans les voies aériennes via les récepteurs CCR8, BTL1 (Leucotriene B4 receptor 1) et CRT_H2.

Phase tardive : Le recrutement des T_H2 durant la phase tardive de la réponse allergique est favorisé par les cellules innées telles que les DC, macrophages et CEB. L'activation des DC et des macrophages par l'allergène facilite la sécrétion de chimiokines, en particulier CCL17 et CCL22. Elles attirent les T_H2 via le récepteur CCR4 présent à leur surface. Après challenge, les CEB mais aussi les CMLs produisent une chimiokine CX3CL1. Elle est connue pour maintenir la survie des T_H2 et favoriser l'inflammation pulmonaire allergique via son récepteur CX3CR1 (Tremblay et al., 2006; Mionnet et al., 2010). Enfin, la chimiokine CCL8 de source inconnue dans les poumons joue aussi un rôle dans la mobilisation des T_H2 via le récepteur CCR8. Les concentrations de CCR4, CX3CR1 et CCR8 et de leurs ligands sont élevées dans les poumons et le LBA de patients asthmatiques et dans des modèles murins d'asthme après challenge avec un allergène (Panina-Bordignon et al., 2001).

- <u>Allergies alimentaires</u>

L'inflammation T_H2 est fortement induite après exposition à des allergènes alimentaires (lait, arachide). Les patients allergiques à l'arachide témoignent d'une fréquence plus élevée de T_H2 IL-4+ dans le sang (Prussin et al., 2009). La présence de ces cellules est corrélée avec une forte réponse IgE et une forte expression de CCR4. Dans un modèle murin d'allergie alimentaire chronique, il a été mis en évidence une forte réponse cytokinique de type 2 et une sur-expression de CCR8, CCR4 et de leurs ligands CCL17, 22 dans le petit intestin (Islam and Luster, 2012).

En résumé, les chimiokines et leurs récepteurs respectifs sont très importants dans la migration des cellules T_H2 sur le site inflammatoire qu'il soit dans la peau, les intestins ou les voies aériennes.

I.5.2.B.c.   Les Lymphocytes T_H17

Les cellules T_H17 se différencient et s'activent sous l'action de plusieurs signaux générés lors de la réponse immunitaire innée (Korn et al., 2009). Elles expriment le facteur de transcription ROR-γt, le récepteur CCR6 impliqué dans l'attraction de lymphocytes T et produisent une variété de cytokines pro-inflammatoires jouant un rôle dans la défense anti-microbienne (Maddur et al., 2012) (Figure 15). On les retrouve dans de multiples conditions inflammatoires comme les maladies auto-immunes (psoriasis), les maladies allergiques et l'asthme (Nakajima et al., 2014; Gu et al., 2013).

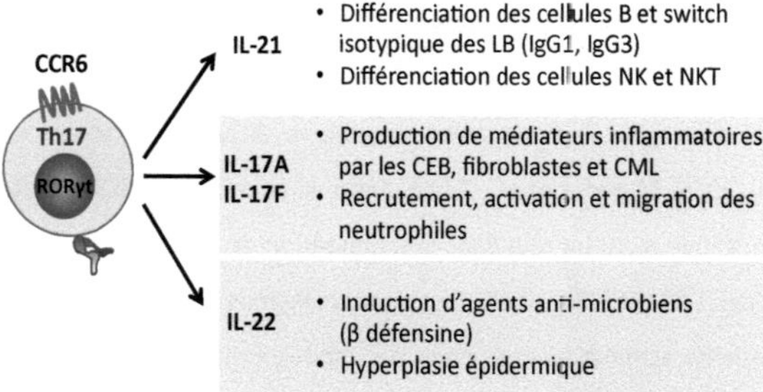

Figure 15 : Fonction des cytokines et chimiokines T$_H$17 ; d'après Maddur et al., 2012.

L'inflammation à éosinophiles et le paradigme T$_H$2 n'expliquent pas toutes les formes cliniques de l'asthme. En effet, les formes sévères de la maladie sont souvent associées avec une forte neutrophilie (Jatakanon et al., 1999). Or, les T$_H$17 ont un rôle d'induction et de maintien de l'inflammation à neutrophiles. Le rôle de cette population dans l'attraction des neutrophiles et l'HRB a fait l'objet d'une revue publiée dans la revue française d'allergologie en 2013 (Chesne et al., 2013).

Disponible en ligne sur

SciVerse ScienceDirect
www.sciencedirect.com

Elsevier Masson France

EM|consulte
www.em-consulte.com

Revue française d'allergologie 53 (2013) 104–107

Th17, neutrophiles et hyperréactivité bronchique

Th17, neutrophils and bronchial hyperreactivity

J. Chesné [a,*,b], F. Braza [a,b,c], A. Magnan [a]

[a] UMR_S 1087 CNRS UMR_6291, l'institut du thorax, CHU de Nantes, 8, quai Moncousu, 44007 Nantes, France
[b] Université de Nantes, 44000 Nantes, France
[c] Inserm, UMR_S 1064, institut de transplantation urologie néphrologie, 44093 Nantes, France

Disponible sur Internet le 21 février 2013

Résumé

Depuis leur identification en 2005, les cellules T helper (Th) 17 sont décrites comme des cellules pouvant jouer un rôle important dans l'asthme allergique. L'IL-17, principale cytokine produite par les Th17, est fortement impliquée dans l'attraction et la mobilisation de cellules inflammatoires et la mise en place de l'hyperréactivité bronchique. Plusieurs études ont démontré que la présence d'IL-17 dans les bronches est associée à la sévérité de la maladie et à la résistance aux corticoïdes. Cette revue fait le point sur les connaissances actuelles de cette population lymphocytaire, notamment sur leur phénotype, leurs fonctions et leur rôle dans le développement des asthmes allergique sévères.
© 2013 Elsevier Masson SAS. Tous droits réservés.

Mots clés : Asthme sévères ; Lymphocytes Th17 ; Neutrophiles ; Hyperréactivité bronchique

Abstract

Since their identification in 2005, T helper (Th) 17 cells have been described as cells, which can play an important role in allergic asthma. IL-17, the main cytokine produced by Th17 cells, is strongly involved in the attraction and mobilization of inflammatory cells and the development of airway hyperresponsiveness. Several studies have shown that the presence of IL-17 in the airways is strongly associated with the severity of the disease and resistance to corticosteroids. This review focuses on current knowledge of the lymphocyte population, including their phenotype, their functions and their role in the development of severe allergic asthma.
© 2013 Elsevier Masson SAS. All rights reserved.

Keywords: Asthma; Th17 lymphocytes; Neutrophils; Bronchial hyperreactivity

1. Introduction

L'asthme est une maladie inflammatoire bronchique chronique caractérisée par une inflammation des voies respiratoires, une obstruction réversible des voies aériennes, une hypersécrétion de mucus et une hyperréactivité bronchique (HRB) [1]. On estime aujourd'hui à environ 300 millions le nombre d'individus souffrant d'asthme dans le monde. L'asthme est reconnu comme une maladie hétérogène avec des groupes cliniques distincts : léger, modéré ou sévère. Chaque type d'asthme implique une variété de cellules telles que les lymphocytes T CD4+ de type T helper (Th) 1, Th2 et plus récemment les Th17. Les Th17 sont caractérisées par leur capacité à produire de l'IL-17, une cytokine pro-inflammatoire largement décrite pour son implication potentielle dans les formes sévères de l'asthme. Ce présent article adresse le rôle potentiel de l'IL-17 et des neutrophiles dans le développement des asthmes sévères.

2. Biologie des T helper 17

2.1. Génération des T helper 17

La population de cellules T CD4+ auxiliaires sécrétant les cytokines IL-17A et IL-17F, et caractérisée par l'expression spécifique du factor de transcription ROR gamma t (RORγt), a été définie comme une sous-population distincte des Th1 et Th2. Étant donné leur rôle physiologique dans la protection des

* Auteur correspondant.
Adresses e-mail: julie.chesne@etu.univ-nantes.fr,
julie.chesne@univ-nantes.fr (J. Chesné).

1877-0320/$ – see front matter © 2013 Elsevier Masson SAS. Tous droits réservés.
http://dx.doi.org/10.1016/j.reval.2013.01.022

J. Chesné et al. / Revue française d'allergologie 53 (2013) 104–107

muqueuses, ces cellules ont été principalement identifiées dans les intestins, la peau et les poumons. Le processus moléculaire de différenciation de cette sous-population Th17 a été largement étudié chez l'homme et la souris. Les cellules T CD4+ naïves peuvent se différencier en population Th17 sous l'instruction de signaux spécifiques. Chez la souris, l'IL-6 et le TGF-bêta (TGF-β) sont les deux principales cytokines, responsables de la différenciation en Th17. Ces cytokines agissent en synergie pour induire l'expression du facteur de transcription RORγt spécifique de cette population lymphocytaire. Cette molécule induit l'expression de l'IL-17A et IL-17F dans les cellules Th17 [2]. L'IL-6 et le TGF-β vont également induire une sécrétion autocrine d'IL-21 nécessaire à l'expansion des cellules Th17. La localisation des Th17 dans les muqueuses nécessite l'expression du récepteur CCR6 capable d'interagir avec la molécule CCL20. Cette protéine exprimée notamment par l'épithélium bronchique va attirer les Th17 sur le lieu de l'inflammation. L'IL-23, cytokine sécrétée par les macrophages, cellules dendritiques et épithéliales permet la stabilisation, la survie et l'expansion de la lignée Th17 et engendre également la sécrétion l'IL-17A. Des travaux récents chez la souris ont démontré le rôle central de l'IL-23 dans la génération d'une population Th17 pathogène [3].

Chez l'homme, l'action conjointe d'IL-1β, IL-6/IL-23 ou d'IL-23 seule permet la différenciation de cellules T naïves en Th17. Néanmoins, certaines études montrent que le TGF-β aide à la différenciation en Th17 de manière indirecte en inhibant la différenciation Th1 au profit des Th17 [2]. De récentes études montrent que les lymphocytes T régulateurs, sous-population distincte des cellules T CD4+ effectrices, sont capables de se différencier en Th17 sous l'influence d'un micro-environnement inflammatoire. Les lymphocytes T régulateurs sont connus pour réguler activement l'auto-immunité et l'homéostasie tissulaire garantissant ainsi l'intégrité du soi. Cette population lymphocytaire inclut des cellules T régulatrices qualifiées de « naturelles » car dérivées du thymus et capables de garantir la tolérance au soi, et d'autres, générées en périphérie et qualifiées « d'induites », pour limiter les fortes réponses inflammatoires. Ces sous-populations T régulatrices sont capables de se différencier en Th17 en présence d'IL-1β, IL-23 et de TGF-β, renforçant ainsi l'idée de plasticité immunologique des lymphocytes T [4].

2.2. *Propriétés des Th17 en pathologie*

De nombreux travaux ont montré que l'IL-17 est impliquée dans la défense antimicrobienne au niveau des muqueuses et dans le développement de maladies auto-immunes comme la polyarthrite rhumatoïde, la sclérose en plaque, le lupus érythémateux et le psoriasis [2,5]. On désigne sous le terme d'IL-17, une famille de molécule comportant six membres allant de IL-17A à l'IL-17F. Cependant, les cellules Th17 sont surtout caractérisées par leur capacité à produire les isoformes IL-17A et F qui utilisent l'hétérodimère IL-17-RA-IL-17RC exprimé par les cellules hématopoïétiques pour induire leur signalisation. Initialement l'IL-17 était décrite comme une puissante cytokine pro-inflammatoire agissant sur les cellules épithéliales, endothéliales, stromales et monocytaires en induisant la sécrétion de médiateurs inflammatoires comme CXCL8 (IL-8), CXCL1, TNF-alpha et des facteurs de croissance [6]. Ces effets contribuent à l'amplification des réponses inflammatoires par l'attraction des cellules immunitaires notamment des granulocytes (éosinophiles, neutrophiles) sur le site de l'inflammation. En effet, des souris déficientes pour le récepteur de l'IL-17 ont une immunité antimicrobienne fortement atténuée avec une importante sous-expression des chimiokines [7]. Chez de patients lupiques il a été montré que les Th17 participent à la maturation et la survie des lymphocytes B favorisant donc l'émergence de populations B autoréactives [8]. Chez les patients atteints de sclérose en plaque, l'expression de l'IL-17 est fortement augmentée dans les cellules mononuclées du sang, dans le liquide céphalorachidien et au niveau des lésions du système nerveux central [9]. Enfin, de récents essais cliniques ont montré que la neutralisation de l'IL-17 et le blocage de son récepteur permettait de diminuer les lésions cutanées et d'améliorer la qualité de vie des patients atteints de psoriasis [5]. Ces améliorations passent par l'inhibition de l'expression de chimiokines et de cytokines pro-inflammatoires diminuant ainsi l'infiltrat cellulaire et l'activation des cellules au niveau des lésions cutanées. Enfin, les Th17 ont un rôle prépondérant au niveau pulmonaire, en assurant un rôle anti-bactérien et anti-fongique mais peuvent aussi être pathogènes dans certaines maladies bronchiques comme la bronchopneumopathie chronique obstructive (BPCO), ou l'asthme allergique [10].

3. T helper 17 dans l'asthme

L'asthme doit être désormais considéré comme une maladie hétérogène au cours de laquelle différents mécanismes inflammatoires (endotypes) conduisent à différentes formes clinico-biologiques (phénotype) [11]. La plupart des asthmes sont caractérisées par une inflammation des voies aériennes composée d'une activation lymphocytaire de type Th2, d'un infiltrat à éosinophiles associé avec une production d'anticorps IgE, d'un remodelage des voies aériennes et d'une HRB. Les cellules Th2 sécrètent une variété de cytokines comme l'IL-4, IL-5, IL-13 responsables des symptômes cliniques tels que l'obstruction bronchique et les épisodes de sifflements. L'activité de ces cytokines augmentent l'influx et l'activation des cellules Th2 et favorise la libération de médiateurs pro-inflammatoire par les mastocytes et les éosinophiles [12] (Fig. 1).

Dans certains cas, une inflammation à neutrophiles, isolée ou associée à une inflammation éosinophilique peut correspondre à un phénotype en particulier et donc à un endotype spécifique [13]. L'activation des Th17 est un endotype possible de l'asthme sévère à neutrophiles (Fig. 1). Plusieurs études ont montré une forte expression de la cytokine IL-17A dans des biopsies bronchiques [14], des lavages bronchoalvéolaires, dans le sérum [15] ainsi que dans des expectorations induites de patients asthmatiques sévères. Des travaux ont montré une augmentation du niveau d'expression d'ARNm codant pour l'IL-17A et CXCL8 dans des expectorations induites de patients asthmatiques sévères par rapport à des patients

106   J. Chesné et al. / Revue française d'allergologie 53 (2013) 104–107

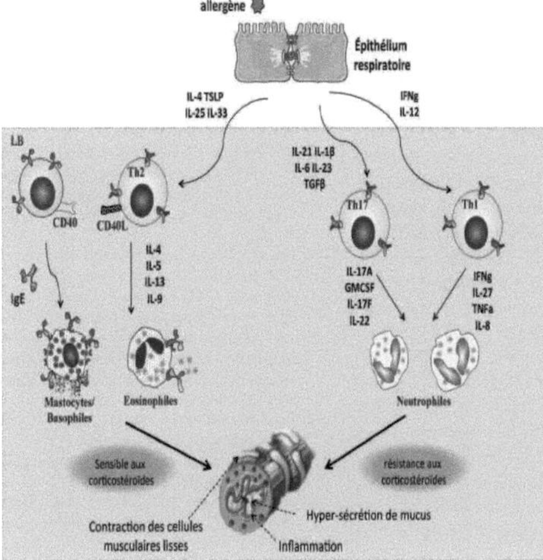

Fig. 1. Différents types d'activation T dans l'asthme.

témoins, corrélée avec une hausse du nombre de neutrophiles dans les poumons. Le niveau d'expression d'IL-17A est également associé avec une augmentation de l'expression de l'ARNm CD3 gamma, suggérant les Th17 à l'origine de la sécrétion d'IL-17A [16]. Également, l'étude de biopsies bronchiques obtenues chez des patients avec un asthme modéré à sévère, a montré une augmentation significative de la présence de cellules positives pour l'IL-17A et l'IL-17F chez les asthmatiques sévères [17]. De manière intéressante, l'IL-17A semble augmenter l'expression des récepteurs aux glucocorticoïdes à la surface des cellules épithéliales primaires de patients asthmatiques sévères responsables de l'insensibilité de certains de ces patients aux corticoïdes [18]. De plus, une récente étude montre que l'IL-17 modifie les fonctions pro-inflammatoires et pro-fibrotiques des fibrocytes issus de patients asthmatiques, favorisant ainsi l'infiltration leucocytaire et granulocytaire sur le site de l'inflammation [19]. En conclusion, l'augmentation d'une production locale et systémique d'IL-17A favorise l'attraction des neutrophiles eux-mêmes potentiellement responsables de l'HRB et du remodelage bronchique dans les voies aériennes de patients asthmatiques sévères. Afin d'aider à définir des schémas clairs de chaque phénotype clinique, il est nécessaire de développer de nouveaux modèles murins spécifiques de ce phénotype afin de mieux caractériser l'ensemble des mécanismes immunologiques impliqués.

4. Apport des modèles animaux

Le rôle de l'IL-17 a largement été décrit dans des modèles expérimentaux murins d'asthme allergique à l'ovalbumine avec le LPS ou l'alumine comme adjuvant. Plusieurs études montrent un rôle important de l'IL-17 dans l'attraction des neutrophiles et le développement de l'HRB. Il est ainsi admis que les lymphocytes Th17 peuvent avoir un rôle prépondérant dans l'asthme. En effet, il a été montré que l'IL-17 est capable d'induire une infiltration neutrophilique et une HRB même en l'absence de cytokines Th2 (IL-4, IL-13) [20]. Il a également été décrit que l'IL-17 augmente le transfert de l'allergène à travers le tissu pulmonaire et contribue fortement au remodelage bronchique [21]. De plus, de récents travaux ont mis en évidence une forte implication de l'IL-17 dans la contraction du muscle lisse bronchique. Effectivement, une exposition prolongée à L'IL-17 augmente la contractilité des anneaux trachéaux murins et induit un rétrécissement des voies aériennes en réponse à la métacholine [22]. Cependant, le rôle de l'IL-17 reste très controversé selon les stades de l'asthme ou la voie d'administration de l'allergène (intrapéritonéale versus voie aérienne). En effet, des travaux ont montré que l'administration d'IL-17 recombinant régule négativement l'activation Th2 et donc la réponse allergique pendant le challenge [23] alors qu'elle augmente l'inflammation et l'HRB après le challenge [24]. D'autres ont également mis en évidence une forte réponse Th17 seulement après une sensibilisation par les voies aériennes avec l'allergène [24]. Dans ce travail, la réponse Th2 n'adopte pas un rôle antagoniste comme l'ont montré les travaux de Schnyder mais au contraire agissent en synergie avec les Th17 pour augmenter l'HRB. Ces résultats suggèrent que l'IL-17 peut avoir des effets contradictoires selon les phases de sensibilisation et de challenge des différents modèles d'asthme utilisés. Il est donc indispensable de

J. Chesné et al. / Revue française d'allergologie 53 (2013) 104–107

développer de nouveaux modèles animaux avec une meilleure validité extrinsèque.

Récemment, notre équipe a développé un nouveau modèle murin d'asthme allergique induit par un extrait total d'acarien mimant l'histoire naturelle de la maladie allergique[1] via une atteinte cutanée dans un premier temps puis une atteinte des voies respiratoires dans un second temps. Il se veut donc plus proche de l'asthme humain par rapport aux modèles de sensibilisation à l'ovalbumine souvent utilisés. À travers ce modèle, nous avons mis en évidence une hausse de l'HRB associée à une forte infiltration éosino-neutrophilique caractéristique de certains phénotypes sévères décrits chez l'homme. L'apparition de l'asthme dans notre modèle est associée avec, dans un premier temps, une expansion de la population Th2, puis dans un second temps, une réponse mixte Th2/Th17. L'apparition des Th17 dans la phase tardive de l'asthme coïncide avec une augmentation importante de l'infiltrat neutrophilique dans le compartiment bronchopulmonaire et dans le tissu pulmonaire. Dans notre modèle, la neutralisation de l'IL-17 rétablit la fonction respiratoire et réduit l'infiltrat neutrophilique. Ces données renforcent l'importance de l'axe IL-17-Th17-neutrophiles dans le développement de l'asthme allergique aux acariens.

5. Conclusion

Les diverses études chez l'homme et dans des modèles expérimentaux ont permis de décortiquer les mécanismes moléculaires présents dans les différents types d'asthmes. Même si les asthmes légers à modérés sont facilement contrôlés avec les thérapies actuelles, les asthmes sévères sont quant à eux très mal traités. Les cellules Th17 et en particulier la cytokine IL-17 favorisent le développement des asthmes sévères via une hausse de l'HRB, un fort infiltrat à neutrophiles et un remodelage bronchique. Chez les patients souffrant d'asthme, près de 50 % ont une inflammation à neutrophiles et pourrait donc a priori bénéficier d'une thérapie Th17 [25].

Déclaration d'intérêts

Les auteurs déclarent ne pas avoir de conflits d'intérêts en relation avec cet article.

Références

[1] Hammad H, Lambrecht BN. The airway epithelium in asthma. Nat Med 2012;18(5):684–92.

[2] Maddur MS, Miossec P, Kaveri SV, Bayry J. Th17 Cells. AJPA 2012;181(1):8–18.

[3] Lee Y, Awasthi A, Yosef N, Quintana FJ, Xiao S, Peters A, et al. Induction and molecular signature of pathogenic TH17 cells. Nature Publishing Group 2012;13(10):991–9.

[4] Ayyoub M, Deknuydt F, Raimbaud I, Dousset C, Leveque L, Bioley G, et al. Human memory FOXP3+ Tregs secrete IL-17 ex vivo and constitu-

[5] Papp KA, Leonardi C, Menter A, Ortonne JP, Krueger JG, Kricorian G, et al. Brodalumab, an anti-interleukin-17-receptor antibody for psoriasis. N Engl J Med 2012;366(13):1181–9.

[6] Kolls JK, Lindén A. Interleukin-17 family members and inflammation. Immunity 2004;21(4):467–76.

[7] Ye P, Rodriguez FH, Kanaly S, Stocking KL, Schurr J, Schwarzenberger P, et al. Requirement of interleukin 17-receptor signaling for lung CXC chemokine and granulocyte colony-stimulating factor expression, neutrophil recruitment, and host defense. J Exp Med 2001;194(4):519–27.

[8] Doreau A, Belot A, Bastid J, Riche B, Trescol-Biemont MC, Ranchin B, et al. Interleukin 17 acts in synergy with B cell-activating factor to influence B cell biology and the pathophysiology of systemic lupus erythematosus. Nature Publishing Group 2009;10(7):778–85.

[9] Tzartos JS, Friese MA, Craner MJ, Palace J, Newcombe J, Esiri MM, et al. Interleukin-17 production in central nervous system-infiltrating T-cells and glial cells is associated with active disease in multiple sclerosis. AJPA 2008;172(1):146–55.

[10] Doe C. Expression of the T helper 17-associated cytokines IL-17A and IL-17F in asthma and COPD. Chest 2010;138(5):1140.

[11] Wenzel SE. Asthma phenotypes: the evolution from clinical to molecular approaches. Nat Med 2012;18(5):716–25.

[12] Hansbro PM, Kaiko GE, Foster PS. Cytokine/anti-cytokine therapy: novel treatments for asthma? Br J Pharmacol 2011;163(1):81–95.

[13] Jatakanon A, Uasuf C, Maziak W, Lim S, Chung KF, Barnes PJ. Neutrophilic inflammation in severe persistent asthma. Am J Respir Crit Care Med 1999;160(5):1532–9.

[14] Molet S, Hamid Q, Davoineb F, Nutku E, Tahaa R, Pagé N, et al. IL-17 is increased in asthmatic airways and induces human bronchial fibroblasts to produce cytokines. J Allergy Clin Immunol 2001;108(3):430–8.

[15] Agache I, Ciobaru C, Agache E, Anghel M. Increased serum IL-17 is an independent risk factor for severe asthma. Respir Med 2010;104(8):1131–7.

[16] Bullens DMA, Truyen E, Coteur L, Dilissen E, Hellings PW, Dupont LJ, et al. IL-17 mRNA in sputum of asthmatic patients: linking T-cell driven inflammation and granulocytic influx? Respir Res 2006;7:135.

[17] Al-Ramli W, Préfontaine D, Chouiali F, Martin JG, Olivenstein R, Lemière C, et al. T(H)17-associated cytokines (IL-17A and IL-17F) in severe asthma. J Allergy Clin Immunol 2009;123(5):1185–7.

[18] Wilke CM, Bishop K, Fox D, Zou W. Deciphering the role of Th17 cells in human disease. Trends Immunol 2011;32(12):603–11.

[19] Bellini A, Marini MA, Bianchetti L, Barczyk M, Schmidt M, Mattoli S. Interleukin (IL)-4, IL-13, and IL-17A differentially affect the profibrotic and proinflammatory functions of fibrocytes from asthmatic patients. Mucosal Immunology 2012;5(2):140–9.

[20] He R, Kim HY, Yoon J, Oyoshi MK, MacGinnitie A, Goya S, et al. Exaggerated IL-17 response to epicutaneous sensitization mediates airway inflammation in the absence of IL-4 and IL-13. J Allergy Clin Immunol 2009;124(4):761–70 [e1].

[21] Zhao J, Lloyd CM, Noble A. Th17 responses in chronic allergic airway inflammation abrogate regulatory T-cell-mediated tolerance and contribute to airway remodeling. Mucosal Immunol 2012;1–12.

[22] Kudo M, Melton AC, Chen C, Engler MB, Huang KE, Ren X, et al. IL-17A produced by α & beta; T-cells drives airway hyperresponsiveness in mice and enhances mouse and human airway smooth muscle contraction. Nat Med 2012;18(4):547–54. http://dx.doi.org/10.1038/nm.2684.

[23] Schnyder-Cancrian S, Togbe D, Couillin I, Mercier I, Brombacher F, Quesniaux V, et al. Interleukin-17 is a negative regulator of established allergic asthma. J Exp Med 2006;203(12):2715–25.

[24] Wilson RH, Whitehead GS, Nakano H, Free ME, Kolls JK, Cook DN. Allergic sensitization through the airway primes Th17-dependent neutrophilia and airway hyperresponsiveness. Am J Respir Crit Care Med 2009;180(8):720–30.

[25] Douwes J, Gibson P, Pekkanen J, Pearce N. Non-eosinophilic asthma: importance and possible mechanisms. Thorax 2002;57(7):643–8.

---

[1] Lair D, Cheminant MA, Hassoun D, Tissot A, Chesné J, Braza F, et al. Dermatophagoides farinae induces Th2/Th17 mediated allergic lung inflammation after skin-sensitization, submitted.

I.5.2.B.d.   Les mécanismes de tolérance

La tolérance périphérique fait appel à des mécanismes de contrôles moléculaires et fait intervenir des lymphocytes dits régulateurs. Un défaut dans ces mécanismes peut être à l'origine du développement des maladies allergiques et de l'asthme (Botturi et al., 2011).

Les lymphocytes T régulateurs (Tregs) sont des cellules capables de contrôler les réponses immunitaires. L'identification de ces cellules repose sur l'expression d'antigènes de surface (CD4+, CD25+, CD127^{Low}), sur la production de molécules inhibitrices IL-10 et/ou de TGF-β et sur l'expression du facteur de transcription Foxp3 (Liu, 2006; Palomares et al., 2014; Frischmeyer-Guerrerio et al., 2013). Plusieurs travaux montrent un déficit de ces cellules suppressives Tregs chez les patients allergiques et chez les patients asthmatiques (Magnan et al., 2000b; Mamessier et al., 2006; Stelmaszczyk-Emmel et al., 2013; Agarwal et al., 2014; Singh et al., 2013; Mamessier et al., 2008; Shi et al., 2013). En clinique, l'immunothérapie spécifique d'un allergène augmente la fréquence et l'activité des Tregs illustrant bien la pertinence de ces cellules dans la réaction allergique et l'asthme (Pipet et al., 2009; WANG Wei et al., 2010; Tian et al., 2014).

Les lymphocytes B régulateurs (Bregs) plus récemment décrits, présentent également des propriétés régulatrices par la production d'IL-10, par contacts cellulaires (avec les lymphocytes T effecteurs) et par dialogue avec les Tregs. Ces cellules ont été mises en évidence dans la protection des maladies auto-immunes et inflammatoires. Dans le cadre de réactions allergiques, quelques travaux réalisés chez l'animal et chez l'homme ont mis en évidence une forte implication des Bregs dans le développement de la tolérance à l'allergène (Braza et al., 2014). Des protocoles cliniques d'immunothérapie montrent dans le sang (1) une baisse du nombre de Bregs chez des patients allergiques au lait et (2) une augmentation de Bregs chez des apiculteurs tolérants l'allergène (venin d'abeille) (Noh et al., 2010; van de Veen et al., 2013).

Bien que ces cellules semblent avoir un rôle important dans la régulation des réponses immunitaires, leur origine est très discutée. Un manque de marqueurs de surface rend difficile l'identification de ces cellules. Ainsi, au cours de ma thèse, j'ai participé à l'identification et à la caractérisation d'une nouvelle sous-population B dans un modèle murin d'asthme allergique aux acariens (Braza et al., 2014 ; manuscrit joint en annexe).

I.5.3. Remodelage bronchique

L'asthme persistant est associé à des modifications de la paroi bronchique, plus ou moins fixées, entrant dans le cadre du remodelage bronchique (Davies et al., 2003; Bara et al., 2010). Ces modifications incluent des changements dans la morphologie de l'épithélium, une hyperplasie des glandes à mucus, une augmentation de la masse des CMLs et un épaississement de la membrane basale. La traduction fonctionnelle de ces anomalies va être l'installation d'une obstruction bronchique résiduelle, pas ou peu sensible aux bronchodilatateurs, ni même aux corticoïdes inhalés. La présence d'un remodelage bronchique peut être affirmée par l'étude histologique de biopsies bronchiques (Figure 16). Indirectement, la réversibilité incomplète du VEMS (Volume expiré maximal par seconde) après inhalation de bronchodilatateurs est un reflet du remodelage (Doeing and Solway, 2013). L'inflammation des voies aériennes contribue activement au maintien de ces modifications structurelles. La sécrétion de cytokines, chimiokines et facteurs de croissance par les cellules inflammatoires (éosinophiles, mastocytes, cellules T) et structurelles (CEB, CMLs) conduisent au remodelage bronchique.

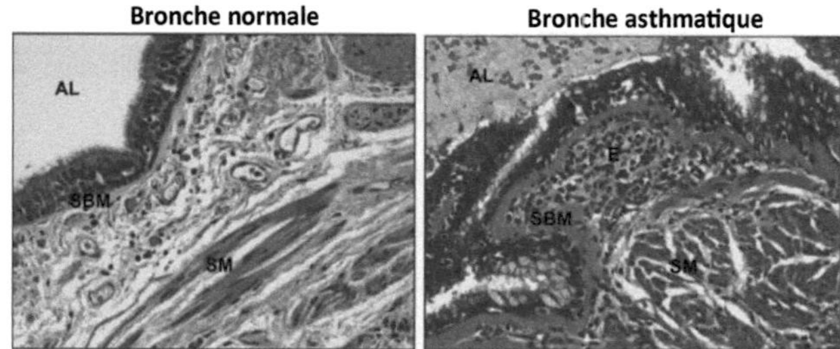

Figure 16 : Les différents critères du remodelage bronchique Photomicrographie d'une bronche normale (à gauche) et d'une bronche asthmatique (à droite) montrant un épaississement marqué de la membrane basale (SBM) associé à une infiltration des éosinophiles (E), une hyperplasie du muscle lisse (SM) et une hypersécretion de mucus dans la lumière bronchique (AL) ; d'après Diana C. Doeing et al., 2013.

I.5.3.A. Altération de l'épithélium bronchique

Les changements morphologiques de l'épithélium incluent la perte des cellules ciliées, une hyperplasie des cellules caliciformes et une hypersécrétion des facteurs de croissance, cytokines et chimiokines. La fonction de barrière de l'épithélium bronchique (intégrité des jonctions serrées, système de réparation) est largement altérée chez les individus asthmatiques (Holgate, 2007). La réparation de l'épithélium fait intervenir la libération de cytokines et de facteurs de croissance qui influencent les myofibroblastes sous-épithéliaux, les CMLs et les cellules caliciformes (Halwani et al., 2011).

De récentes études décrivent un nouveau rôle de l'épithélium dans le remodelage bronchique. En réponse à des stimuli (allergène, cytokines), les cellules épithéliales sont capables de perdre leurs jonctions serrées, sur-exprimer des protéines mésenchymateuses et migrer vers la membrane basale. Ce phénomène est appelé transition épithélio-mésenchymateuse (TEM) (Pain et al., 2014; Chesne et al., 2014).

I.5.3.B.   Hypersécrétion de mucus

L'épithélium respiratoire produit des mucines MUC5AC et MUC5B, composantes majeures du mucus (Nadel, 2013). Elles se fixent sur les particules étrangères (allergènes) et contribuent à leur élimination. Dans le cadre de l'asthme, il y a une hypersécrétion des mucines MUC5AC et MUC5B par les cellules caliciformes contribuant au remodelage bronchique. La synthèse de mucines est en grande partie due à l'activation du récepteur au facteur EGF (EGFR) par une variété de signaux (allergènes, produits de neutrophiles (CCL20)). Plusieurs médiateurs inflammatoires stimulent aussi la production de mucines et le développement de l'hyperplasie des cellules caliciformes, en particulier les cytokines T_H2 (IL-4 et IL-13) mais aussi IL-1β, TNF-α et l'IL-17 (Adcock et al., 2008; Boucherat et al., 2013; Fujisawa et al., 2009; Chesne et al., 2014).

I.5.3.C.   Augmentation de la masse musculaire lisse

Le remodelage des CMLs est considéré comme la principale cause de l'obstruction bronchique. L'augmentation de la masse des CMLs est fortement corrélée à la sévérité de la maladie. Elle se manifeste par une augmentation de la taille des CMLs (hypetrophie) et par une prolifération massive des CMLs (hyperplasie). L'hyperplasie est responsable d'une hausse de l'épaisseur de la couche musculaire lisse de 2 à 4 fois chez les sujets asthmatiques (Bai, 1990; Carroll et al., 1993).

La prolifération musculaire lisse peut être activée via des interactions directes avec les cellules inflammatoires (mastocytes, éosinophiles, cellules T) ou de manière indirecte en réponse à des facteurs de croissance ou des cytokines libérés pendant la réaction inflammatoire. On peut citer par exemple le PDGF, EGF, IL-1β, IL-4, IL-13, IL-6, IL-17, TNF-α et TGF-β (Halayko and Amrani, 2003; Chesne et al., 2014). Le TGF-β est une cytokine importante dans le remodelage car il est aussi capable d'attirer des fibrocytes circulants dans le tissu et de stimuler leur différenciation vers un phénotype de CML (Doeing and Solway, 2013). Les médiateurs inflammatoires impliqués dans l'augmentation de la contraction bronchique peuvent également potentialiser la prolifération des CML. C'est le cas de l'histamine, des leucotriènes D4 ou encore de l'endothéline. De plus, une récente étude montre que le miRNA-221 est aussi capable d'induire une hyper-prolifération de CML de patients asthmatiques sévères (Perry et al., 2013).

La migration des CMLs à travers l'épithélium est un facteur contribuant à l'hyperplasie. En réponse à des chimiokines et cytokines comme Rantes, IL-8, IL-6, IL-17, eotaxine et TGF-β les CMLs sont capables de migrer et d'activer les cellules inflammatoires.

I.5.3.D. Epaississement de la membrane basale

L'épaississement de la membrane basale ou fibrose sous-épithéliale est définie par une accumulation de fibroblastes à proximité de la membrane basale. Dans un environnement inflammatoire, les fibroblastes sont capables de s'activer et de se différencier en myofibroblastes. Ces myofibroblastes sont capables de sécréter des médiateurs pro-inflammatoires et des protéines de la matrice extracellulaire (MEC) telles que le collagène de type I, III et V, la fibronectine, la tenascine. Le renouvellement de la MEC est continuellement régulé par l'action des métalloprotéinases (MMPs) et de leurs inhibiteurs (TIMPs). Un dysfonctionnement dans ce processus entraîne une augmentation de dépôt de matrice et des propriétés mécaniques anormales. Des médiateurs pro-fibrotiques potentialisent l'activation des fibroblastes et la détérioration de la MEC. Les éosinophiles, importante source de cytokines pro-fibrotiques (IL-11 et TGF-β) augmentent la prolifération des fibroblastes, la synthèse de collagène et la maturation en myofibroblastes (Al-Muhsen et al., 2011). De même, les CML peuvent spontanément ou en réponse à des médiateurs inflammatoires (TGF-β) synthétiser plusieurs composants impliqués dans la dégradation de la matrice extracellulaire comme le collagène de type IV, l'élastine, la décorine ou encore la fibronectine mais aussi les métalloprotéinases de type 2 et 9.

L'asthme est donc une pathologie inflammatoire chronique pouvant être associée à une hyperréactivité bronchique, une inflammation bronchique et un remodelage bronchique. La figure 17 montre l'essentiel des médiateurs impliqués dans l'asthme. Cela donne une idée de la complexité de cette maladie inflammatoire (Lloyd and Hessel, 2010).

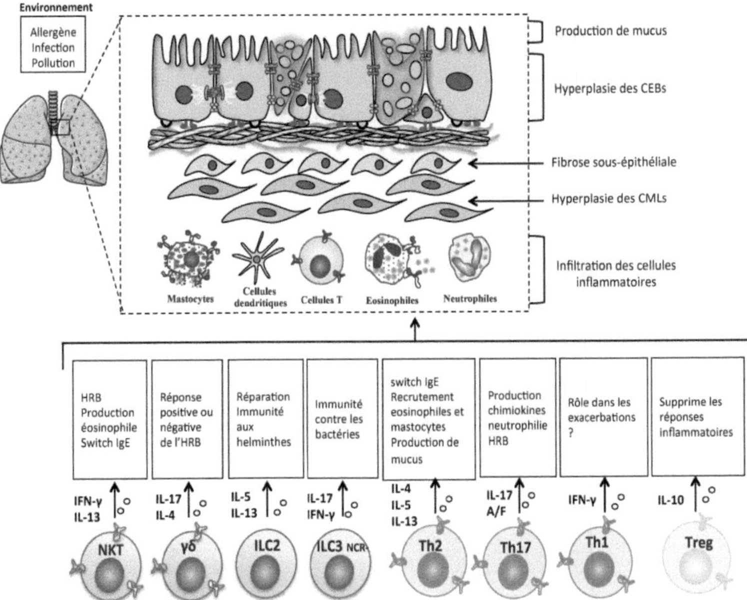

Figure 17 : Les populations cellulaires impliquées dans le développement de l'asthme ; d'après Llyod et al., 2010.

I.6. <u>Les traitements actuels</u>

Le traitement de l'asthme a pour but de lutter contre le spasme permanent du muscle lisse bronchique et de diminuer l'inflammation bronchique lorsque cette dernière est avérée (Stokes, 2014). La prévention de l'asthme allergique sera peut-être possible un jour chez les sujets à risque, autrement dit les enfants atopiques et/ou dont les parents sont atopiques, en parvenant à agir sur le système immunitaire avec de nouvelles formes d'immunothérapies spécifiques ou l'utilisation de pré- ou de pro-biotiques (Osborn and Sinn,

2013). La prévention des exacerbations passe par l'obtention du contrôle de l'asthme. Une première révolution dans le traitement de l'asthme avait été la découverte des agonistes β puis β2-adrénergiques (SABA) dans les années 70. Au début des années 80, une deuxième révolution a incontestablement été l'avènement de la corticothérapie inhalée (ICS) qui peut permettre d'obtenir le contrôle de l'asthme dans la grande majorité des cas en diminuant l'inflammation pulmonaire (Barnes, 1998). Enfin, les bronchodilatateurs de longue durée d'action (LABA) ont permis dès le milieu des années 90 de contrôler des patients plus sévères avec une épargne en corticoïdes inhalés et par voie générale. Les anti-leucotriènes ont également participé à ce processus (Magnan and Blanc, 2013). De nombreuses études cliniques sur l'asthme ont montré que ces médicaments combinés aident au contrôle de l'asthme, diminuent les aggravations aiguës (exacerbations) et facilitent la fonction ventilatoire des poumons mieux qu'en utilisant simplement des corticostéroïdes inhalés (Corren et al., 2013). La prise en charge des malades est adaptée dès le diagnostic, avec une prévention complète des exacerbations grâce à un contrôle durable (Figure 18) (Pocket Guide For Asthma Management And Prevention, 2014).

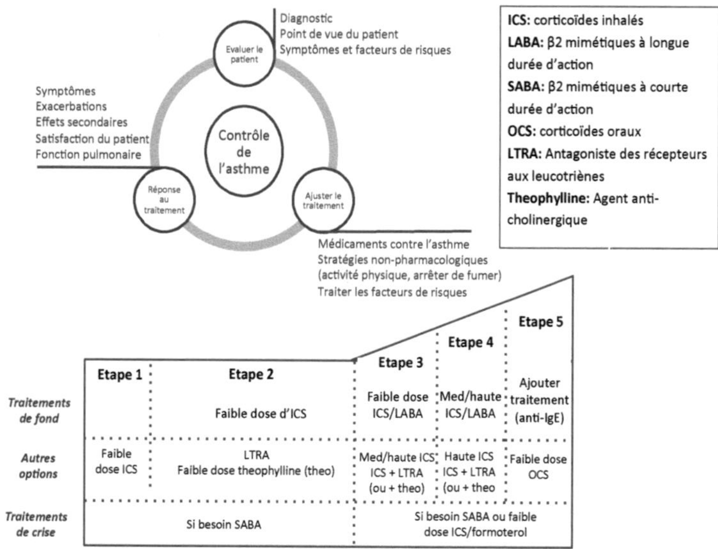

Figure 18 : Contrôle de l'asthme suivant une approche par étape ; d'après GINA, 2014.

Cependant, chez une minorité de patients ces traitements ne permettent toujours pas d'obtenir un contrôle acceptable (Figure 19). Ces patients sévères ou réfractaires représentent environ 5-10% des asthmatiques. La définition de l'asthme réfractaire s'est stabilisée depuis plus de 10 ans et combine des critères liés à l'expression de la maladie à des critères liés à la charge thérapeutique. Les 3 critères classés par ordre d'importance sont : un traitement continu ou semi-continu par corticoïdes oraux, un traitement à forte dose de corticoïdes inhalés et un traitement additionnel quotidien (bronchodilatateur). Le recours à la corticothérapie voie générale permet de prévenir les exacerbations parfois graves, pourvoyeuses de recours aux soins d'urgence et d'hospitalisations répétées. Depuis quelques années, l'omalizumab, un anticorps monoclonal humanisé dirigé contre les IgE a fait la preuve de son efficacité dans l'asthme sévère allergique et est à l'essai dans les autres formes d'asthme sévère. Ce traitement n'est toutefois pas constamment efficace (De Boever et al., 2014). La thermoplastie bronchique est une autre option thérapeutique qui se développe chez les patients sévères qui ne répondent pas aux fortes doses de ICS + LABA + OCS ni à l'omalizumab (Thomson et al., 2012b). Cette méthode permet de réduire instantanément la masse du muscle lisse bronchique de manière invasive par exposition des bronches à l'énergie des radiofréquences (Stokes, 2014). Néanmoins, ce sont des moyens thérapeutiques lourds, compte tenu des effets secondaires et parfois de l'incapacité même de ceux-ci à contrôler l'asthme de façon satisfaisante. Il est indispensable de développer de nouvelles thérapeutiques pour ces patients sévères (Magnan and Blanc, 2013).

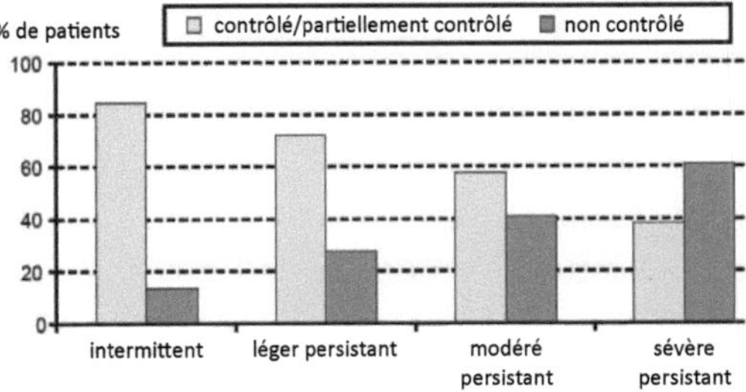

Figure 19 : Pourcentage d'asthmes contrôlés/partiellement contrôlés et d'asthmes non contrôlés selon la classification de GINA ; d'après Global Atlas of asthma, EAACI 2014.

<u>*Partie I : Physiopathologie de l'asthme*</u>

Ce qu'il faut retenir :

- L'asthme est une maladie fréquente qui peut être déclenchée dès le plus jeune âge suite à des facteurs de risques **génétiques** ou **environnementaux** (allergènes respiratoires ou alimentaires)

- La reconnaissance de l'allergène par les **cellules immunitaires innées** contribue à (1) l'inflammation locale via la libération de médiateurs inflammatoires et à (2) l'activation des **lymphocytes T effecteurs** (immunité adaptative) spécifiques de l'allergène, en particulier les T_H2, et T_H17

- Les modifications structurelles (**remodelage bronchique**) et l'**inflammation** sont les deux composantes physiopathologiques responsables de l'**hyperréactivité bronchique.**

- Plus de 40% des patients asthmatiques sévères ne répondent pas suffisamment aux thérapies actuelles (corticoïdes) nécessitant le développement de **nouvelles thérapies.**

II. Vers une médecine personnalisée de l'asthme

II.1. <u>Hétérogénéité clinique de l'asthme</u>

L'asthme n'est plus considéré comme une seule maladie mais comme une pathologie hétérogène avec des caractéristiques cliniques (exacerbation, symptômes, VEMS) mais aussi physiologiques (inflammation pulmonaire) variables. Ces caractéristiques conduisent à l'identification de multiples sous-groupes de patients portant le nom de phénotypes. L'objectif actuel est de mieux définir l'ensemble de ces phénotypes dans le but de développer des traitements ciblés pour chacun d'entre eux (Wenzel, 2012) (Figure 20).

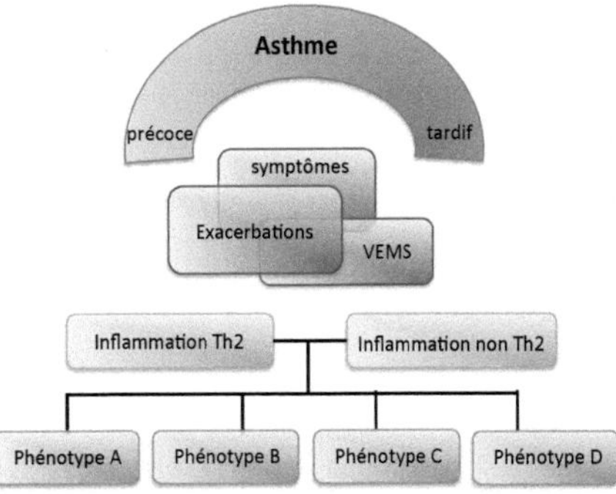

Figure 20 : Définition de l'asthme sous forme de schéma ; d'après Wenzel et al. 2012.

II.1.1. Les notions de phénotype et d'endotype

Un phénotype est défini comme les "propriétés observables d'un organisme produites à partir des interactions entre le génotype et l'environnement" (Wenzel, 2012; Wenzel et al., 1999; Anderson, 2008). Les caractéristiques observables de la maladie (phénotype) peuvent être expliquées par un mécanisme moléculaire ou fonctionnel appelé endotype. Un phénotype d'asthme peut résulter de la combinaison de plusieurs endotypes différents. La vraie définition d'un phénotype prend en compte l'histoire naturelle de l'asthme, les caractéristiques cliniques et physiologiques cohérentes, une signature biologique avec des biomarqueurs génétiques et moléculaires et une réponse prédictive aux thérapies générales et spécifiques. Plusieurs phénotypes d'asthme peuvent être distingués selon les caractéristiques cliniques et inflammatoires (Wenzel, 2012) (tableau 3).

	Histoire naturelle	Caractéristiques physiologiques et cliniques	Pathobiologie et biomarqueurs	Génétique	Réponse à la thérapie
Allergique précoce	apparition précoce; moyen à sévère	symptômes allergiques	IgE spécifiques, T_H2	17q12; gènes associés T_H2	sensible aux corticostéroïdes; cibles T_H2 efficaces
Eosinophilique tardif	apparition tardive; souvent sévère	sinusites; moins allergique	éosinophilie réfractaire aux corticostéroïdes; IL-5		réfractaire aux corticostéroïdes; sensible à l'anti-IL-5
Induit par l'exercice		moyen, intermittent avec l'exercice	activation mastocytes, cytokines T_H2, leukotriènes		réponse à la thérapie anti-IL-9, Beta-agonistes, leucotriènes modifiés
Lié à l'obésité	apparition tardive	touche le plus souvent des femmes; très symptomatique	manque de biomarqueurs T_H2; Stress oxydatif		réponse à la perte de poids, anti-oxydants et à la thérapie hormonale
Neutrophilique		VEMS particulièrement faible	neutrophilies dans les expectorations induites; IL-8, Réponse T_H17		réponse possible aux antibiotiques macrolides

Tableau 3 : Identification des différents phénotypes d'asthme ; d'après Wenzel. et al., 2012.

II.1.2. Les approches pour identifier les phénotypes

II.1.2.A. L'approche clinique

La notion de phénotype d'asthme est apparue avec le concept d'asthme extrinsèque (allergique) et intrinsèque (non allergique) (RACKEMANN, 1947). Les individus porteurs d'asthme extrinsèque développent la maladie très tôt dans la vie. Ils sont atopiques (produisent des IgE en réponse à des allergènes) et peuvent générer des maladies allergiques telles que la rhinite allergique ou la dermatite atopique. Les asthmes intrinsèques sont détectés chez des personnes plus âgées (> 40 ans). Ils sont souvent associés à un asthme exacerbé en réponse à l'aspirine (AERD) et aux anti-inflammatoires non stéroïdiens mais pas avec la sensibilisation allergique. La distinction entre ces deux phénotypes repose sur la capacité de production des IgE. Cependant, ces dernières années, des études menées chez l'homme montrent (1) une réponse T_H2 similaire et (2) une réponse aux corticoïdes efficace dans la majorité des cas d'asthme modérés à sévères. Ces données remettent en question les méthodes de classification de l'asthme. La réintroduction du concept d'hétérogénéité fait suite à l'identification du sous-type d'asthme sévère défini par une inflammation à neutrophile. L'ensemble des phénotypes associés à l'exercice, l'obésité, le tabac ou à un infiltrat neutrophilique doit être mieux défini afin d'identifier des caractéristiques cliniques et biologiques propres. Chaque phénotype d'asthme est complexe, hétérogène, variable dans le temps. L'établir avec certitude peut prendre du temps. Il peut se modifier au cours de la vie en fonction des facteurs environnementaux ou thérapeutiques. L'asthme est clairement une maladie de l'environnement. Toutes ses composantes doivent être précisément analysées et évaluées.

II.1.2.B.   L'approche statistique

La formation de sous-groupes de patients en fonction d'un seul paramètre, physiopathologique (degré d'obstruction bronchique) ou clinique (fréquence des exacerbations) s'avère peu opérationnelle. Des études de cohortes ont permis de mieux préciser les sous-groupes (ou phénotypes) de patients asthmatiques. Ces études utilisent une analyse statistique en "clusters" pour classer les patients. Cette analyse en cluster se réfère à un groupe d'algorithmes mathématiques à plusieurs variables qui effectuent généralement deux fonctions distinctes : (1) Evaluation des similarités entre individus au sein d'une population ; (2) regroupement des individus similaires dans des catégories. Ces études rendent possible l'inclusion de multiples variables associées à l'exacerbation de l'asthme : la réponse aux traitements (bronchodilatateurs, corticoïdes), la fonction pulmonaire (VEMS) et les critères inflammatoires (éosinophilie). Ces dernières années, plusieurs clusters et donc phénotypes ont été identifiés à partir de plusieurs variables cliniques et/ou moléculaires. L'identification des phénotypes distincts associés à des anomalies physiopathologiques spécifiques pourrait permettre par la suite de prédire la réponse à certains traitements et d'orienter les études génétiques et moléculaires.

II.2. L'identification des phénotypes cliniques et moléculaires

II.2.1. Les analyses de phénotypes cliniques

Basées sur l'analyse de clusters, quatre études entre 2008 et 2014 ont tenté de définir des phénotypes cliniques sur plusieurs variables (fonction pulmonaire et/ou inflammation) (Haldar et al., 2008; Moore et al., 2010; Wu et al., 2014; Siroux et al., 2011). Selon des paramètres de fonction pulmonaire, Moore et al. (Moore et al., 2010) ont identifié cinq clusters dont trois correspondent à des patients présentant un asthme réfractaire : le cluster 3 regroupe des patients plutôt âgés en surpoids avec une altération fonctionnelle modérée et de fréquentes exacerbations ; le cluster 4 est constitué de patients sévères, allergiques, débutant leur asthme précocément ; le cluster 5 est formé de patients présentant un syndrome obstructif peu réversible (Moore et al., 2010). De manière intéressante, ils montrent que 80% des patients inclus dans l'étude peuvent être classés dans un cluster en utilisant comme variables, le VEMS (FEV1) et l'âge (Figure 21). Bien que l'inflammation bronchique n'était pas une variable de leur analyse, les données cliniques montrent un fort infiltrat à éosinophiles dans les expectorations induites des patients issus des clusters 3, 4 et 5. Les neutrophiles sont trouvés augmentés seulement dans le cluster le plus sévère (cluster 5).

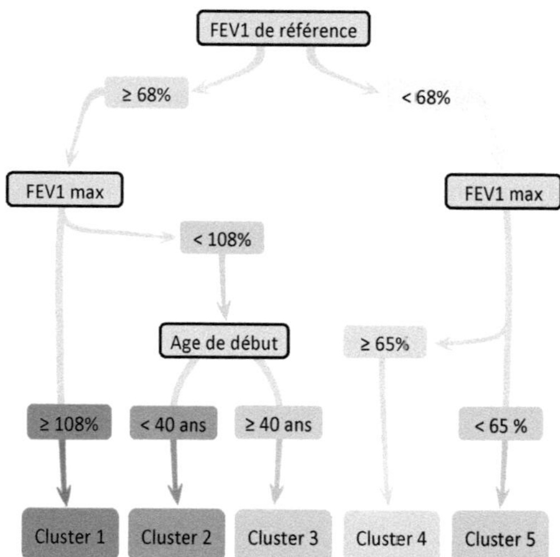

Figure 21 : Regroupement des asthmatiques selon l'âge et le VEMS en 5 clusters qui vont du plus léger au plus sévère ; **d'après** Moore et al., 2010.

L'utilisation d'autres variables telles que l'inflammation pulmonaire et les symptômes permet l'identification de plusieurs phénotypes associés à l'asthme modéré ou sévère (Haldar et al., 2008). La figure 22 montre une classification concordante entre les symptômes et l'inflammation concernant les asthmes bénins et les asthmes allergiques précoces. Les auteurs suggèrent qu'un diagnostic basé sur les symptômes est suffisant pour ces phénotypes. En revanche, on observe une discordance entre les symptômes et l'inflammation à éosinophiles pour les asthmes réfractaires. Les phénotypes avec des symptômes prédominants et sans inflammation à éosinophiles sont caractérisés par une inflammation à neutrophiles connue pour résister aux corticostéroïdes. Les patients avec une forte éosinophilie et peu de symptômes forment un phénotype d'asthme sévère qui peut être traité efficacement par des thérapies ciblées contre les éosinophiles. Cette étude montre que l'utilisation de mesures de l'inflammation des voies respiratoires pour la classification des asthmes est cliniquement informative.

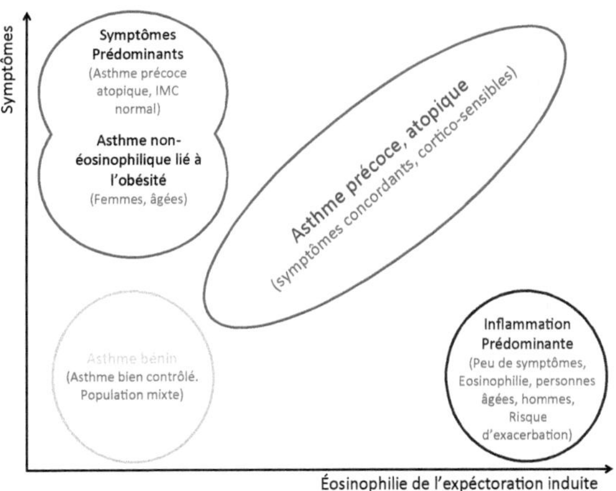

Figure 22 : Classification des clusters en fonction des symptômes et de l'inflammation à éosinophiles ; d'après Haldar et al. 2008.

D'autres travaux ont permis d'identifier et de mieux caractériser les phénotypes d'asthmes sévères. Moore et al. ont identifié 4 modèles cellulaires inflammatoires suite à l'étude d'expectorations induites de patients modérés à sévères. Les sujets sévères ou réfractaires sont définis par une fonction pulmonaire altérée parfois irréversible, une inflammation essentiellement à neutrophiles accompagnée ou non d'une éosinophilie et une sensibilité diminuée aux corticoïdes (Moore et al., 2013) (Figure 23).

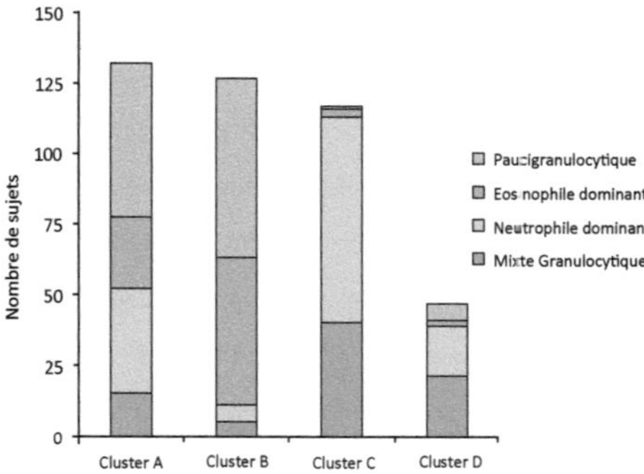

Figure 23 : Distribution des clusters en fonction de l'infiltrat pulmonaire ; d'après Moore et al. 2013.

II.2.2. Les analyses de phénotypes moléculaires

La classification de l'asthme en phénotypes moléculaires a été initiée par Woodruff et al en 2009 (Woodruff et al., 2009). Dans cette étude les auteurs ont analysé des brossages épithéliaux bronchiques issus d'asthmatiques légers à modérés pour l'expression de 3 gènes régulés positivement par les cytokines de type T_H2 (Woodruff et al., 2007) : POSTN (code pour la periostine) ; CLCA1 (calcium-activated chloride channel regulator 1) ; SERPINB2 (serpin peptidase inhibitor, clade B, member 2). Selon l'expression de ces 3 gènes, ils discriminent deux groupes de patients avec deux endotypes différents : les T_H2^{High} et les T_H2^{Low} (Figure 24A).

Endotype T_H2^{high} : 50% des patients avec un asthme léger sans corticoïdes ont une signature T_H2^{high} au niveau de l'épithélium bronchique. Ces patients présentent dans leurs tissus, de fortes expressions d'IL-13 et d'IL-5 et un grand nombre d'éosinophiles et de mastocytes. La corticothérapie inhalée est ici efficace pour diminuer l'obstruction bronchique.

Endotype T_H2^{Low} : L'autre moitié des patients ne présentent pas la signature T_H2. Les auteurs ont identifié un niveau d'expression faible d'IL-5 et d'IL-13 dans les biospies de ces patients, suggérant l'implication d'autres mécanismes moléculaires (Figure 24B). Ils n'observent néanmoins aucune modification dans l'expression des cytokines de type T_H1 (IL-12A, IFN-γ) et T_H17 (IL-17A) entre T_H2^{High}, T_H2^{Low} et les volontaires sains. Contrairement au groupe T_H2^{High}, ces patients n'ont pas d'inflammation à éosinophiles et répondent mal à la corticothérapie (Figure 24C).

Basée sur l'expression des gènes T_H2, cette étude a permis de discriminer les patients asthmatiques légers à modérés en deux phénotypes inflammatoires et cliniques. Le groupe de patient T_H2^{Low} est défini par une absence d'éosinophile et de lymphocytes T_H2, T_H1 et T_H17 dans les voies aériennes et par une résistance au traitement anti-inflammatoire. Ces résultats laissent penser que le sous-groupe T_H2^{Low} contient soit des asthmes à neutrophiles, ce qui est peu probable car cette inflammation est retrouvée surtout dans les asthmes sévères, soit des asthmes paucigranulocytaire (sans inflammation) expliquant l'inefficacité des corticoïdes.

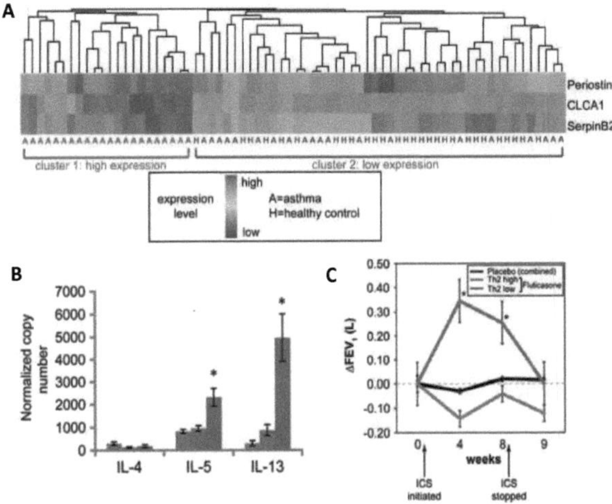

Figure 24 : Répartition des patients asthmatiques selon l'expression des 3 gènes : CLCA1, Serpin B2 et Periostin. A) classification hiérarchique basée sur l'expression de Periostin, CLCA1 et Serpin B2 dans l'épithélium bronchique de sujets asthmatiques et de volontaires sains ; B) Moyenne d'expression des cytokines T_H2 dans les biopsies bronchiques des patients T_H2^{High} (en rouge), des patients T_H2_{Low} (en bleu) et des volontaires sains (en gris) ; C) Réponse (Mesure du VEMS) des asthmes T_H2^{High}, T_H2_{Low} en réponse à un corticoïde inhalé : le flucticasone ; d'après Woodruff et al., 2009.

Wenzel et al. proposent une classification des asthmes selon le type d'inflammation (T_H2 ou non T_H2), la sévérité et le moment d'apparition de la maladie (précoce ou tardif) (Figure 25). Bien qu'ils représentent une large proportion, les asthmes non T_H2 sont mal contrôlés par les thérapies actuelles et sont moins bien caractérisés sur le plan moléculaire. Ce sous-groupe inclus les asthmes d'apparition tardive, liés à l'obésité ou au tabagisme et les asthmes avec une inflammation à neutrophiles ou sans inflammation (Paucigranulocytaire) (Wenzel, 2012).

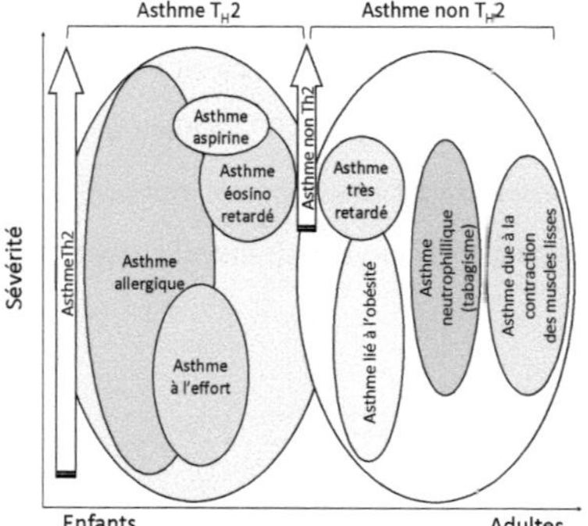

Figure 25 : Répartition des phénotypes d'asthme selon l'inflammation T_H2 et non T_H2 ; d'après Wenzel et al., 2012.

L'immunité T_H17 joue un rôle crucial dans le développement des asthmes sévères à neutrophiles et ceux associés à l'obésité (Nakagome et al., 2012; Kim et al., 2014; Chesne et al., 2014). La plupart des modèles murins qui surexpriment l'IL-17 génèrent une inflammation à neutrophiles et résistent aux corticostéroïdes (McKinley et al., 2008; Lajoie et al., 2010). L'importance de l'IL-17A dans l'inflammation à neutrophiles réside dans sa capacité à les recruter. Elle promeut l'attraction des neutrophiles en stimulant la sécrétion d'IL-8 par les CEB. L'apoptose des neutrophiles est inhibée en réponse aux corticoïdes faisant de ce type d'inflammation, un marqueur important des asthmes sévères difficiles à traiter. Néanmoins, chez l'homme, la forte production d'IL-17A dans les formes sévères est corrélée avec une fonction pulmonaire basse mais pas toujours avec l'inflammation à neutrophiles et d'autres paramètres cliniques (Doe, 2010). Comparée aux cytokines T_H2 (IL-4, IL-5), l'IL-17 a été montrée comme étant moins sensible à une inhibition par les corticoïdes. Cela laisse penser que l'IL-17A peut aussi jouer un rôle dans le développement des formes sévères d'asthme indépendamment des neutrophiles (Chesne et al., 2014).

Une étude récente s'est intéressée à l'émergence des cellules T_H2, T_H17 et doubles positives T_H2/T_H17 dans le LBA de patients asthmatiques réfractaires (Figure 26A) (Irvin et al., 2014). Ce travail confirme l'existence de deux sous-groupes d'asthme précédemment identifiés par l'équipe de Woodruff et al., à savoir le $T_H2^{prédominant}$ (ou T_H2^{high}) et le T_H2/T_H17^{Low} (ou T_H2^{Low}).

Pour la première fois, les auteurs identifient un 3ème groupe T$_H$2/T$_H$17^{prédominant} caractérisé par la co-expression d'IL-4 et d'IL-17. Cet endotype concerne les formes les plus sévères d'asthme. Les cellules T$_H$2 sont capables de se différencier en cellules T$_H$2/T$_H$17 sous l'influence de l'IL-1β et de l'IL-6. Ces deux cytokines sont induites en réponse aux infections ou aux facteurs environnementaux. Ainsi, les patients avec un asthme allergique et un endotype T$_H$2^{prédominant} sont plus sensibles aux infections et peuvent ainsi développer un endotype mixte T$_H$2/T$_H$17^{prédominant}. Les auteurs montrent une fréquence accrue de cellules T$_H$2/T$_H$17 productrices d'IL-4 et d'IL-17 dans le LBA de patients asthmatiques sévères (Figure 26B). L'augmentation du nombre de cellules T$_H$2/T$_H$17 et la production d'IL-17 sont corrélées avec les critères de sévérité de la maladie : forte éosinophilie et fonction pulmonaire (%FEV1) basse et irréversible en réponse aux corticoïdes (Figure 26C, D). Les T$_H$2/T$_H$17 peuvent résister aux corticoides via une sur-expression de MEK1 (Mitogen-activated protein–extracellular signal-regulated kinase kinase 1) (Irvin et al., 2014; Liang et al., 2010; Tsitoura and Rothman, 2004) (Figure 26E).

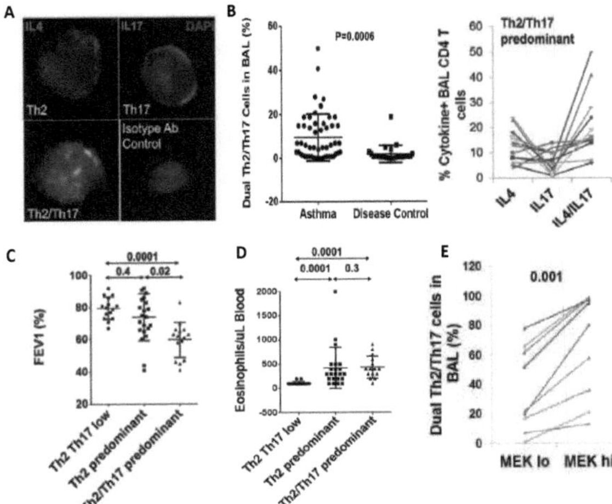

Figure 26 : Fréquence des cellules T$_H$2/T$_H$17 chez des patients asthmatiques sévères. A) Capture d'images par microscopie confocale d'un lymphocyte de type T$_H$2, T$_H$17 ou T$_H$17/T$_H$2 ; B) Pourcentage de cellules T$_H$2/T$_H$17 dans le LBA de patients avec un asthme et de sujets contrôles et pourcentage des cytokines T$_H$2 et T$_H$17 dans le sous-groupe d'asthmatique T$_H$2/T$_H$17^{prédominant} ; C) Evaluation des critères cliniques (% de FEV1 (VEMS) et du taux d'éosinophiles) dans chacun des sous-groupes ; D) Pourcentage de cellules T$_H$2/T$_H$17 dans la population lymphocytaire T CD4+ MEK^{hi} ou MEK^{Lo} ; d'après Irvin et al., 2014.

II.3. L'asthme, une maladie exemplaire pour le développement de la médecine personnalisée

II.3.1. Qu'est-ce que la médecine personnalisée ?

Les études de cohortes ont permis de mieux préciser les sous-groupes ou phénotypes de patients asthmatiques, basés sur des caractéristiques observables, dans l'optique d'une prise en charge personnalisée (Leroyer et al., 2013). Les efforts entrepris pour comprendre l'hétérogénéité clinique et biologique va permettre de proposer des mesures préventives et d'améliorer le traitement des malades (Charriot et al., 2013; Bell and Busse, 2013; Wenzel, 2012). Traiter l'asthme par des molécules ciblées si elles sont bien tolérées, y compris sur le très long terme, pourrait permettre d'améliorer l'observance et le contrôle de l'asthme. Ces démarches s'inscrivent dans une ambition thérapeutique adaptée au phénotype des patients, c'est-à-dire dans une démarche de soin prédictive, préventive et personnalisée (Magnan and Blanc, 2013).

II.3.2. Biomarqueurs : de l'endotype aux nouveaux traitements ciblés

On appelle biomarqueur une molécule ou une série de molécules qui, dosées dans le sang ou *in situ*, sont prédictives lorsque leur niveau est supérieur ou inférieur à celui d'une population contrôle, d'une maladie, d'une complication d'une maladie, ou d'une forme particulière d'une maladie. Lorsque ces biomarqueurs varient de façon précoce, ils peuvent définir le temps d'une prise en charge préventive. Il est intéressant de noter que les biomarqueurs peuvent aussi constituer des cibles thérapeutiques potentielles. Ces dernières années, il a été découvert un panel de biomarqueurs notamment dans les asthmes sévères (tableau 4).

A travers l'analyse transcriptomique de brossages épithéliaux issus de patients asthmatiques comparé à des sujets sains, Woodruff et al. ont découvert un nouveau biomarqueur facilement dosable dans le sang nommé la périostine. Les auteurs dénotent une forte augmentation de cette protéine *in situ* chez l'asthmatique par rapport à une population contrôle (Woodruff et al., 2007). La périostine est une protéine de la matrice extracelullaire retrouvée corrélée avec l'inflammation T_H2 (IL-13) et l'éosinophilie (Jia et al., 2012;

Matsumoto, 2014). Des études cliniques montrent que le niveau sérique de périostine est un bon marqueur prédictif des réponses à l'anti-IL-13 et l'anti-IgE (Corren et al., 2011; Hanania et al., 2013). Le dosage de la périostine dans le sérum aide au diagnostic des asthmes réfractaires associés à une inflammation T_H2/éosinophile et permet d'identifier les patients les plus susceptible de répondre à la thérapie ciblée T_H2.

L'identification de la périostine a fait émerger des analyses transcriptomiques à partir d'expectorations induites. De fait, Hastie et al. ont mis en évidence une augmentation de médiateurs inflammatoires dans les expectorations induites de patients asthmatiques sévères (inflammation neutrophile seule ou mixte neutrophile/éosinophile) comparé aux patients non sévères (Hastie et al., 2010). Les auteurs retrouvent des molécules essentiellement associées avec l'infiltration à neutrophiles, notamment IL-1β, CCL20 mais aussi de nouvelles molécules moins connues dans l'inflammation bronchique comme BDNF (Brain-derived neurotrophic factor), CXCL13 (B-lymphocyte chemoattractant/CXCL13) et EGF (Epidermal growth factor). Une récente étude montre également une forte augmentation de l'IL-6 sérique dans les asthmes mixtes neutrophile/éosinophile. Ceci est d'autant plus intéressant qu'ils n'identifient aucune différence significative de l'IL-17 supposant que l'IL-6 est un meilleur biomarqueur sanguin que l'IL-17 pour caractériser ce type d'asthme. De plus, ce travail montre que le niveau sérique de la périostine n'est pas capable de prédire les asthmes sévères à inflammation mixte mal contrôlés (Nagasaki et al., 2014). Des biomarqueurs autres que la périostine devront être utilisés pour diagnostiquer les asthmes sévères à neutrophiles ou mixtes.

Nous savons qu'il est peu probable qu'une seule molécule soit suffisante pour prédire une maladie, ses complications ou la réponse à un traitement particulier. Les biomarqueurs qui restent à découvrir pourraient plutôt être composés d'une série de molécules constituant des signatures complexes de validation difficile (Magnan and Blanc, 2013). Woodruff et al ont décrit récemment une signature cytokinique T_H2 (IL-4, IL-13, IL-5) dans l'expectoration induite capable de discriminer les endotypes T_H2^{high} et T_H2^{Low} (Peters et al., 2014). Un autre travail identifie une signature de 6 biomarqueurs capables de discriminer les phénotypes de l'asthme (neutrophilique, éosinophilique, paucigranulocytique) et de prédire la réponse aux coticostéroïdes (Baines et al., 2014). Une sur-expression des gènes *CLC* (Charcot-Leydon crystal), *CPA3* (carboxypeptidase A3) et *DNASE1L3* (deoxyribonuclease I-like 3) est retrouvée dans le cas d'une inflammation à éosinophiles alors qu'une sur-expression des gènes *IL-1B*

(IL-1β) *ALPL (*alkaline phosphatase, tissue- nonspecific isozyme), et *CXCR2 (*chemokine (C-X-C motif) receptor 2) est observée chez les patients neutrophiliques. Le niveau d'expression des 6 gènes est modifié en réponse aux corticoïdes : *CLC, CPA3* et *DNASE1L3* sont diminués alors que *IL-1B, ALPL,* et *CXCR2* restent élevés (Baines et al., 2014).

Etude	Compartiment	Protéine	Fonction	Inflammation		
				Eosinophile	Neutrophile	Mixte
Woodruff et al. 2007 Nagasaki et al 2014	Expectoration induite (EI)	Périostine	augmentation l'épaisseur de la membrane basale (remodelage bronchique)	x		
Peters et al. 2014	EI	IL-4, IL-5, IL-13	cytokines T_H2 capables de discriminer les endotypes T_H2^{High} et T_H2^{Low}	x		
Hastie et al. 2010	EI	eotaxin 2	attraction des éosinophiles	x		x
		IL-1β	attraction des neutrophiles, différenciation des T_H17, activation de l'inflammasome		x	x
		CCL20	attraction des lymphocytes T_H17		x	x
		BDNF	augmente la survie des éosinophiles et l'HRB		x	x
		CXCL13	accumulation de B folliculaires dans les poumons		x	x
		EGF	stimule la libération d'IL-8 et donc le recrutement des neutrophiles		x	x
Nagasaki et al. 2014	serum	IL-6	attraction des neutrophiles et différenciation des T_H17			x
Baines et al. 2014	EI	CLC	recrutement des éosinophiles	x		
		CPA3	produite par les mastocytes, contribue à l'inflammation T_H2	x		
		DNASE1L3	apoptose cellulaire	x		?
		IL-1β	attraction des neutrophiles, différenciation des T_H17, activation de l'inflammasome		x	
		ALPL	réponse au LPS et attraction des neutrophiles		x	
		CXCR2	contrôle l'afflux des neutrophiles		x	

Tableau 4 : Classification des asthmes selon le niveau d'expression de biomarqueurs inflammatoires.

II.3.3. Les cibles thérapeutiques actuelles

Un autre champ de la découverte de biomarqueurs est celui de la recherche de la bonne cible de traitements innovants qui, en étant ciblés par définition, ne seront efficaces que chez une minorité de patients. Une meilleure caractérisation clinique et biologique de patients sélectionnés a permis de développer des thérapies ciblées. Des études sont en cours pour démontrer leur efficacité et leur bonne tolérance mais aussi leur impact sur l'histoire naturelle de la maladie. L'essor des anticorps monoclonaux humanisés a permis de tester des voies immunologiques alternatives (Tableau 5).

II.3.3.A.   anti-IgE

L'omalizumab est un anticorps monoclonal recombinant humanisé anti-IgE. Cet anticorps provoque une chute rapide de la libre circulation de l'IgE ce qui conduit à l'internalisation du récepteur FcεR1 en particulier sur les mastocytes et les basophiles et une diminution de la libération des médiateurs préformés. L'omalizumab est préscrit pour le traitement des patients atteints d'asthme allergique persistant sévère (test cutanés et/ou IgE spécifiques positifs pour un allergène perannuel), qui présentent des exacerbations sévères malgré un traitement par corticoïdes inhalés à doses élevées associé à des LABA. Plusieurs études randomisées contre placebo attestent de son intérêt potentiel en cas de réponse favorable évaluée à 12 semaines avec comme critère principal d'efficacité le taux d'exacerbations (réduction relative de 25 à 43% par rapport au placebo) (Leroyer et al., 2013; Thomson and Chaudhuri, 2012; Corren et al., 2009).

II.3.3.B.   anti-IL-5

Le mépolizumab est un anticorps monoclonal anti-interleukine 5 (IL-5) qui inhibe sélectivement les processus inflammatoires générés par les polynucléaires éosinophiles. Une large étude randomisée contre placebo a été conduite pendant un an sur plus de 600 patients présentant un asthme sévère et une inflammation éosinophilique (éosinophiles dans l'expectoration induite et/ou sanguine, ou NO exhalé élevé). Un taux d'exacerbation d'asthme significativement inférieur était observé sous mépolizumab (Pavord et al., 2012; Flood-Page et al., 2007; Ortega et al., 2014; Nair et al., 2009; Haldar et al., 2009). Une récente étude montre une réduction du nombre d'éosinophiles circulants en 4 semaines sous mépolizumab ainsi qu'une baisse importante de la fréquence des exacerbations chez des patients cortico-dépendants ou non. Ces derniers résultats sont en faveur de l'efficacité de ce traitement autant chez les patients sévères que chez les patients non sévères (Prazma et al., 2014). Un autre anticorps monoclonal anti-IL-5, le reslizumab, a été évalué pour le traitement des asthmes hautement éosinophiliques. Après traitement, les patients présentaient une baisse significative du nombre d'éosinophiles dans leur expectoration induire ainsi qu'une amélioration de leur fonction respiratoire (Castro et al., 2011; Pelaia et al., 2012).

Il est important de souligner que ces deux anticorps présentent une inefficacité très probable chez les patients non sélectionnés sur le profil inflammatoire éosinophilique (Leroyer et al., 2013). Ceci rajoute un argument supplémentaire en faveur d'une approche thérapeutique s'appuyant sur la mise en évidence des phénotypes/endotypes.

II.3.3.C.   anti IL-4/IL-13

L'IL-4 et l'IL-13 représentent des cibles moléculaires d'intérêt particulier pour le traitement de l'asthme car ce sont les deux cytokines clés de la réponse T_H2. Elles induisent leurs effets par la signalisation induite par l'activation d'une partie commune des récepteurs l'IL-4Rα/IL-13Rα (Just and Amat, 2014).

Les tentatives de blocage de l'IL-4 directement avec des anticorps monoclonaux tels que Pascolizumab ou Altrakincept ont donné des résultats cliniques décevants. En revanche de meilleurs résultats sont obtenus après neutralisation de l'IL-13, cytokine qui peut être retrouvée en concentration élevée chez certains patients présentant un asthme non contrôlé malgré une corticothérapie inhalée/systémique. Une étude de phase I avec l'anti-IL-13, tralokinumab a montré un bon profil de tolérance et une bonne biodisponibilité chez des individus atteints d'asthme modéré. Deux essais cliniques de phase II avec le tralokinumab décrivent un bénéfice thérapeutique seulement chez les asthmes modérés à sévères ayant des niveaux élevés d'IL-13 dans les expectorations induites (Piper et al., 2013; Corren et al., 2011). Le lebrikizumab est un anticorps monoclonal de type IgG4 humanisé qui se fixe à l'IL-13 (Thomson et al., 2012a; Corren, 2013). Une étude randomisée contre placebo (Corren et al., 2011) rapporte une amélioration de VEMS (mais pas des symptômes) chez les patients atteints d'asthme modéré à sévère. Etant donné que l'IL-13 joue un rôle important dans la production de périostine, l'efficacité du traitement est plus robuste dans le sous-groupe de patients présentant des taux sériques élevés de périostine. D'autres cibles ont été développées en vue de supprimer à la fois l'activité de l'IL-4 et de l'IL-13. Le dupilumab est un anticorps dirigé contre la sous-unité alpha du récepteur de l'interleukine-4 qui inhibe à la fois l'IL-4 et l'IL-13. Une récente étude montre une bonne efficacité du traitement dans les asthmes modérés à sévères accompagnés d'une hyperéosinophilie sanguine. Il entraîne une réduction importante des exacerbations sévères et une amélioration de la fonction pulmonaire dans les 12 semaines (Wenzel et al., 2013). Le Pitrakinra est un autre antagoniste de l'IL-4 récepteur alpha évalué en clinique (phase II). Deux études mesurent la fonction pulmonaire en réponse à des challenges allergéniques. Les résultats montrent une réduction du VEMS après traitement par rapport au placebo (Wenzel et al., 2007).

II.3.3.D.   anti-CXCR2

Un antagoniste pour la chimiokine CXCR2 est en cours d'investigation. L'IL-8 fortement associée à l'inflammation à neutrophiles est son principal agoniste (Wood et al., 2012). Une première étude contre placebo a été menée chez des patients avec un asthme non contrôlé et une forte neutrophilie dans l'expectoration induite. Un traitement oral pendant quatre semaines diminue significativement le nombre de neutrophiles (Nair et al., 2012; O'Byrne et al., 2012).

II.3.3.E.   anti-IL-17RA

Récemment, le Brodalumab, un anticorps monoclonal humanisé dirigé contre l'IL-17 récepteur A (IL-17RA) a été évalué dans une cohorte de patients asthmatiques modérés à sévères mal contrôlés (Busse et al., 2013). Les paramètres principaux de cette étude sont le score du questionnaire de contrôle de l'asthme (ACQ score) et le VEMS. Les auteurs ont mis en évidence une importante efficacité du traitement dans un sous-groupe de patients asthmatiques hautement réversibles qui se traduit par une amélioration du score ACQ et de la fonction respiratoire (VEMS $\geq$ à 20%). Ce travail propose un nouveau phénotype (patients hautement réversibles) et un nouvel endotype (IL-17R dépendant) (Chesne et al., 2014).

Bien que les stratégies anti-IgE, anti-IL-5 et anti-IL-13 semblent très prometteuses, les antagonistes de l'IL-4 n'ont pas réussi à diminuer de manière convaincante les événements liés à l'asthme sévère. Récemment, il a été montré des effets bénéfiques d'un anticorps anti-TSLP chez des patients avec un asthme allergique stable (Gauvreau et al., 2014). Néanmoins son efficacité reste à être prouvée chez des patients sévères. L'anti-IL-17RA montre des effets bénéfiques dans le traitement des asthmes réfractaires hautement réversibles suggérant une forte implication de la signalisation de l'IL-17A dans le contrôle de la contraction bronchique. Néanmoins, des études cliniques supplémentaires sont nécessaires pour confirmer l'efficacité thérapeutique du Brodalumab dans ce sous-type d'asthme. Un nouvel anticorps IgG1 entièrement humain qui lie et neutralise l'IL-17A (Secukinumab) a été développé pour le traitement en phase II du psoriasis en plaque et de l'arthrite dans des formes modérées à graves. Les résultats indiquent que Secukinumab est susceptible de fournir un nouveau mécanisme d'action pour le traitement des maladies à médiation immunitaire (Baeten et al., 2013). L'administration de Secukinumab est en cours d'évaluation clinique dans l'asthme (Newcomb and Peebles, 2013; Trevor and Deshane, 2014). Les résultats attendus fin 2014 permettront de répondre à plusieurs questions comme "Existe-t-il une relation de cause à effet entre l'IL-17A et les neutrophiles ?" ; "Confirme-t-on l'effet direct de l'IL-17A sur la contraction du muscle lisse bronchique ?". Enfin, les asthmes sévères avec une inflammation à neutrophiles ont fait émerger d'autres cibles thérapeutiques comme l'anti-CXCR2. Bien que le premier essai clinique soit encourageant, d'autres investigations cliniques sur de plus larges cohortes devront être effectuées.

Mécanisme d'action	Drogue	Effets	Développement
anti-IgE	Omalizumab	réduit les exacerbations, améliore les symptômes et la qualité de vie	Approuvée en clinique
anti-IL-5	Mepoluzimab	diminue le nombre d'éosinophile et la fréquence des exacerbations	Phase II/III
anti-IL-5	Reslizumab	diminue le nombre d'écsinophile et augmente le VEMS	Phase II
anti-IL-4	Pascolizumab	*pas d'efficacité significative*	Phase II
anti-IL-4	Altrakincept	*pas d'efficacité significative*	Phase II
anti-IL-13	Tralokinumab	réduit l'éosinophilie bronchique	Phase I/II
anti-IL-13	Lebrikizumab	augmente le VEMS chez les patients avec un haut niveau sérique de périostine	Phase III
anti-IL-4/anti-IL-13	Dupilumab	diminution des exacerbations sévères et amélioration de la fonction pulmonaire	Phase II
anti-IL-4/anti-IL-13	Pitrakinra	prévient la diminution du VEMS après challenge avec l'allergène	Phase II
anti-CXCR2	SCH52712	diminue l'inflammation à neutrophiles	Phase II
anti-IL-17RA	Brodalumab	améliore le VEMS et l'ACQ	Phase II
anti-IL-17	Sekukinumab	résultats pas encore disponibles	Phase II en cours

Tableau 5 : Ensemble des cibles thérapeutiques développées ou en cours dans le développement l'asthme

Partie II : Vers une médecine personnalisée de l'asthme

Ce qu'il faut retenir :

- L'asthme est défini comme une **maladie hétérogène** avec de multiples sous-groupe de patients. On parle de **phénotypes d'asthme.**

- Les phénotypes d'asthme peuvent être distingués selon des caractéristiques **cliniques (phénotypes cliniques)** et **inflammatoires (phénotypes moléculaires).**

- L'utilisation de **cohortes d'asthmatiques** et de **techniques modernes** (transcriptome) a permis de discriminer les patients asthmatiques en **clusters** de gènes.

- Sur le plan inflammatoire et clinique, on distingue plusieurs clusters d'**asthmes sévères.**
  - Les asthmes sévères **T_H2/éosinophiliques** sont en règle générale cortico-sensibles.
  - Les asthmes sévères caractérisés par une inflammation **neutrophilique ou mixte (éosinophiles et neutrophiles)** avec la présence **d'une réponse T_H17** sont peu sensibles aux corticoïdes.

- Le développement de la **médecine personnalisée** et préventive a permis la mise sur le marché de **nouvelles armes thérapeutiques** spécifiques de :
  - **la réponse T_H2** telles que les anti-IL-5, anti-IL-13 efficaces dans le traitement des **asthmes sévères à éosinophiles.**
  - **la réponse T_H17** avec l'anti-IL-17RA, bénéfique dans les **asthmes hautement réversibles.**

III. Nécessité des modèles animaux

III.1. Définition

L'asthme est une maladie exclusivement humaine. S'il existe des tableaux proches d'une crise d'asthme chez le chat, le singe, le mouton, le cochon et le cheval (Epstein, 2006), dans la pratique scientifique courante, ces animaux ne sont pas utilisés comme modèles naturels d'asthme. Un modèle animal peut être défini comme une préparation expérimentale développée dans une espèce dans le but d'étudier un phénomène se manifestant chez une autre espèce. La plupart des modèles animaux d'asthme sont donc artificiels et il s'agit, le plus souvent, de modèles d'asthme extrinsèque développés chez des petits animaux de laboratoire, notamment les rongeurs comme la souris, le rat ou encore le cochon d'Inde. Les modèles animaux ne sont pas considérés comme des modèles complets de l'hyperréactivité bronchique humaine, mais permettent tout de même de vérifier une hypothèse précise concernant la pathogenèse de l'asthme bronchique humain (Wanner, 1990). Les études expérimentales chez l'animal ont permis de grandes avancées dans la compréhension de l'asthme.

III.2. Les modèles murins d'asthme

III.2.1. La souris, une espèce de choix pour la recherche sur l'asthme

Depuis la première démonstration d'asthme allergique murin en 1994, la souris est devenue l'espèce la plus étudiée pour la recherche sur l'asthme (Epstein, 2006). Bien que la souris développe des caractéristiques cliniques de l'asthme allergique ressemblant étroitement à la pathologie humaine, il existe tout de même des différences majeures entre les deux espèces. Ces différences incluent : (1) une HRB transitoire plutôt que persistante ; (2) un rôle des IgE et des mastocytes moins bien défini ; (3) une absence de véritable modèle d'inflammation chronique durable ; (4) des différences au niveau de l'anatomie des poumons et de la fonction des éosinophiles. Les modèles murins d'asthme ne peuvent pas être considérés comme un substitut pour l'étude de l'asthme humain mais devraient plutôt être vus comme l'opportunité de générer et vérifier des hypothèses dans des systèmes simples et contrôlés. Les modèles murins de la maladie allergique des voies respiratoires offrent de nombreux avantages par rapport à l'utilisation d'autres animaux. Les progrès dans la technologie, la disponibilité de nouveaux équipements, l'introduction des souris génétiquement modifiées, la disponibilité de souches consanguines permettent de fournir des occasions uniques pour explorer l'inflammation induite par l'allergène et le dysfonctionnement des voies aériennes. Les modèles de souris ne cessent d'évoluer, les méthodes modernes d'imagerie, couplées avec la technique des oscillations forcées pour mesurer la mécanique pulmonaire, ont permis de caractériser plus précisément les phénotypes de l'asthme chez la souris. Bien que le modèle murin soit un outil puissant pour étudier l'asthme d'une façon qui ne serait pas possible chez les humains, il est clair que les connaissances acquises à travers ce système ne peuvent être simplement transposées à l'homme. La pertinence des voies immunologiques et des cibles thérapeutiques potentielles identifiées chez la souris doit être soigneusement évaluée chez l'homme avant toute conclusion définitive (Taube et al., 2004).

III.2.2. Comment modéliser un asthme allergique chez la souris ?

La recherche a permis de mettre au point des modèles murins d'asthme afin d'étudier les mécanismes qui pourraient lier les réponses immunologiques à l'environnement. Des facteurs de risques environnementaux tels que l'infection virale et l'exposition allergénique prédisposent au développement de l'asthme.

III.2.2.A. Modes d'induction de l'asthme

Les souris ne développent pas spontanément un asthme mais en utilisant différents modèles d'exposition, certaines caractéristiques peuvent être induites en concordance avec la physiopathologie humaine. Un modèle d'asthme est induit par l'exposition répétée de l'animal à un ou plusieurs allergènes au cours d'un protocole s'échelonnant sur quelques semaines (modèle aigu) à quelques mois (modèle chronique) et comportant 2 phases (Gelfand et al., 2004). La première phase, appelée sensibilisation, consiste à administrer l'allergène par voie générale ou locale (respiratoire) pour constituer une mémoire immunitaire spécifique de l'allergène mais asymptomatique. Il existe différentes possibilités pour sensibiliser l'animal à un allergène. La sensibilisation systémique est souvent utilisée, avec l'administration de l'allergène généralement par voie intrapéritonéale en combinaison avec un adjuvant tel que l'aluminium hydroxide (Takeda et al., 1997). La seconde phase, appelée provocation (ou challenge) allergénique, repose sur l'administration respiratoire de l'allergène et déclenche la maladie (Shin et al., 2009). L'allergène est généralement administré directement dans les poumons par inhalation ou par voie intranasale ou intratrachéale. Les animaux de laboratoire développent alors un phénotype asthmatique associant à des degrés variables une hyperréactivité bronchique, une inflammation bronchique à éosinophiles et une hypergammaglobulinémie à IgE (et IgG1 chez les rongeurs) témoignant de l'activation d'une réponse lymphocytaire de type T_H2 (Garlisi et al., 1995). L'asthme allergique peut également être induit par administration systémique de l'allergène seul sans adjuvant suivi par un challenge respiratoire ou, en l'absence de sensibilisation systémique, via une administration répétée de l'allergène directement dans les poumons par inhalation ou instillation intranasale ou intratrachéale. Les modèles générés sans adjuvants développent globalement une HRB et une inflammation bronchique moins importante.

III.2.2.B. Limites de ces modèles d'asthme

Bien que la modélisation *in vivo* chez l'animal soit un outil précieux pour approcher l'asthme humain, les modèles disponibles présentent des lacunes. Le protocole d'induction de référence chez les rongeurs consiste à administrer une protéine du blanc d'œuf, l'ovalbumine (OVA) associée à un adjuvant artificiel (comme l'Alum®) par voie intra-péritonéale pour la phase de sensibilisation puis à exposer à nouveau l'animal à l'OVA par voie respiratoire lors de la provocation allergénique (Henderson et al., 1996). Chez l'homme, les allergènes les plus fréquemment impliqués dans l'asthme atopique sont issus des acariens (Eifan et al., 2013). L'utilisation de l'OVA, qui n'entraîne pas d'allergie respiratoire chez l'homme, est donc critiquable. Le développement de modèles plus pertinents en exposant les animaux à des allergènes d'acariens ou de pollens est nécessaire (Kim et al., 2001; Conejero et al., 2007). Par ailleurs, la majorité des protocoles d'induction de l'asthme comporte des adjuvants. Chez l'homme, ils sont utilisés pour augmenter entre autre l'efficacité de l'immunothérapie spécifique. Dans les modèles animaux d'asthme, ils sont associés et administrés avec l'allergène pour faciliter l'induction d'un phénotype asthmatique. Outre leur action sur l'intensité de la réponse immunitaire, ils agissent aussi sur la nature de cette réponse. En effet, l'Alum® entraîne une déviation forcée et biaisée du système immunitaire en induisant une puissante réponse lymphocytaire T_H2. Il est intéressant de noter qu'il existe des modèles utilisant des adjuvants environnementaux comme le LPS (Eisenbarth et al., 2002) ou des polluants atmosphériques (diesel, ozone, tabac) (Miyabara et al., 1998; Depuydt et al., 2002; Seymour et al., 1997). Un phénotype asthmatique peut aussi être induit en l'absence de toute adjonction d'adjuvant (Saglani et al., 2009; Mionnet et al., 2010). Enfin, il faut avoir à l'esprit que la voie intra-péritonéale, classiquement utilisée pour la sensibilisation des rongeurs, ne reproduit en rien le mode de sensibilisation naturel vis à vis des allergènes impliqués dans l'asthme humain. Chez l'animal, la sensibilisation à l'allergène par voie intra-péritonéale est éloignée du mode de sensibilisation existant dans l'asthme humain qui repose probablement sur des expositions respiratoires mais aussi cutanées répétées.

III.3.   <u>Un outil pour la recherche sur l'asthme</u>

Les modèles murins précliniques essentiellement induits par l'ovalbumine ont permis de grandes avancées dans la caractérisation des mécanismes sous-jacents de l'asthme et dans l'identification de nouvelles cibles thérapeutiques potentielles (Martin et al., 2014).

III.3.1. Découverte du paradigme T_H2

Dans le milieu des années 80, un paradigme émerge selon lequel l'inflammation T_H2 serait importante dans la physiopathologie de l'asthme (Robinson et al., 1992). Les modèles murins d'asthme allergique et/ou d'inflammation ont largement contribué à l'émergence de ce paradigme. Plusieurs travaux démontrent dans des modèles d'asthme allergique OVA/Alum, un rôle crucial de la réponse immune T_H2 dans le développement de l'inflammation et de l'hyperréactivité bronchique. Zhang et al. mettent en évidence une atténuation de la pathogenèse de l'asthme *in vivo* chez des souris asthmatiques déficientes en GATA3 (facteur de transcription des cellules T_H2) (Zhang et al., 1999). Un autre travail montre que l'administration d'un anticorps monoclonal neutralisant le CCR3 (récepteur des éosinophiles) réduit significativement le nombre d'éosinophiles dans les poumons et le LBA de souris asthmatiques (Grunig et al., 1998). Enfin, la déplétion de cytokines T_H2 telles que l'IL-13 chez des souris asthmatiques diminue l'hyperréactivité bronchique indépendamment des éosinophiles (Wills-Karp et al., 1998).

III.3.2. Validation de cibles thérapeutiques

La découverte du paradigme T_H2 a permis d'améliorer les connaissances scientifiques et ainsi de développer de nouveaux biomarqueurs. Des approches expérimentales chez la souris ont été mises en place pour tester et valider l'efficacité des futures cibles thérapeutiques (Holmes et al., 2011). L'ensemble des expériences menées dans les modèles expérimentaux généralement induits à l'OVA a permis de valider plusieurs anticorps neutralisants l'IL-4, l'IL-5 et l'IL-13 (Hansbro et al., 2011) .

Le développement de modèles allergiques Knock-out (KO) pour l'IL-4 ou IL-4R était associé à une diminution du recrutement des éosinophiles, de la production des IgE et de l'HRB. Le blocage de l'IL-4 ou du récepteur IL-4Rα/IL-13Rα1 supprime l'infiltrat éosinophilique, la production d'IgE et l'HRB après sensibilisation mais ne montre pas d'effets avant ou pendant le challenge (Coyle et al., 1995; Corry et al., 1996). Ces résultats supposent que l'IL-4 contribue à l'initiation de la maladie mais n'est pas suffisante pour son développement. En clinique les traitements ciblés sur IL-4 semblent inefficaces dans les asthmes bien établis. En revanche, un traitement anti-IL-4 combiné avec un anti-IL-5 ou -IL-13 montre des effets cliniques bénéfiques (Hansbro et al., 2011).

Dans un modèle murin d'asthme allergique KO pour l'IL-5, il a été décrit une déplétion complète des éosinophiles dans les voies aériennes, de l'HRB et du remodelage bronchique. Le nombre d'éosinophiles et l'HRB sont restaurés après transfert d'un virus produisant de l'IL-5. De même, des souris KO pour le récepteur à l'IL-5 (IL-5Rα-/-) ont un infiltrat éosinophilique largement atténué. L'administration d'un anti-IL-5 chez des souris asthmatiques allergiques supprime le développement de l'inflammation à éosinophiles et l'HRB (Tanaka et al., 2004). Ces résultats ont été confirmés en clinique avec l'utilisation du mépoluzimab dans les asthmes sévères hyperéosinophiliques (Ortega et al., 2014; Haldar et al., 2009; Nair et al., 2009).

Le rôle de l'IL-13 a été largement étudié chez l'animal. Des souris naïves surexprimant le gène de l'IL-13 présentent une production de mucus élevée, un remodelage bronchique, une forte HRB et un important infiltrat à éosinophiles (Zhu et al., 1999). Le KO IL-13 dans des souris asthmatiques allergiques supprime l'infiltrat éosinophilique et les cellules productrices de mucus et réduit dans quelques cas l'HRB. Le traitement par un anti-IL-13 durant le challenge à l'allergène réduit de manière significative l'inflammation bronchique, l'accumulation éosinophilique, la production de mucus et l'HRB (Wills-Karp et al., 1998). Chez l'homme, l'utilisation d'anticorps monoclonaux anti- IL-13 montre des résultats positifs dans les asthmes sévères définis par une inflammation T_H2/éosinophile.

III.3.3. Et maintenant ?

Ces dernières années, le paradigme T_H2 a été remis en doute suite aux premiers résultats négatifs des essais cliniques ciblant les cytokines T_H2. L'asthme est maintenant décrit comme une maladie hétérogène avec une variété de phénotypes et d'endotypes. Il est clair qu'un seul modèle n'est pas capable de modéliser tous les traits de la maladie humaine. Ainsi, ces dernières années, ont émergé plusieurs modèles murins d'asthme aboutissant tous à la genèse d'un phénotype asthmatique plus ou moins spécifique. L'objectif actuel est de développer de nouveaux modèles spécifiques d'endotypes non classiques tel que le T_H2^{Low}, non éosinophilique et résistant aux corticoïdes pour lesquels il n'y a pas de traitement efficace. Le développement de nouvelles méthodes de sensibilisation (allergène, voie d'administration) proches de l'histoire naturelle et de la chronicité de l'asthme clinique aideront à la mise en place de ces nouveaux modèles.

III.3.4. Classification des modèles murins d'asthme actuels

Il existe désormais une gamme de modèles murins d'asthme caractérisée par différents mécanismes pathologiques allant du modèle non-atopique vers les modèles basés uniquement sur la réponse à l'antigène (atopique) (Figure 27). Le transfert adoptif de cellules polarisées T_H1, T_H2 ou T_H17 *in vitro* ainsi que les modèles transgéniques impliquant la sur-expression des facteurs de transcription GATA3 et RORγt sont utilisés pout étudier le rôle des réponses immunitaires adaptatives (Ano et al., 2013). Ces modèles sont très en vogue pour étudier *in vivo* la contribution de la réponse T_H17 et de la production d'IL-17A encore mal caractérisée (McKinley et al., 2008). On retrouve également une grande variété de modèles conventionnels de sensibilisation/challenge capables de refléter la nature chronique de l'asthme. Ces modèles sévères combinent par inhalation un allergène inoffensif (OVA) avec un sensibilisant physiologique tels que le LPS ou des polluants (Maes et al., 2010; Wilson et al., 2009; Zhao et al., 2012). De la même façon, il y a des modèles générés par des expositions multiples à des extraits d'allergènes tels que l'HDM. Ces extraits ont une activité d'adjuvant intrinsèque capable de stimuler le système immunitaire inné et grâce à des propriétés antigéniques d'initier la réponse immunitaire adaptative (Wakahara et al., 2008; Moreira et al., 2011; Hammad et al., 2009). On retrouve également des modèles d'exacerbation de l'asthme déclenchés par un facteur connu de l'environnement comme la fumée de cigarette (Matsumoto et al., 2006; Hizume et al., 2012). Enfin, quelques études ont étudié le rôle des cellules T non conventionnelles (indépendantes de l'antigène) dans l'asthme non allergique (Kim et al., 2012; Martin et al., 2009; Pichavant et al., 2008).

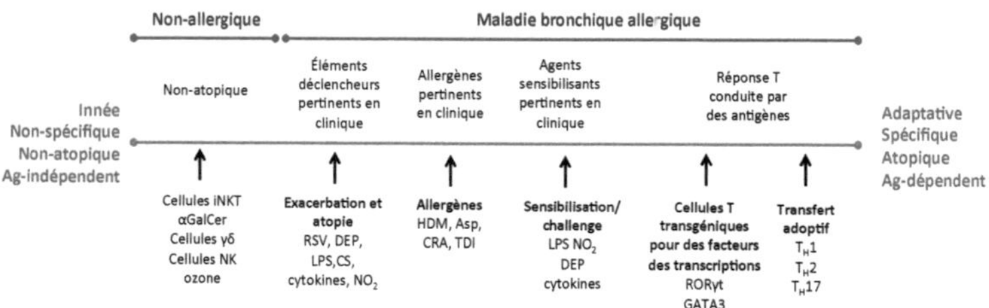

Figure 27 : Le spectre des modèles murins d'asthme selon les mécanismes pathologiques et immunologiques. RSV, Virus respiratoire syncitial ; DEP, Particules de diesel ; LPS, Lipopolysacharide ; NO₂, dioxyde d'azote ; HDM, House Dust Mite ; Asp, Aspergillus ; TDI, Diisocyanate de toluène ; CS, Fumée de cigarette ; CRA, allergène de blattes ; d'après Martin RA et al., 2014.

La grande diversité de ces modèles initie la notion de phénotypes murins d'asthme. Ces phénotypes murins sont définis par une variété de mécanismes inflammatoires (réponse mixte T_H2/T_H17), une sensibilité variable aux corticoïdes et des mécanismes pathologiques propres à chaque modèle. Cette hétérogénéité semble correspondre à la classification de l'asthme clinique en endotypes. L'alignement des modèles murins d'asthme et des endotypes d'asthme humains permettra de mieux comprendre les mécanismes physiopathologiques et offrira la possibilité d'identifier de nouvelles cibles thérapeutiques. Le modèle alum/OVA défini par une forte réponse T_H2 peut être assigné à l'endotype T_H2^{high}/hyperéosinophilie identifié chez l'homme. Des travaux suggèrent un rôle de la réponse T_H17/IL-17 dans les endotypes d'asthme sévère, associés à un profil inflammatoire T_H2^{Low} .

III.3.5. La réponse T$_H$17 dans les modèles murins d'asthme allergique

Comme en clinique, les modèles animaux démontrent un rôle crucial de la réponse T$_H$17/IL-17 dans l'inflammation à neutrophiles, la sévérité de l'asthme, la résistance aux corticoïdes et le remodelage bronchique. Néanmoins, il existe une grande variabilité dans les fonctions de la réponse T$_H$17 et de l'IL-17 dans les modèles d'asthme allergique. De nos jours, l'étude de l'immunité T$_H$17/IL-17 représente un vrai challenge. Les travaux menés dans les modèles murins allergiques montrent en effet des résultats très controversés sur le rôle de cette réponse immunitaire (Schnyder-Candrian et al., 2006; Wilson et al., 2009).

Une interprétation simplifiée de la réponse immunitaire adaptative T$_H$17 dans les modèles murins d'asthme est présentée figure 28. Les modèles peuvent être classés d'une réponse purement T$_H$2 vers une réponse T$_H$17 dominante en passant par une inflammation mixte T$_H$2/T$_H$17 selon la source, la fonction et la réponse aux corticoïdes. La réponse T$_H$17/IL-17 peut être générée de manière exogène (comme le transfert adoptif ou l'administration d'IL-17) mais aussi endogène (production induite *in vivo* dans le modèle). La combinaison d'IL-17 exogène avec le développement d'une réponse immune endogène est également une possibilité (Wilson et al., 2009; McKinley et al., 2008). Selon le modèle utilisé, la réponse T$_H$17/IL-17 peut avoir des effets contradictoires sur l'HRB décrivant un rôle régulateur ou pro-inflammatoire (Wilson et al., 2009; McKinley et al., 2008). De manière générale, la réponse T$_H$17 exerce un rôle protecteur (inhibe l'HRB) dans les modèles orientés T$_H$2 (Alum/OVA) ou un rôle pathologique avec induction d'une HRB et/ou une résistance aux glucocorticoïdes dans les modèles avec une exposition exogène à l'IL-17 (RORγt Tg, challenge IL-17, transfert adoptif de T$_H$17). Dans certains modèles mixtes T$_H$2/T$_H$17 avec une réponse IL-17 endogène, les T$_H$17 ont été décrits soit comme (1) protecteurs avec une régulation négative de la réponse T$_H$2 (Schnyder-Candrian et al., 2006) soit (2) pathogéniques en induisant le recrutement de cellules et une forte HRB (Wilson et al., 2009; He et al., 2007; 2009; Lajoie et al., 2010). Deux modèles d'inflammation mixte T$_H$2/T$_H$17 générés par deux allergènes différents (OVA et HDM) décrivent un effet délétère de l'immunité T$_H$17 seulement en synergie avec la réponse T$_H$2. A contrario, un seul modèle (OVA (EC)) montre que la réponse T$_H$17 est suffisante pour induire à elle seule (sans l'aide des T$_H$2) une forte HRB et une importante inflammation éosinophile/neutrophile. Ces modèles d'étude ont permis de mettre en évidence que la méthode de sensibilisation est cruciale dans l'orientation de la réponse immunitaire. Seule une sensibilisation par voie aérienne ou cutanée est capable d'induire une réponse mixte T_H2/T_H17.

La sensibilité aux corticoïdes varie également selon les modèles. En effet, il est possible que la sensibilité des T_H17 et celle des neutrophiles pour la réponse aux corticoïdes soient indépendantes. Le modèle d'exacerbation induit par le virus syncitial respiratoire (challenge RSV) est résistant aux corticoïdes malgré un rôle protecteur de l'IL-17. Comme en clinique, des études supplémentaires seront nécessaires pour mieux étudier la contribution des T_H17 et des neutrophiles dans la corticorésistance.

Selon le protocole expérimental, la réponse T_H17 contribue différemment au développement de l'HRB et à la résistance aux corticoïdes. La recherche de nouveaux modèles doit être poursuivie dans l'optique un jour d'avoir un modèle spécifique d'un phénotype/endotype en clinique. La récente découverte en clinique d'un phénotype mixte sévère $T_H2/T_H17^{prédominant}$ encourage à développer des modèles mixtes T_H2/T_H17 dans lesquels l'IL-17 jouerait un rôle pro-inflammatoire plutôt que protecteur (Chesné et al., 2014, publication jointe à ce manuscrit).

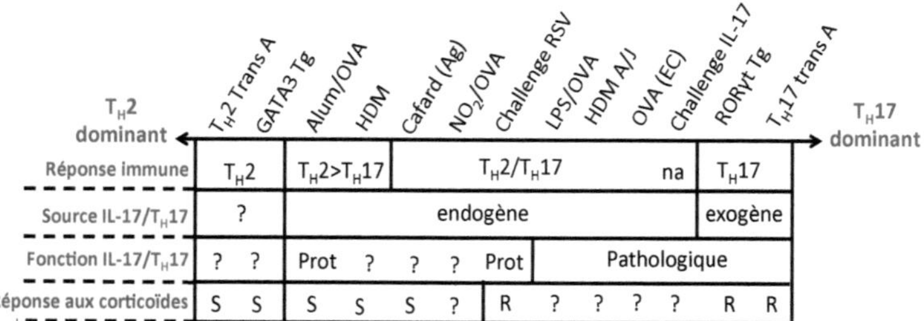

Réponse immune	T_H2		$T_H2>T_H17$				T_H2/T_H17					na	T_H17	
Source IL-17/T_H17	?				endogène								exogène	
Fonction IL-17/T_H17	?	?	Prot	?	?	?	Prot		Pathologique					
Réponse aux corticoïdes	S	S	S		S	S	?	R	?	?	?	?	R	R

Figure 28 : Classification des modèles d'asthme selon la réponse T_H17 et la réponse aux corticoïdes. Trans A, Transfert adoptif ; Tg, Transgénique ; OVA, Ovalbumine ; Ag, Antigène ; NO_2, dioxyde d'azote ; RSV, Virus respiratoire syncitial ; LPS, Lipopolysaccharide ; A/J, souche de souris susceptible à l'asthme ; EC, Epicutané ; Prot, Protecteur ; S, Sensitivité ; R, Résistance ; d'après Martin RA et al., 2014.

<u>Partie III : Nécessité des modèles animaux</u>

Ce qu'il faut retenir :

- La souris est **le modèle de choix** pour la recherche sur l'asthme de par la disponibilité des souches (souris transgéniques), des outils (appareil de mesure de la fonction respiratoire) et de solides connaissances sur le système immunitaire.

- L'asthme est induit en **deux phases** : une phase de **sensibilisation** par voie respiratoire, percutanée ou épicutanée (sans symptôme) et une phase de **challenge** par voie respiratoire (installation du phénotype d'asthme).

- Le modèle d'asthme induit par **ovalbumine/aluminium** a fortement contribué à la découverte du **paradigme T$_H$2** et à la validation de **cibles thérapeutiques T$_H$2** utilisées aujourd'hui en clinique.

- La diversité des phénotypes/endotypes en clinique fait appel au **développement de nouveaux modèles murins.**

- Les modèles actuels peuvent être classés selon le type de réponse immune : T$_H$2 ou T$_H$17^{prédominante} et T$_H$2/T$_H$17^{mixte}.

- Bien qu'il existe un lien étroit entre IL-17 et les critères de **sévérité** (inflammation à neutrophile et résistance aux corticoïdes), **son rôle physiologique** dans l'asthme reste encore **controversé.**

- Il y a un manque de modèles murins pertinents capables de caractériser les **phénotypes T$_H$17^{prédominants}**.

IV.   Objectif de la thèse

L'hétérogénité de l'asthme en clinique est associée avec une variété de phénotypes et endotypes plus ou moins facile à traiter. La recherche de nouveaux modèles murins d'asthme "spécifiques" de chaque sous-population d'asthmatiques est nécessaire pour d'une part mieux caractériser les mécanismes immunitaires impliqués dans chaque sous-type d'asthme et d'autre part identifier et valider de nouvelles cibles thérapeutiques.

Dans notre équipe de recherche, nous avons développé un nouveau modèle murin d'asthme allergique original induit par un allergène pertinent, l'acarien. Il s'agit d'un modèle aigu généré sur plusieurs semaines par quatre sensibilisations percutanées suivies par deux challenges respiratoires avec de l'extrait total d'acariens.

L'objectif premier de ma thèse a été de caractériser ce modèle d'asthme d'un point de vue immunologique et fonctionnel. Ainsi, nous avons étudié après la première provocation allergénique puis la seconde, le développement de l'hyperréactivité bronchique, le recrutement des granulocytes (macrophages, éosinophiles, neutrophiles, lymphocytes) et la réponse immunitaire T dans les poumons et dans le LBA des souris asthmatiques comparé aux souris contrôles. Etant donné l'importance du mode d'administration de l'allergène, nous avons déterminé l'effet de la sensibilisation percutanée à l'acarien sur la mise en place du phénotype d'asthme.

Dans une deuxième partie de ma thèse, nous nous sommes intéréssés au rôle des réponses immunitaires adaptatives T_H2 et T_H17 dans l'induction du phénotype d'asthme. Pour ce faire, nous avons adopté une stratégie de neutralisation à l'aide d'anticorps monoclonaux des cytokines IL-13 et IL-17 puis nous avons regardé l'impact de chaque cytokine sur les symptômes de l'asthme, à savoir l'hyperréactivité bronchique et l'inflammation. Nos résultats ont montré un rôle prépondérant de l'IL-17 dans ce modèle ce qui nous a incité a étudier de manière plus approndie les effets de l'IL-17 sur la contraction du muscle lisse et sur la signalisation protéique induite dans les bronches.

La partie "résultats" de ce manuscrit sera donc divisée en trois parties, l'une portant sur la caractérisation du modèle, une autre sur la contribution de la réponse T_H17 (IL-17) dans le développement des symptômes de l'asthme et enfin sur le rôle de Rac1 dans le modèle d'asthme.

Chapitre II : Matériel et Méthode

I. Mise en place des modèles expérimentaux

I.1. Indution de l'asthme allergique aux acariens

Les souris utilisées sont de sexe féminin, âgées de 6 semaines et de souche Balb/c (fournies par Charles River). L'asthme est induit sur souris anesthésiées en deux phases bien distinctes (Figure 29) (Mionnet et al., 2010) : (1) une phase de sensibilisation induite par administration percutanée sur chaque face d'oreille, d'un extrait total d'acariens de la poussière de maison (Der f : *Dermatophagoïdes Farinae*) une fois par semaine pendant quatre semaines (J1, J7, J14, J21). Der f est dilué dans du DMSO (Diméthylsulfoxyde) pur et appliqué à raison de 10 µL par oreille soit 5 µL par face, avec une quantité de 500 µg par oreille. Cette phase est asymptomatique et représente le premier contact avec l'allergène. (2) Les souris sont ensuite challengées deux fois à 7 jours d'intervalle (J27 et J34) par injection de 250 µg d'extrait total Der f dilué dans 40 µL de PBS. Cette phase correspond au deuxième contact avec le même allergène et permet le déclenchement de l'asthme. Nous avons alors un phénotype asthmatique caractérisé par une HRB et une inflammation bronchique. Des analyses fonctionnelles et immunologiques sont réalisées pendant le modèle, à savoir 1 jour après la 4ème sensibilisation (J22) et le premier challenge (J28) puis à la fin du modèle soit à J35.

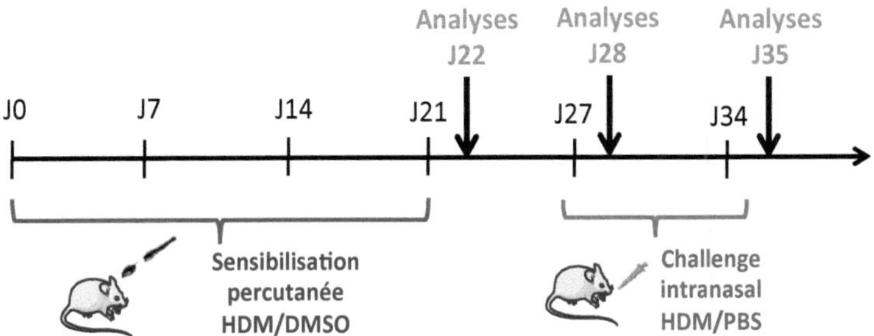

Figure 29 : Mode d'induction de l'asthme à l'extrait total d'acariens chez la souris ; J = jour.

I.2. <u>Les stratégies de neutralisation *in vivo*</u>

I.2.1. Anticorps monoclonaux

Les souris subissent la même phase de sensibilisation que précédemment à J0, J7, J14 et J21. Lors des deux challenges (J27 et J34), les souris anesthésiées reçoivent en intranasal l'extrait d'acariens Der f à raison de 250 µg dilué dans 20 µL de PBS puis 25 µg d'un anticorps monoclonal neutralisant ou de l'isotype contrôle associé (Figure 30). Nous avons utilisé pendant notre étude 3 anticorps bloquant différents : un ciblant l'IL-17A (R&D), un autre dirigé contre l'IL-13 (R&D) et un 3ème anti-Ly6G (Biolegend) capable de dépléter les neutrophiles.

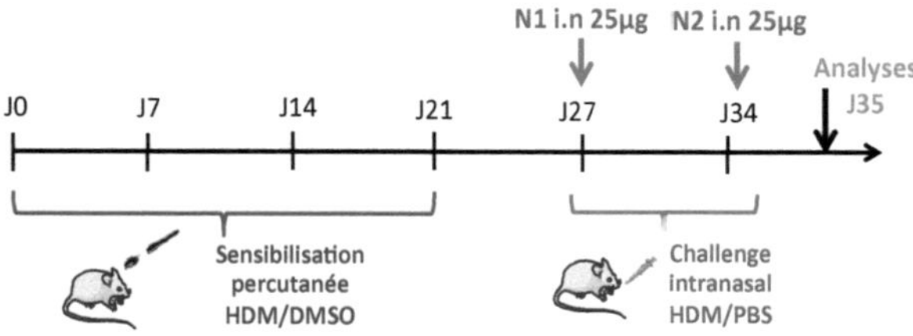

Figure 30 : Stratégie de blocage pendant l'induction du modèle. N1, neutralisation 1 ; i.n, intranasal ; J = jour.

I.2.2. Molécule biochimique

Afin d'étudier le rôle de Rac1 (petite protéine G) dans le développement de l'asthme allergique aux acariens, les souris ont été nébulisées avec un inhibiteur de Rac1 (NSC23766) aux jours 28, 30 et 34 à raison de 300 µl (2,5 µg/mL) pendant environ 30 secondes.

I.3. <u>Evaluation de la corticosensibilité</u>

Après la sensibilisation percutanée à l'acarien, les souris asthmatiques sont challengées par voie intranasale à J27 et J34 avec l'extrait d'acariens Der f à raison de 250 µg dilué dans 20 µL de PBS avec 2 ou 8 µg de dexaméthasone diluée dans 20 µL de PBS. Les souris contrôles reçoivent 20 µL de PBS seul.

II. Analyses fonctionnelles respiratoires

II.1. Pléthysmographie : une méthode non invasive

Une mesure de la capacité respiratoire est effectuée sur souris vigiles et non contraintes. Les souris sont placées dans une chambre de pléthysmographie et reçoivent par inhalation des doses croissantes de métacholine (Mch) diluée dans du NaCl 9% (0, 5, 10, 20 et 40 mg/mL). Le pléthysmographe analyse les variations de volumes et de pressions liées aux mouvements respiratoires grâce à des capteurs de pression. Les variations de volume permettent de calculer un index de l'HRB (Enhanced Pause) : la Penh. Afin de s'affranchir d'une hétérogénéité des souris, aux différentes doses de Mch, la Penh est exprimée en fonction de l'état basal : Penh/Penh(0). Les expériences sont enregistrées à l'aide du logiciel iox 2.4.

II.2. Flexivent® : une méthode invasive

Le FlexiVent analyse la compliance et la résistance pulmonaire en appliquant des forces oscillatoires externes au système respiratoire grâce à un ventilateur artificiel. Cette technique permet de distinguer l'implication des voies aériennes centrales et celle du poumon périphérique (bronchioles terminales) dans le développement de l'HRB. Pour ce faire, les souris sont anesthésiées en intrapéritonéale (i.p) avec une forte dose d'un mélange xylasine/kétamine, trachéotomisées puis branchées au système de ventilation forcée. Après avoir été curarisées (Bromure de rocuronium, 0,05 mg/kg en i.p), les souris reçoivent des doses croissantes de MCh diluée dans du Nacl 9% (0, 5, 10, 15 et 20 mg/mL). Les données sont enregistrées pour chaque souris à l'aide du logiciel FlexiVent 5.3.

II.3. La contraction bronchique

Les bronches, extraites des souris contrôles et asthmatiques sont coupées en sections de 2 mm et placées dans une solution physiologique saline (PSS) contenant (en mM ; 130 NaCl, 5.6 KCl, 1 MgCl$_2$, 2 CaCl$_2$, 11 glucose, 8 HEPES, pH 7.4, avec du NaOH). Les segments bronchiques sont incubés pendant 12 heures avec ou sans cytokines recombinantes (100 ng/mL d'IL-17A ou d'IL-13 ; R&D) dans du milieu DMEM à 4°C. Le lendemain, les segments sont montés sur un myographe isométrique multi-canaux (Danish Myo

Technology) et sont maintenus à 37°C dans une solution de Krebs (118.4 mM NaCl, 4.7 mM KCl, 2 mM CaCl2, 1.2 mM MgSO4, 1.2 mM KH_2PO_4, 25 mM $NaHCO_3$ et 11 mM glucose) avec une tension de base de 0,5 mN. Nous avons construit des courbes concentration-réponse cumulatives en réponse à deux bronchoconstricteurs, le chlorure de potassium (KCl) et le carbachol (analogue de la métacholine). L'appareil est relié à un enregistreur de données numériques (MacLab/4e, AD Instruments) et les enregistrements ont été analysés en utilisant LabChart v7 software.

III. Analyses immunologiques

III.1.   Récupération des échantillons à analyser

Après l'analyse fonctionnelle par pléthysmographie, les souris reçoivent une dose subléthale de pentobarbital par voie i.p (3,3 mg/souris). Le sang est récupéré puis centrifugé à 3000 rpm pendant 15 minutes. Le sérum est récupéré et congelé à -80°C jusqu'à analyse. Nous récupérons ensuite le lavage broncho-alvéolaire (LBA) par intubation trachéale en injectant/retirant 1 mL de PBS dans les poumons. Le LBA est centrifugé à 1500 rpm pendant 5 mn, le surnageant est récupéré et stocké à -80°C (dosage des cytokines). Le culot est repris dans 500 µL PBS-SVF 5% et le nombre de cellules est déterminé en bleu Trypan sur cellule KOVAslide. Enfin, les poumons sont extraits, découpés puis digérés avec une solution de digestion composée de PBS, de collagénase de type II à 300 U/mL et de DNase I (0,15 mg). Après broyage et lyse des globules rouges, les cellules sont reprises dans 5mL de milieu RPMI 1640 complémenté d'1% de L-glutamine, 10% de SVF, 1% de pénicilline/streptomycine, 0,01 mM de β-mercaptoéthanol et d'1 mM de pyruvate.

III.2.   Marquages pour analyses en cytométrie en flux

III.2.1. Formule leucocytaire du LBA

On effectue un marquage extracellulaire sur les cellules de LBA (Rolland-Debord et al., 2014). Pour ce faire, les cellules du LBA sont transférées dans des tubes, centrifugées puis reprises dans 100 µL d'un mix d'Anticorps (Ac) dilué dans du PBS-SVF 5% composé de : anti-CD3 APC, anti-CD19 PeCy7, anti F4/80 FITC (eBiosciences), anti-CCR3 PE (R&D), anti-CD8

APC-H7, anti-Ly6G PerCP-Cy5.5 (BD Biosciences) et le marqueur de viabilité DAPI (Figure 31). Les tubes sont incubés 20 mn à 4°C à l'abri de la lumière. La réaction est stoppée avec 400 µL de PBS-SVF 5% et les cellules sont centrifugées à 1500 rpm pendant 5 mn. Les culots cellulaires sont repris dans du PBS et analysés par un cytomètre LSRII (BD Biosciences). Les analyses des échantillons ont été effectuées sur le logiciel Flow JO après exclusion des doublets, des débris et des cellules mortes.

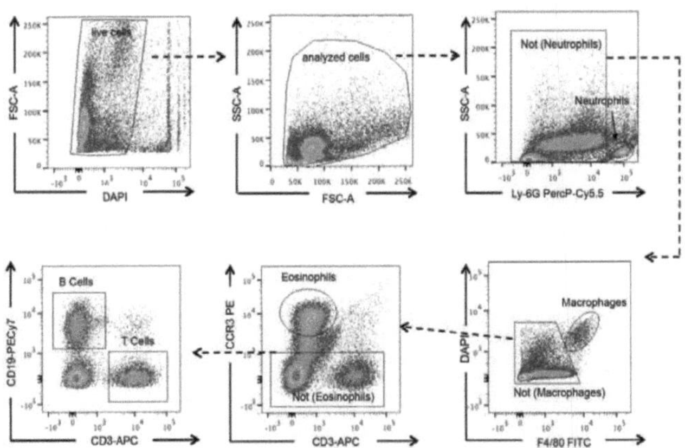

Figure 31 : Stratégie de gating des cellules leucocytaires dans le LBA. Macrophages (DAPI+ F4/80+), Neutrophiles (Ly6G+), Eosinophiles (CCR3+), Lymphocytes T (CD3+CD19-), Lymphocytes B (CD3-CD19+).

III.2.2. Marquage intracellulaire dans les poumons

Après digestion enzymatique, les suspensions cellulaires pulmonaires totales sont réparties dans une plaque de culture 96 puits à fond U (BD Falcon®) à raison de 800 000 cellules/puits dans 200 µL d'une solution de stimulation polyclonale composée de PMA (50 ng/mL), ionomycine (500 ng/mL) et d'un bloqueur de Golgi puis laissées 5 heures à 37°C CO2 5%. Du milieu RPMI 1640 complémenté est utilisé pour les puits contrôles non stimulés. A la fin de la stimulation, les cellules sont transvasées dans une plaque 96 puits à fond V (Nunc™). Après centrifugation à 2000 rpm pendant 2 min, les cellules sont reprises dans 100 µL d'un mélange Fixable Viability 450 (BD Biosciences) dilué dans du PBS-SVF 5% puis incubées pendant 20 mn à 4°C à l'obscurité. Après lavage, les culots cellulaires sont repris dans 100 µL d'anticorps anti-CD16/CD32 (eBioscience) pendant 10 mn afin de réduire le marquage aspécifique. Les cellules sont ensuite marquées avec des anticorps de surface (anti-CD3 (ebiosciences) et anti-CD8, (BD Biosciences)) pendant 20 mn à 4°C. Ensuite, vient le marquage intracellulaire. Après centrifugation 2 mn à 2000 rpm, les cellules sont resuspendues dans 100 µL d'une solution de fixation et de perméabilisation (Cytofix/Cytoperm, BD Biosciences) et laissées 20 mn à 4°C dans le noir. Les cellules sont lavées 2 fois dans 100 et 200 µL de tampon Perm/Wash 1X (BD Biosciences). Elles sont ensuite centrifugées et marquées pendant 30 mn à 4°C avec les anticorps suivants (anti-IL-17A, -IFN-γ, -IL-13 (BD Biosciences) et anti-IL-4 (ebiosciences)). Les cellules sont enfin centrifugées, resuspendues dans 150 µL de PBS-SVF 1% puis analysées par cytométrie en flux.

III.3.   Dosage des IgE spécifiques de Der f1

Une plaque 96 puits (Nunc Maxisorp) est coatée à 4°C pendant une nuit avec 0,25 µg de protéine Der f 1 purifiée dans 100 µL de tampon bicarbonate de sodium ($NaHCO_3$) à 50 mmol/L, pH 9,6. Le lendemain, les puits sont lavés 3 fois avec 100 µL de PBS-Tween 20 puis saturés avec 250 µL de PBS-BSA 1% pendant la journée à 4°C. Après trois lavages au PBS-Tween 20, les sérums dilués au 1/40e sont ajoutés dans les puits en duplicata et la plaque est incubée à 4°C sur la nuit. Les puits sont une nouvelle fois lavés avec du PBS-Tween 20 et les IgE spécifiques de Der f1 sont détectées par un Ac Rat anti-mouse IgE Heavy Chain HRP (AbD serotec™) déposé à raison de 100 µL/puits et incubé 5 heures à 37°C. L'activité peroxydase est révélée par 100 µL de substrat ABTS (Roche©) sur puits lavés, à température ambiante pendant 20 min. L'absorption est mesurée sur un Victor™X3 à 405 nm.

III.4.   Quantification des cytokines dans le LBA par luminex

Les cytokines ont été dosées avec le kit « 23 Plex Mouse» (BIO-RAD). Les dosages sont effectués sur plaque magnétique où chaque échantillon, standard est analysé en duplicat. Succinctement, des billes magnétiques sont déposées à raison de 25 µL/puits. Après deux lavages automatisés, les standards et les surnageants de LBA sont rajoutés à raison de 50 µL/puits et incubés 30 minutes sous agitation. Après lavage, 25 µL d'Ac de capture sont déposés dans chaque puit pour une incubation de 30 minutes sous agitation.

Enfin, 50 µL de streptavidine-PE diluée au 1/100e sont ajoutés pendant 10 minutes sous agitation. Après lavage et resuspension des billes dans 125 µL de tampon d'essai, la plaque est alors passée au lecteur de plaque (Système BIO-PLEX). Les intensités de fluorescence sont converties en concentration (pg/mL) via le logiciel d'analyse Biorad, Luminex 200.

IV. Analyses Biomoléculaires

IV.1.   Extraction des ARN, préparation des ADNc et PCR quantitative

Les ARN ont été extraits des cellules pulmonaires totales selon la technique du Trizol Reagent (Invitrogen). Cette technique est basée sur une séparation phénol-chloroforme des acides nucléiques. La concentration en ARN des échantillons et leur pureté (ratio 260/280 > 1,8 et ratio 260/230 ≥ ratio260/280) sont déterminés par le spectrophotomètre Nanodrop ND1000 (NanoDrop Technologies, Wilmington, DE). Les ARN ont ensuite été rétro-transcrits en ADNc en utilisant la réverse transcriptase (MMLV-1, 200 U/µL, Invitrogen). La PCR quantitative en temps-réel a été effectuée avec le système de détection "ViiA™7 Real-Time PCR System" en utilisant des sondes et amorces commerciales (Applied Biosystems). Le gène de ménage HPRT a été utilisé comme contrôle pour ensuite normaliser la quantité d'ARN. L'expression relative entre un échantillon donné et l'échantillon de référence (le calibrateur qui est un pool d'ADNc de souris contrôles et asthmatiques) est calculée selon la méthode 2^{-ddCt} après normalisation avec l'HPRT. Les résultats sont exprimés en unité arbitraire.

IV.2.   Western Blot

Les bronches sont extraites de souris contrôles et asthmatiques pré-traitées avec un anticorps anti-IL-17A ou un isotype contrôle IgG2a. Les échantillons sont resuspendus dans un tampon de lyse composé de (50mM Tris-HCl, pH 7.4, 150mM NaCl, 2mM EDTA, 5mM MgCL$_2$, 1% Nonidet P40, 50mM NaF, 0.5% sodium deoxycholate, 0.2% SDS, 20mM L-beta glycerolphosphate) et d'un cocktail d'inhibiteurs de protéases. Les échantillons sont séparés sur un gel SDS-PAGE 10% et transférés sur une membrane de nitrocellulose (Biorad). Les membranes sont saturées avec 5% de lait pendant 1h puis incubées la nuit avec les anticorps primaires. L'anticorps secondaire couplé à la peroxydase est ajouté pendant 1h puis les membranes sonr révélées avec le réactif Plus-ECL (PerkinElmer).

CHAPITRE III : Résultats

I. Caractérisation d'un modèle murin d'asthme allergique aux acariens

I.1. Un modèle qui mime la marche atopique

Notre modèle murin d'asthme allergique à l'acarien est original puisqu'il mime l'histoire naturelle de la maladie allergique via une atteinte cutanée puis une atteinte des voies respiratoires. Il se veut donc plus proche de l'asthme humain par rapport aux modèles "ovalbumine" souvent utilisés. Dans cette première partie partie de résultats, nous allons décrire finement chaque étape du modèle sur le plan fonctionnel et inflammatoire.

I.1.1. Evaluation des critères de l'asthme et de l'allergie après chaque challenge respiratoire

I.1.1.A. L'exposition à l'acarien induit une hyperréactivité des voies aériennes et un infiltrat broncho-pulmonaire

Afin de déterminer si le protocole d'induction d'allergie respiratoire aux acariens conduit au développement d'un asthme dans notre modèle, nous avons mesuré par pléthysmographie la fonction respiratoire des souris 24 heures après le premier et le second challenge. L'hyperréactivité des voies aériennes est plus importantes chez les souris traitées à l'acarien (souris Der f) par rapport aux souris contrôles (souris Ctrl) après le premier challenge. Celle-ci est largement intensifiée après le second challenge chez les souris Der f mimant ainsi la phase dite d'exacerbation (Figure 32A). Nous avons confirmé ces derniers résultats par flexivent avec une hausse de la résistance des voies aériennes chez les souris Der f comparées aux contrôles après deux challenges (Figure 32B).

Nous avons ensuite analysé l'importance et la nature de l'infiltrat broncho-pulmonaire. Les souris traitées à l'acarien présentent un très fort infiltrat cellulaire dans les bronches et les poumons après seulement une étape de challenge (Figure 32C). Parmi l'ensemble des populations observées, nous avons noté un important afflux d'éosinophiles (Eos) et de neutrophiles (Neu) dans le LBA des souris asthmatiques par rapport aux souris contrôles. Après deux challenges, l'infiltrat cellulaire s'accentue fortement avec une augmentation significative des éosinophiles et des neutrophiles. On note également l'apparition d'un fort infiltrat macrophagique et lymphocytaire dans les poumons et le LBA des souris allergiques. Cet infiltrat broncho-pulmonaire est également retrouvé sur des coupes de poumons issues des souris asthmatiques après deux challenges (Figure 32E). Dans notre modèle le développement de l'asthme semble donc être associé à une inflammation broncho-pulmonaire mixte caractérisée par un très fort infiltrat éosino-neutrophilique observé dès le premier challenge et qui s'intensifie après le second.

En plus d'une HRB et d'une inflammation broncho-pulmonaire, nous avons mis en évidence une augmentation de la production d'IgE spécifiques de Der f1 (protéine majeure de l'extrait total d'acarien) dans le sérum des souris asthmatiques par rapport aux souris contrôles après le second challenge (Figure 32D). Le dosage positif des IgE spécifiques de l'allergène confirme le caractère allergique de ce modèle.

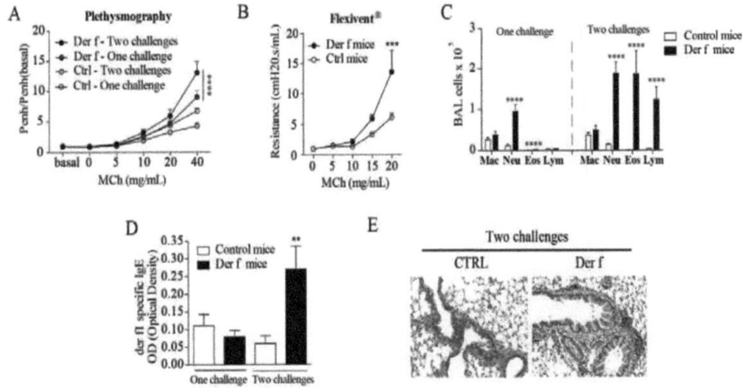

Figure 32 : L'exposition à l'acariens induit une hypperréactivité des voies aériennes et une inflammation bronchique mixte. **(A)** Mesure de l'hyperréactivité bronchique par pléthysmographie chez les souris contrôles et asthmatiques (Der f) après le premier et le second challenge (n=15-20 souris par groupe, ****P <.0001) ; **(B)** Résistance des voies aériennes après le second challenge par flexivent ; **(C)** Quantification de l'infiltrat inflammatoire (Macrophages (Mac), Eosinophiles (Eos), Neutrophiles (Neu), Lymphocytes (Lym)) dans le LBA par cytométrie en flux (n= 15-20 souris par groupe, ****P <.0001) ; **(D)** Mesure du taux d'IgE spécifique Der f1 dans le sérum après le 1er et le 2de challenge par Elisa ; **(E)** Marquage des poumons issus de souris contrôles et asthmatiques à l'Hématoxylline (HE), Coupes réalisées après les 2 challenges.

I.1.1.B. Production de cytokines et chimiokines en réponse à l'extrait d'acariens

L'induction de l'asthme allergique aux acariens est associée à une importante réponse inflammatoire dans le LBA et les poumons. En effet, le dosage des cytokines du LBA après le premier challenge montre une tendance à la hausse de CXCL1, une chimiokine pro-neutrophilique ainsi qu'une augmentation significative d'une autre chimiokine pro-éosinophilique appelée RANTES ou CCL5. La production ce ces deux chimiokines est largement amplifiée après le second challenge (Figure 33A), justifiant ainsi le fort infiltrat neutrophile-éosinophile observé en Figure 32C. En ce qui concerne les cytokines (Figure 33B et C), nous retrouvons après le premier challenge, une augmentation des cytokines de type T_H2 (IL-4, IL-13 et IL-5) mais pas de l'IL-17 (cytokine T_H17). A l'inverse, au second challenge, nous notons une importante production des cytokines T_H2 mais aussi de l'IL-17 supposant l'implication des deux types de réponses T_H2 et T_H17 dans l'évolution de l'asthme. Les résultats décrits précédemment suggèrent un rôle important des populations T_H2 et T_H17. Afin de confirmer cette hypothèse, nous avons étudié dans les poumons, la dynamique de la réponse T helper après le premier et le second challenge. Nous avons récupéré les cellules pulmonaires totales et étudié par cytométrie de flux les cytokines produites par les cellules T après 5h de stimulation polyclonale. Ainsi, nous avons mis en évidence une expansion des populations T_H2 avec une augmentation de la production d'IL-4 et d'IL-13 dans les poumons de souris allergiques dès le premier challenge (Figure 33D). Après le second challenge, cette expansion T_H2 augmente de manière significative. En revanche, nous observons aucune expansion de la population T_H17 dans les poumons des souris allergiques après le premier challenge. Cependant après deux challenges, nous avons une augmentation de la population T_H17 IL-17A$^+$ (Figure 33E). Enfin, nous avons analysé la double-positivité T_H2/T_H17 avec l'expression d'IL-4 et d'IL-17 (Figure 33F) et T_H1/T_H17 avec l'expression d'IL-17 et d'IFN-γ (Figure 33G). Nos résultats ne montrent aucun double marquage indiquant qu'il n'y a pas de plasticité de ces cellules dans ce modèle après deux challenges.

Ces données renforcent le caractère mixte de l'inflammation développée dans notre modèle d'asthme. Il semble y avoir une phase d'asthme modérée avec une inflammation principalement T$_H$2 et une phase d'asthme sévère avec une inflammation mixte T$_H$2/T$_H$17. Les T$_H$17 joueraient donc un rôle dans la phase tardive de la maladie.

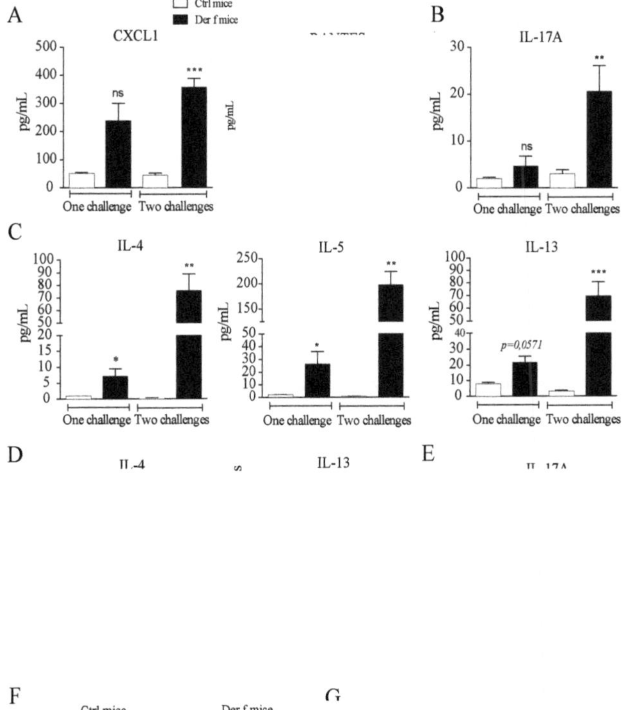

Figure 33 : Une production par étape de cytokines et chimiokines durant les challenges. Mesure de la concentration en chimiokines pro-neutrophiles (CXCL1) et pro-éosinophiles (RANTES) **(A)**, des cytokines de type T$_H$17 (IL-17A) **(B)** et T$_H$2 (IL-4, IL-5, IL-13) **(C)** dans le LBA de souris contrôles (Ctrl) et de souris asthmatiques (Der f) après le 1er et le 2de challenge (n=4-8 souris par groupe) ; **(D et E)** pourcentage d'expression d'IL-4, IL-13 et IL-17 par les lymphocytes T CD4+ des poumons issus de souris Ctrl et Der f après le 1er et le 2de challenge (n = 15-20 souris par groupe) ; Co-marquages des lymphocytes T CD4+ producteurs d'IL-4/IL-17A **(F)** et d'IFN-g/IL-17A **(G)** dans les poumons de souris Ctrl et Der f après le second challenge.

I.1.2. Effet de la sensibilisation percutanée sur le développement de l'asthme

Le mode de sensibilisation des souris (par voie cutanée, respiratoire ou intrapéritonéale) oriente l'inflammation bronchique et le développement de l'asthme (Wilson et al., 2009). Les travaux menés par He et al. montrent que la sensibilisation transcutanée à l'ovalbumine est importante pour générer une réponse immunitaire de type T_H17 (He et al., 2007; 2009). Par conséquent, nous avons voulu évaluer dans notre modèle le rôle de la sensibilisation percutanée dans la mise en place des symptômes de l'asthme.

Nous avons d'abord démontré une forte augmentation de l'expression d'IL-4 et d'IL-17 dans les oreilles des souris sensibilisées à l'acariens (HDM) comparées aux souris contrôles exposées au DMSO (Figure 34A). Ces résultats supposent une activation locale des réponses immunitaires T_H2 et T_H17. Nous avons ensuite regardé l'effet de la sensiblisation sur l'HRB et l'inflammation bronchique. Pour ce faire, nous avons comparé des souris seulement sensibilisées, des souris seulement challengées et des souris ayant subi le protocole complet (sensibilisation + challenge). Les souris seulement sensibilisées ne développement pas d'HRB (Figure 34B). En revanche, les souris challengées deux fois développent une HRB, mais à un niveau plus faible que les souris sensibilisées et challengées (Figure 34B). Ces données montrent que la sensibilisation percutanée contribue fortement au développement de l'HRB, probablement en potentialisant l'inflammation pulmonaire. Afin de confirmer cette hypothèse, nous avons étudié l'inflammation pulmonaire dans les 3 groupes d'animaux précédemment décrits. Les souris seulement exposées au DMSO ou sensibilisées à l'acariens n'ont pas de cellules inflammatoires (éosinophiles, neutrophiles et lymphocytes) dans le LBA. A l'inverse, nous remarquons une forte hausse de ces cellules chez les souris sensibilisées et challengées comparées aux souris seulement challengées (Figure 34C). La sensibilisation semble donc jouer un rôle clé dans le recrutement des cellules inflammatoires dans les poumons. Nous notons une forte hausse des chimiokines pro-éosinophiles (RANTES) et pro-neutrophiles (CXCL1) et des cytokines de type T_H2 (IL-4, IL-13) et T_H17 (IL-17A) dans le LBA des souris sensibilisées et challengées comparées aux souris seulement challengées (Figure 34D, E). En accord avec le dosage de cytokines dans le LBA, nous montrons une augmentation spécifique des cellules T_H2 et T_H17 dans les poumons des souris exposées au protocole complet par rapport aux autres groupes (Figure 34F). Au vu de ces données, la sensibilisation percutanée se révèle primordiale dans la mise en place d'une immunité mixte T$_H$2 et T$_H$17 et d'une HRB persistante.

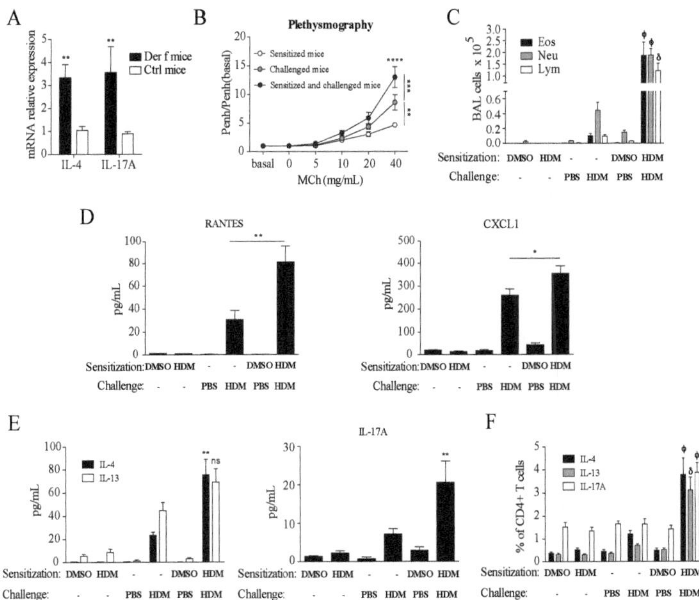

Figure 34 : Effet de la sensibilisation percutanée sur le développement de l'asthme. **(A)** Niveau d'expression de l'IL-4 et de l'IL-17 dans les oreilles de souris sensibilisées à l'acariens (HDM) versus DMSO (contrôle) ; **(B)** Mesure de l'hyperréactivité bronchique par pléthysmographie (n=5-10 souris par groupe, ****P <.0001, ***P <.001, **P <.01 * P < .05) ; **(C)** Quantification de l'infiltrat inflammatoire (Eosinophiles (Eos), Neutrophiles (Neu), Lymphocytes (Lym)) dans le LBA par cytométrie en flux (n=15 souris par groupe, φ : ***P < .001 ; δ : ****P <.0001) ; Production des chimiokines Rantes, CXCL1 **(D)** et des cytokines IL-4, IL-13, IL-17A **(E)** dans le LBA par luminex ; **(F)** Pourcentage d'expression d'IL-4, IL-13 et IL-17 par les lymphocytes T CD4+ des poumons (n = 8-20 souris par groupe). Les expériences ont été effectuées sur 6 groupes de souris : les souris seulement sensibilisées DMSO, celles seulement sensibilisées HDM, les souris seulement challengées PBS, celles juste challengées HDM et les animaux sensibilisées et challengées soit avec DMSO+PBS ou soit avec HDM+HDM.

I.2. <u>Un modèle corticorésistant ou corticosensible ?</u>

Le phénotype neutrophile/T_H17 étant souvent associé à l'asthme sévère et à la corticorésistance chez l'homme, nous avons voulu déterminer si notre protocole d'asthme était résistant aux thérapies habituelles. Contrairement à la majorité des modèles d'asthme actuels, nous avons choisi des doses de dexaméthasone et une route d'administration (par voie intranasale) plus physiologiques, à l'instar des thérapeutiques chez l'homme (Martin et al., 2014).

Dans un premier temps, nous avons traité les souris avec 2 µg de dexaméthasone au moment des challenges (Zhao et al., 2012). Nos résultats montrent une petite baisse significative de l'hyperréactivité bronchique chez les souris asthmatiques traitées par dexaméthasone (Dex) par rapport aux souris asthmatiques contrôles (Figure 35A). En revanche, sur le plan inflammatoire, nous n'observons aucune différence significative au niveau des différentes populations cellulaires dans le LBA des souris asthmatiques traitées par rapport aux souris asthmatiques contrôles. Néanmoins, les neutrophiles ont tendance à diminuer alors que les éosinophiles tendent à augmenter (Figure 35B). L'étude de la réponse lymphocytaire T_H2 et T_H17 dans les poumons ne dégage pas non plus de différence significative entre les souris traitées et les souris contrôles (Figure 35C). De manière surprenante, nous observons même des tendances à la hausse des cytokines IL-4 et IL-13 après traitement (Figure 35C).

Dans un deuxième temps, nous avons essayé une dose plus élevée (8 µg) afin de voir si nous avions le même effet. Nous remarquons alors une forte amélioration de la fonction respiratoire chez les souris asthmatiques traitées à la dexaméthasone vis à vis des souris asthmatiques contrôles (Figure 35D). Concernant l'infiltrat inflammatoire, les populations cellulaires ont tendance à baisser dans le LBA bien que cela soit statistiquement non significatif (Figure 35E). De même, nous n'avons pas de baisse dans la production des cytokines de type T_H2 et T_H17. Il y a même une tendance à la hausse d'IL-17A après traitement (Figure 35F).

À une dose de 2 µg, nous avons aucun effet sur l'HRB et l'inflammation des voies aériennes. En utilisant une dose plus forte de dexaméthasone, la fonction respiratoire est restaurée avec une baisse de l'HRB mais l'inflammation bronchique n'est pas significativement diminuée.

En clinique, la corticorésistance est observée essentiellement dans les asthmes sévères associés à une inflammation à neutrophiles accompagnée ou non d'une réponse T_H17. Ainsi, nous pouvons définir un modèle d'asthme murin corticorésistant via une baisse de l'éosinophilie et à l'inverse une résistance de l'inflammation à neutrophiles et/ou de la réponse T_H17 après traitement aux glucocorticoïdes. Ces mécanismes ont été approuvés dans quelques modèles murins induit à l'ovalbumine (McKinley et al., 2008; Zhao et al., 2012). Les travaux menés par Zhao et al. comparent un modèle murin d'asthme aigu essentiellement défini par une inflammation à éosinophiles et un modèle d'asthme chronique avec une inflammation majoritairement neutrophilique. Les auteurs décrivent une corticorésistance à l'inhibition par la dexaméthasone seulement dans le modèle d'asthme chronique avec (1) une baisse de l'éosinophilie chronique et de l'inflammation T_H17 et (2) une résistance des neutrophiles (Zhao et al., 2012).

Par conséquent, nous pensons que notre modèle d'asthme n'est pas corticorésistant. Ceci peut s'expliquer soit par le caractère aigu de notre modèle d'asthme soit par l'existence de l'inflammation mixte neutrophile/éosinophile.

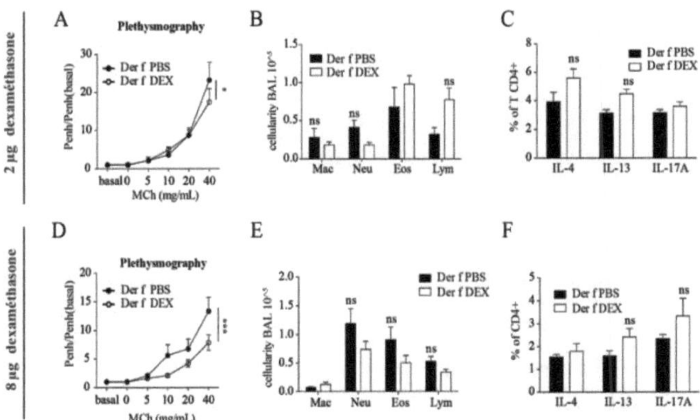

Figure 35 : Effet de la dexaméthasone sur la fonction respiratoire et sur l'inflammation : modèle cortico-résistant ou cortico-sensible ?. Les souris sont traitées à chaque challenge avec de la dexaméthasone (deux doses différentes 2 ou 8µg) ou du PBS. **(A et D)** Mesure de l'hyperréactivité bronchique par pléthysmographie chez les souris traitées avec de la dexaméthasone (Der f DEX) ou du PBS (Der f PBS), (n=5 souris par groupe, ***P <.001, * P < .05) ; **(B et E)** Quantification de l'infiltrat inflammatoire (Macrophages (Mac), Eosinophiles (Eos), Neutrophiles (Neu), Lymphocytes (Lym)) dans le LBA par cytométrie en flux (n=5 souris par groupe, ns : non significatif) ; **(C et F)** Pourcentage d'expression d'IL-4, IL-13 et IL-17 par les lymphocytes T CD4+ issus des poumons (n = 5 souris par groupe).

II. Place de l'IL-17A dans ce modèle d'asthme

ARTICLE N°1

Prime role of IL-17A in neutrophilia and airway smooth muscle contraction in a house dust mite-induced allergic asthma model

Julie Chesné*, Faouzi Braza*, Gilliane Chadeuf, Guillaume Mahay, Marie-Aude Cheminant, Sophie Brouard, Vincent Sauzeau, Gervaise Loirand and Antoine Magnan

(Lettre en révision dans Journal of Allergy and Clinical Immunology, Juillet 2014)

Résumé : L'asthme est une maladie hétérogène caractérisée par une variété de phénotypes cliniques et inflammatoires. Bien qu'il y ait une émergence de cibles thérapeutiques pour le phénotypes T_H2/éosinophile, il existe des sous-populations d'asthmatiques sévères pour lesquelles ces thérapies sont innefficaces. L'identification des processus pathologiques impliqués dans les asthmes non T_H2 est indispensable aux développements de molécules appropriées. Une inflammation à neutrophile, dans laquelle une réponse T_H17 prédomine est un des mécanismes retrouvé dans ces formes d'asthme. Dans cette étude, nous étudions le rôle de l'IL-17A dans le cadre d'un nouveau modèle d'asthme induit par les acariens.

Les souris asthmatiques développent dans leurs poumons, une hyperréactivité bronchique (HRB) et une forte inflammation à neutrophiles et à éosinophiles. Cet infiltrat pulmonaire est associé à une importante activation T_H2 et T_H17 via la sécrétion d'IL-13, IL-4 et IL-17. Contrairement à l'IL-13, la neutralisation de l'IL-17A supprime complètement l'HRB et diminue l'inflammation neutrophilique. En plus de son rôle dans la régulation de l'inflammation, l'IL-17A est capable d'augmenter directement la contraction du muscle lisse bronchique à travers la voie de signalisation dépendante de Rac1.

Ce travail décrit un modèle d'asthme présentant une inflammation mixte T_H2/T_H17 retrouvée dans les formes sévères. Ces résultats proposent l'IL-17A comme une cible thérapeutique efficace en vue de diminuer l'inflammation et la contraction du muscle lisse bronchique.

Letter to the Editor

Prime role of IL-17A in neutrophilia and airway smooth muscle contraction in a house dust mite-induced allergic asthma model

Julie Chesné*[1,2,3,4], Faouzi Braza*[1,2,3,4], Gilliane Chadeuf[1,2,4], Guillaume Mahay[5], Marie-Aude Cheminant[1,2,4], Sophie Brouard[2,3,4], Vincent Sauzeau[1,2,4,6], Gervaise Loirand[1,2,4,7] and Antoine Magnan[1,2,4,6]

[1]INSERM, UMR 1087, l'institut du thorax, Nantes, F-44000 France; [2] CNRS, UMR 6291, Nantes, F-44000 France; [3]INSERM, UMR 1064, and Institut de Transplantation Urologie Néphrologie du CHU Nantes, Nantes, F-44000 France; [4]Université de Nantes, Nantes, F-44000 France; [5]CHU Rouen, Service de Pneumologie, Rouen, F-44000 France; [6]CHU Nantes, Service d'exploration fonctionnelle, Nantes, F-44000 France; [7]CHU Nantes, Service de médecine interne, Nantes, F-44000 France; [8]CHU Nantes, l'institut du thorax, Service de Pneumologie, Nantes, F-44000 France

* These authors contribute equally to this work

Corresponding Author:

Antoine Magnan, MD INSERM U1087 – l'Institut du Thorax CHU Nantes, Hôpital Laënnec 44093 Nantes Cedex 1, France Email: Antoine.Magnan@univ-nantes.fr Phone: 0228080125 Fax: 0228080130

Supported by Ministry of Social Development (MSD) Regional Partner Grants Program.

Disclosure of potential conflict of interest: Authors declare no conflicts of interest

Key messages

- Skin sensitization followed by intranasal challenge drive T_H2-T_H17 airway inflammation
- IL-17A is central for the establishment of asthma in this model
- IL-17A directly modulates inflammation and enhances smooth muscle contraction

Abstract:

Context : Asthma is a heterogeneous inflammatory disorder with various endotypes leading to a series of distinct clinical phenotypes. Although there are emerging therapeutic candidates for the T_H2/eosinophilic phenotype, there are subsets of severe asthma steroid insensitive patients for which research needs to identify the pathological processes involved. A neutrophil inflammation, in which a T_H17 response predominates, is one of these. In this study, we address this in the context of a new asthma model induced by house dust mite (HDM).

Objective : To determine *in vivo* the role of IL-17A in an HDM induced asthma model.

Results : The asthmatic mice exhibited AHR and a huge influx of neutrophils and eosinophils in their lungs. This pulmonary infiltrate was associated with a combined T_H2 and T_H17 activation, assessed by the secretion of IL-13, IL-4, and IL-17A. Unlike for IL-13, IL-17A neutralization abrogated AHR and decreased the neutrophil infiltrate. In addition to its role in the regulation of inflammation, IL-17A directly enhanced bronchial smooth muscle contraction through a Rac1-dependent mechanism.

Conclusion : This study describes an asthma model characterized by a combined T_H2/T_H17-driven inflammation equivalent to severe asthma. These results suggest that targeting IL-17A might be useful in reducing both inflammation and smooth muscle contraction

To the Editor:

Asthma is a bronchial inflammatory disease leading to airway hyperresponsiveness (AHR) and reversible airflow obstruction. Its incidence has considerably increased over the past 50 years, with about 300 million people affected worldwide [1]. The majority of animal studies, have demonstrated that CD4 T helper-2 (T_H2) cells are central in the orchestration and amplification of allergic asthma. However negative results obtained from T_H2-focused human clinical trials have highlighted the importance of considering the large variety of asthma phenotypes [2]. Indeed human asthma is highly heterogeneous and is not always only due to a T_H2 driven airway inflammation only [3,4]. Recently many studies suggest that IL-17A, a cytokine mainly produced by T_H17 cells, is involved in some severe cases of asthma by regulating neutrophilic inflammation and steroid resistance [5]. However support of this theory remains modest as some reports demonstrated that (i) IL-17A or T_H17 cells alone were not sufficient to trigger the disease and (ii) IL-17A can intriguingly mediate anti-inflammatory mechanisms. Consequently we aimed to determine the contribution of IL-17A in a mouse model of acute asthma induced by house dust mites (HDM).

Asthma was induced in mice by percutaneous sensitization and intranasal challenge with a HDM extract (*Dermatophagoïdes farinae*, Der f, Fig E1A). Exposure to Der f results in the development of bronchial hyperreactivity, increased airway resistance important production of Der f1-specific IgE and strong airway cellular infiltration (Fig E1, B-D). Cell subtype analysis by flow cytometry revealed a mixed influx of eosinophils, neutrophils and lymphocytes (Fig E2, A). The recruitment of these inflammatory cells was associated with an upregulation of chemokines involved in eosinophil (Rantes, Eotaxin) and neutrophil (CXCL1, CXCL5) attraction (Fig E2, B and C). Having found increased levels of eosinophils and neutrophils we investigated T_H2 and T_H17 responses. Elevated levels of IL-4, IL-5, IL13 and IL-17 cytokines in BAL associated with an expansion of T_H2 and T_H17 cells in lung tissues were found in Der f asthmatic mice confirming the mixed T_H2-T_H17 driven inflammation in our model (Fig E2, D and E). IL-6 and IL-1β, known to attract and promote the differentiation of T_H17 cells, were increased in the airways of asthmatic mice 24h after the final challenge (Fig E2, D). These molecules have also been recently described as specific biomarkers for neutrophilic and mixed granulocytic inflammation in severe asthma [6,7].

To investigate the implication of T_H17 in the development of AHR and granulocytic infiltration, intranasal injections of a blocking anti-IL-17 antibody were performed during the challenges. Neutralization of IL-17 in Der f mice significantly reduced AHR (Fig 1, A) and dampened neutrophils influx in BAL (Fig 1, B). Interestingly, neutralization of IL-17 decreased the expression of pro-neutrophil chemokines CXCL1 and CXCL5 in the airways of anti-IL-17 antibody-treated mice (Figure 1C, D). In contrast, we found similar levels of eosinophils and T_H2 cytokines in untreated and anti-IL-17 antibody-treated asthmatic mice (Fig 1, D-F), suggesting no synergic effect between T_H2 and T_H17 responses. Because IL-13 has been shown to be crucial in the induction of asthma symptoms [8], we evaluated airway inflammation and AHR after IL-13 neutralization. Our results indicated a partial improvement of AHR (Fig E3, A) but no modification of bronchial inflammation (Fig E3, B-D). These results suggest a prime role of the IL-17-neutrophil axis in our model of allergic asthma.

Growing bodies of evidence support an intimate link between neutrophils and severe asthma. However the contribution of neutrophils in the development of AHR in T_H17-dependent allergic airway disease remains to be elucidated. Consequently in order to discover in what extent the complete disappearance of AHR induced after IL-17A neutralization was due to the decrease of neutrophil influx, neutrophils were depleted by administration of anti-Ly6G (Fig 2, A). Neutrophil depletion partially decreased AHR in Der f mice (Fig 2, B) with no impact on eosinophil levels (Fig 2, C) demonstrating that the effect of IL-17A was definitely not only neutrophil-mediated, and suggesting a direct role of IL-17 on bronchial contraction. To confirm this hypothesis, we incubated isolated bronchi from control and asthmatic mice with IL-17A for 12h and evaluated the contractile force generated in response to methacholine (MCh) or (potassium chloride) KCl *ex vivo*. Amplitude of the contractile responses to KCl and MCh of bronchi from Der f mice were increased compared to control mice and were not further enhanced by IL-17A (Fig 2, D). In contract, IL-17A significantly enhanced both MCh- and KCl-induced bronchial contractions in control mice to an amplitude similar to the contractile responses of bronchi from Der f mice (Fig 2, D). Interestingly, this direct role of IL-17 on smooth muscle cell contraction is in accordance with the results of a recent clinical trial demonstrating clinically meaningful effects of a anti-IL-17A (Brodalumab) specially in a group with high-reversibility of FEV1 in response to albuterol, a bronchial smooth muscle relaxant [9].

The Rho small G-protein family members RhoA and Rac1 are central effectors of smooth muscle contraction signaling pathways [10]. Interestingly IL-17 has been described as an enhancer of smooth muscle contraction by boosting the RhoA pathway in mice [11]. Our molecular investigations reveal that *in vivo* neutralization of IL-17 does not reduce the over expression of RhoA in the bronchi of Der f mice (Fig 2, E) but significantly reverses the upregulation of Rac1 expression in Der f mice (Fig 2, F). Collectively these data suggest that IL-17 promotes AHR in asthmatic mice by regulating bronchial contraction through a Rac1-dependent signalling pathway.

Overall, our study demonstrates that Der f-induced allergic asthma after percutaneous sensitization and airway challenge induces AHR and a mixed T_H2/T_H17 driven inflammation close to the inflammatory phenotype observed in some severe cases of asthma. In this model, IL-17A neutralization is sufficient to prevent Der f-induced exacerbation. Accordingly, our data point to the interest to develop therapies targeting IL-17A-mediated mechanisms to dampen airway inflammation and control refractory asthma.

Abbreviations used

AHR: Airway hyperresponsiveness

BAL: Bronchoalveolar lavage

FEV1: Forced expiratory volume in 1 second

HDM: House dust mite

KCl: Potassium chloride

MCh: Methacholine

Penh: Enhanced pause

Acknowledgements

Other Contributions: The authors thank the Cytocell platform of Nantes for assistance in the flow cytometry analysis. The authors are also grateful to the members of *UTE* IRT-UN animal facility.

References

1. Fanta CH. Asthma. N Engl J Med 2009;360:1002–14.

2. De Boever EH, Ashman C, Cahn AP, Locantore NW, Overend P, Pouliquen IJ, et al. Efficacy and safety of an anti-IL-13 mAb in patients with severe asthma: A randomized trial. J Allergy Clin Immunol 2014;133:989–996.e4.

3. Wenzel SE. Asthma phenotypes: the evolution from clinical to molecular approaches. Nat Med 2012;18:716–25.

4. Woodruff PG, Modrek B, Choy DF, Jia G, Abbas AR, Ellwanger A, et al. T-helper type 2-driven inflammation defines major subphenotypes of asthma. Am J Respir Crit Care Med 2009;180:388–95.

5. Chesne J, Braza F, Mahay G, Brouard S, Aronica M, Magnan A. IL-17 in Severe Asthma: Where Do We Stand? Am J Respir Crit Care Med 2014;

6. Baines KJ, Simpson JL, Wood LG, Scott RJ, Fibbens NL, Powell H, et al. Sputum gene expression signature of 6 biomarkers discriminates asthma inflammatory phenotypes. J Allergy Clin Immunol 2014;

7. Nagasaki T, Matsumoto H, Kanemitsu Y, Izuhara K, Tohda Y, Kita H, et al. Integrating longitudinal information on pulmonary function and inflammation using asthma phenotypes. J Allergy Clin Immunol 2014;

8. Erle DJ, Sheppard D. The cell biology of asthma. J Cell Biol 2014;205:621–31.

9. Busse WW, Holgate S, Kerwin E, Chon Y, Feng J, Lin J, et al. Randomized, Double-Blind, Placebo-controlled Study of Brodalumab, a Human Anti–IL-17 Receptor Monoclonal Antibody, in Moderate to Severe Asthma. Am J Respir Crit Care Med 2013;188:1294–302.

10. Loirand G, Sauzeau V, Pacaud P. Small G Proteins in the Cardiovascular System: Physiological and Pathological Aspects. Physiological Reviews 2013;93:1659–720.

11. Kudo M, Melton AC, Chen C, Engler MB, Huang KE, Ren X, et al. IL-17A produced by. Nat Med 2012;18:547–54.

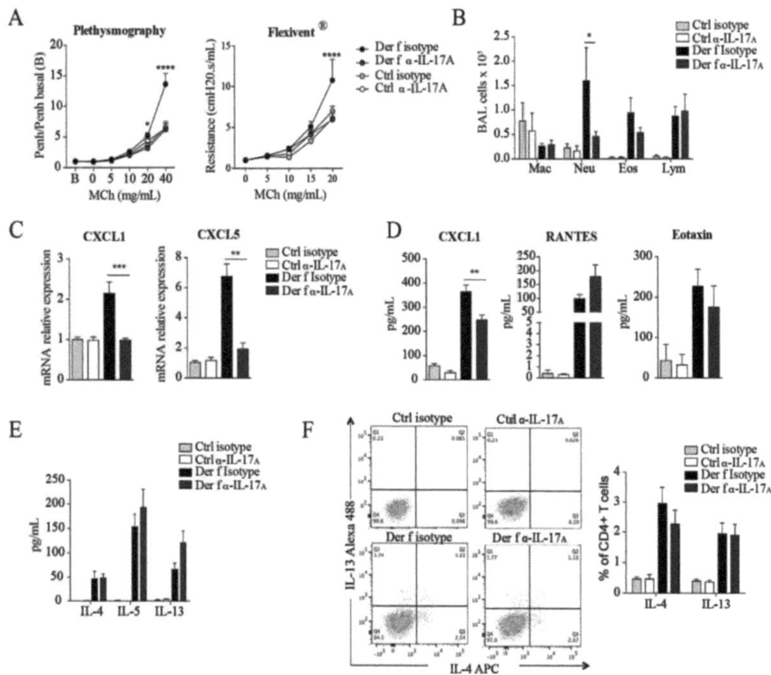

<u>**Figure 1**</u> **: IL-17A neutralization abrogates Der f-induced airway responses. (A)** Measurement of AHR and airway resistance; **(B)** BAL infiltrate cells (Macrophages (Mac), Neutrophils (Neu), Eosinophils (Eos), Lymphocytes (Lym); **(C)** CXCL1, CXCL5 expression in lung, **(D)** CXCL1, Rantes, eotaxin production in BAL; **(E)** Levels of T_H2 cytokines in BAL; **(F)** Frequency of IL-4- and IL-13-producing T cells in Lung. Asthmatic mice (Der f) and control mice (Ctrl) were treated with isotype or anti-IL-17A. (Der f isotype vs Der f α-IL-17A: ****$P < .0001$, ***P < .001, **P < .01 *P < .05, n= 6-9 mice per group).

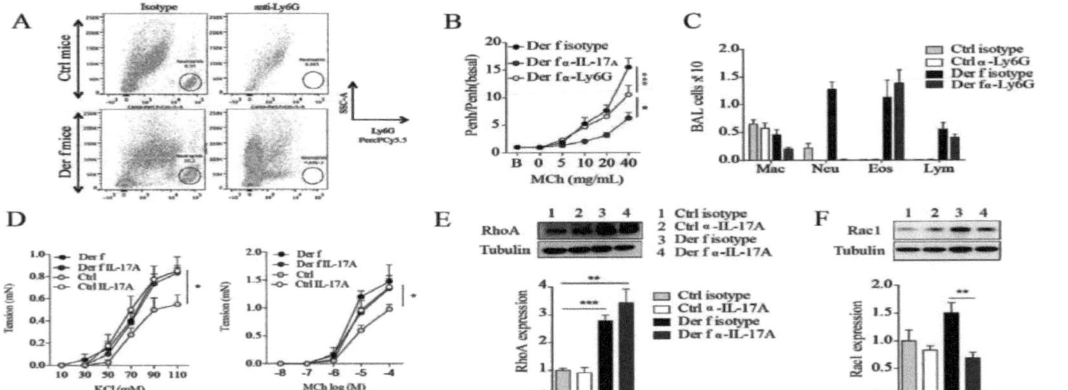

Figure 2 : AHR depends partially on a direct contractile effect of IL-17A. (A) Flow cytometry dot plots showing neutrophil depletion; **(B)** AHR measurement (comparison with values after anti-IL-17A treatment); **(C)** BAL cellularity, in control and Der f mice treated with isotype or anti-Ly6G; **(D)** Bronchial contraction in response to KCl, MCh in asthmatic/control mice treated with or without IL-17A (*P < .05, ctrl vs ctrl+IL-17r); **(E)** Quantification of RhoA and **(F)** Rac1 expression, in Der f or Ctrl mice treated with isotype or anti-IL-17A.

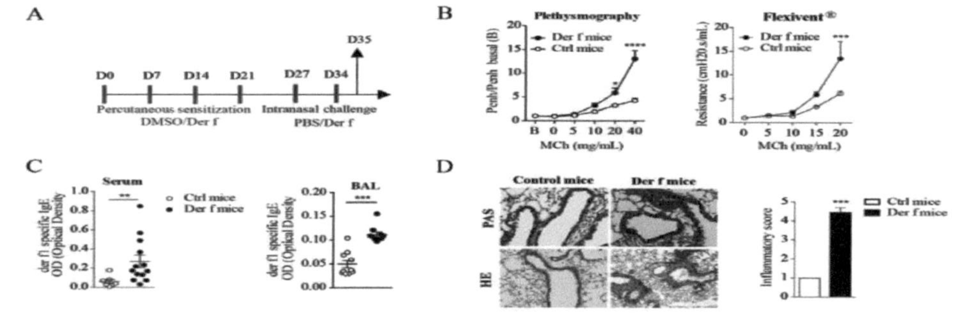

Figure E1 : Percutaneous sensitization and intranasal challenge induce AHR and bronchial inflammation. (A) Experimental model; **(B)** Penh measurements values and airway resistance in response to methacholin. Data obtained from 2 separate experiments (n=10 mice per group); **(C)** *(derf 1)*-specific IgE titers in serum and BAL; **(D)** Representative PAS and HE staining in airways (der f mice vs control mice, *P <.05, **P < .01, ***P < .001, ****P <.0001).

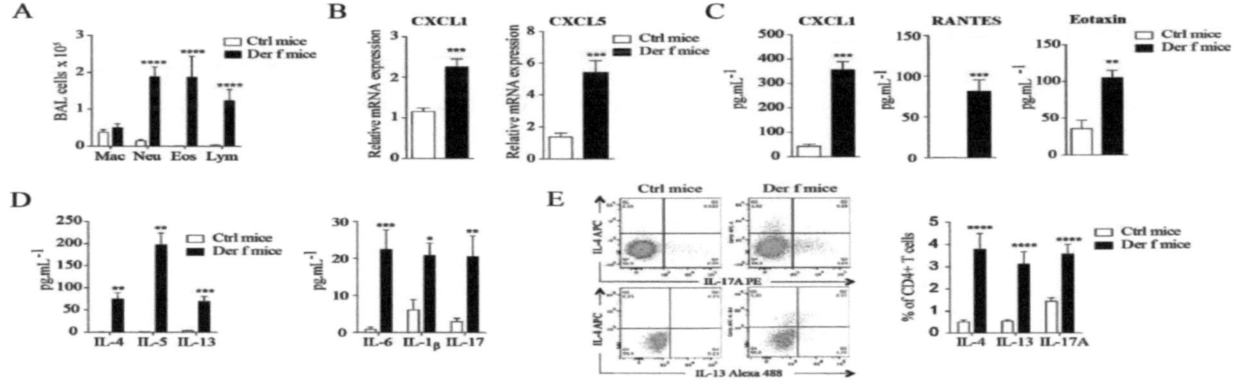

Figure E2 : Allergen exposure generates a mixed bronchial inflammation.

(A) BAL cellularity (n=10-15 mice per group, Mac : Macrophages ; Neu : Neutrophils ; Eos : Eosinophils ; Lym : Lymphocytes); **(B)** Lung expression of CXCL1, CXCL5; **(C)** BAL levels of CXCL1, eotaxin and RANTES; **(D)** BAL secretions of T_H2 and T_H17 related cytokines (6-8 mice per group); **(E)** Intracellular staining for CD4$^+$ T cells producing IL-13, IL-4 and IL-17A in lung (n=15-20 mice per group).

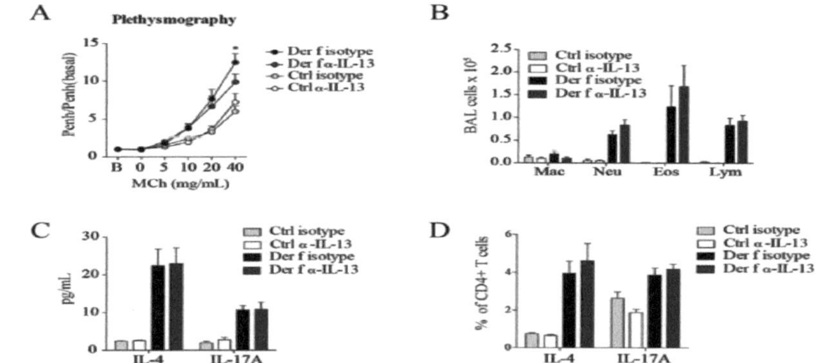

Figure E3 : IL-13 blocking has a limited effect on AHR and airway inflammation. **(A)** AHR after the last methacholin dose. (n=5-9 mice per group, ***P < .001); **(B)** Lung and BAL cellularity after antibodies treatment (n=6-8 mice per group); **(C)** Cytokines quantification using multiplex (n= 5-7 mice per group); **(D)** Detection of intracellular cytokines in T CD4+ cells (n= 6-8 mice per group).

Supplemental Method

Murine asthma model

Wild-type 6- to 8-week-old BALB/c mice were used (Charles River laboratories, France). Allergic asthma was induced in the mice using a total HDM extract *(Dermatophagoides Farinae)* provided by Stallergenes (Antony, Fr). Anesthetized mice were sensitized on days 0, 7, 14 and 21 by cutaneous application of 500 µg of HDM extract in 20 µL of dimethylsulfoxide (DMSO, Sigma-Aldrich, St. Louis, USA) on the ears and challenged intranasally with 250 µg of HDM in 40µL of sterile PBS, on D27 and D34. The mice were given either rat anti-murine IL-17A, anti-IL-13 or anti-Ly6G antibody or an IgG2a isotype control antibody (25 µg ; R&D systems) administered intranasally on D27 and D34 during HDM (or PBS control) challenges in a final volume of 40 µL. Analyses were performed 24H after the last HDM challenge at D35. The Regional Ethical Committee for Animal Experiments of the Pays de la Loire (CEEA.2012.78) approved all animal protocols.

Airway hyperresponsiveness measurement

Lung function was analysed by unrestrained, single-chamber barometric plethysmography (EMKA, Fr) to determine enhanced pause in response to exposure to methacholine (Mch) at progressive increasing concentration (0, 5, 10, 20, 40 mg/mL). Invasive Measurements of airway responsiveness were made on anesthetized, paralyzed (Rocuronium Bromide), intubated and ventilated animals after nebulization with increasing doses of MCh (0, 5, 10, 15 and 20 mg/mL).

Bronchoalveolar lavage fluid collection and staining for flow cytometry

Mice received a sublethal dose of pentobarbital (3.3 mg/kg). Bronchoalveolar Lavage (BAL) was performed with 1mL of PBS by means of cannulation of the trachea. The collected fluid was centrifuged, and the total cell numbers were counted with a Kova slide system by optical microscopy. Identification of immune cells was performed in BAL by flow cytometry as previously described (Rolland Debord et al., 2014). Acquisition was made on a LSR II (BD Bioscience, Le Pont-de-Claix, Fr) and analysed with FlowJo software (Tree Star, Ashland, Ore).

Isolation of lung cells and staining for flow cytometry

Briefly, the lungs were removed, disrupted and digested at 37°C for 1H in 10 mL of PBS containing Dnase I (Roche) and collagenase II (Invitrogen). Lung cells were passed through a 40-µm cell strainer with a syringe plunger, and the strainer was washed with 10mL of RPMI

1640 media supplemented 10% FBS, 200 mg/mL penicillin, 200 U/mL streptomycin, 4 mM L-glutamine, and 0.05 mM β-mercaptoethanol. After red blood lysis, 5.10^5 lung cells were transferred to a 96-well round-bottom plate and were stimulated for 5H with a mix containing PMA (50 ng/mL) and ionomycin (500 ng/mL ; Sigma-Aldrich) together with either monensin for T_H17 analysis (2 mg/mL ; BD Bioscience) or brefeldin A for T_H2 assessment (1 mg/mL ; BD Bioscience). For cytokine detection, FcRs were blocked with mouse CD16/CD32 mAbs (ebioscience, Paris, Fr). Prior to surface specific staining, the cells were stained with Fixable Viability Dye 450 (BD Biosciences) to exclude dead cells. The following antibodies were used for surface staining : CD3 PeCy7 (145-2C11 ;BD Biosciences), CD8 APC-H7 (53-6.7 ; BD Biosciences). The cells were then fixed and permeabilized using a Cytofix/Cytoperm kit (BD Biosciences) and stained intracellularly with anti-IL-4 (11B11 ; eBioscience), -IL-13 (eBio13A ; eBiosciences), and -IL-17A (TC11-18H10 ; BD Biosciences).

ELISA

Blood was removed by cardiac puncture and centrifuged to collect serum. For measurement of HDM-specific IgE level, the wells were coated with purified natural Der f1 protein (Indoor biotechnologies, UK) overnight. After saturation of the wells with 1% BSA for 12h, sera were added (1 :40) and left overnight. The plates were washed and HRP-conjugated anti mouse IgE (MCA 419P ; 1 :2000 ; AbD serotec^{TM}) was added for 5H, followed by incubation with TMB substrate at room temperature for 20 min. Absorbance was measured at 4 nm with VictorTMX3 (PerkinElmer, Courtaboeuf, Fr). BAL cytokine and chemokine levels were assessed using Luminex® technology (Biorad, Laboratories, Germany) with the Pro Mouse Cytokine 23-plex kit. Data analysis was performed using the Bio-Plex Manager Software version 4.0.

Histology

The total lung was fixed in paraformaldehyde (PFA) 4%, paraffin embedded, and cut into 5-µm sections. Sections were embedded in paraffin, cut and stained with Periodic Acid Schiff (PAS) or hematoxylin eosin (H&E).

Analysis of airway reactivity *ex vivo*

Excised bronchi from control and asthmatic mice were cut into 2-mm sections and placed in physiological saline (PSS, in mM ; 130 NaCl, 5.6 KCl, 1 MgCl2, 2 CaCl2, 11 glucose, 8 HEPES, pH 7.4, with NaOH). Bronchial segments were incubated with or without recombinant cytokines (100 ng/mL of IL-17A ; R&D) for 12H with DMEM medium at 4°C.

The segments were then mounted on a multichannel isometric myograph (Danish Myo Technology) containing a Krebs-Henseleit solution maintained at 37 °C (118.4 mM NaCl, 4.7 mM KCl, 2 mM $CaCl_2$, 1.2 mM $MgSO_4$, 1.2 mM KH_2PO_4, 25 mM $NaHCO_3$ and 11 mM glucose), a resting tension of 0.5mN was applied. We constructed cumulative concentration-response curves in response to potassium chloride (KCl) and MCh (Sigma). Chambered wire myograph was connected to a digital data recorder (MacLab/4e, AD Instruments) and recordings were analysed using LabChart v7 software.

RNA isolation and Real-Time quantitative PCR

The lungs were excised from the mice, disrupted, homogenized in TRIzol® reagent (Invitrogen) and RNA was extracted by phenol-chloroform separation. The total quantity of RNA was determined by a Nanodrop ND-1000 spectrophotometer (Nanodrop Technologies). cDNA was synthesized starting from 2 µg using MMLV Transcriptase according to the manufacturer's instructions. Real-time quantitative PCR was performed on a ViiA7 Fast Real-Time PCR System using commercially available primers (Applied Biosystems). A pool of cDNA from naive mice and the housekeeping gene HPRT were used to normalize RNA expression by using the $2^{(-\Delta\Delta ct)}$ technique.

Immunobloting

The primary bronchi were dissected from control and asthmatic mice pre-treated with an anti-IL-17A or isotype antibody. Samples were homogenized in lysis buffer (50mM Tris-HCl, pH 7.4, 150mM NaCl, 2mM EDTA, 5mM $MgCL_2$, 1% Nonidet P40, 50mM NaF, 0.5% sodium deoxycholate, 0.2% SDS, 20mM L beta glycerolphosphate) and complete protease inhibitor cocktail (Sigma). Samples were separated by 10% SDS-PAGE and transferred to a nitrocellulose membrane (Biorad). The membranes were blocked for 1h with 5% milk, incubated overnight with primary antibodies, incubated for 1h with peroxydase-conjugated secondary antibody and revealed with Plus-ECL reagent (PerkinElmer).

Statistical analysis

Comparisons of experimental values between two groups was analysed by using the Mann and Whitney test. The non-parametric Kruskal–Wallis test with Dunn's post-test was used for comparison of more than two groups. Penh and lung resistance results were analysed using a two-way ANOVA. All statistic analyses were performed in GraphPad Prism v6.

III. Rôle de Rac1 dans l'asthme allergique aux acariens

Ce travail s'inscrit dans un projet mené par Vincent Sauzeau et Gervaise Loirand (Equipe 2 : Hypertension artérielle et signalisation, l'institut du thorax).

Rac1 (Ras-related C3 botulinum toxin substrate 1) est une petite protéine G connue pour jouer un rôle important dans l'inflammation pathologique (Cho et al., 2004a; Simeone-Penney et al., 2008). A travers nos travaux, nous avons évalué l'implication de Rac1 sur l'inflammation mais aussi sur le développement de l'HRB dans un modèle murin d'asthme (Figure 36). Pour ce faire, nous avons étudié l'effet d'un inhibiteur de Rac1 (NSC23766 ou NSC) dans le développement de notre modèle allergique aux acariens. Les souris asthmatiques et contrôles ont été nébulisées soit avec du NACL (contrôles) soit avec du NSC. Les résultats montrent une baisse drastique de l'HRB après traitement avec le NSC, suggérant donc un rôle important de Rac1 dans l'induction du bronchospasme (Figure 36A). Sur le plan inflammatoire, l'inhibition de Rac1 réduit l'infiltrat à neutrophiles et tend à diminuer la production d'IL-17 par les lymphocytes T dans les poumons (Figure 36B et C). Par conséquent, ces résultats dénotent un rôle important de Rac1 dans la mise en place d'un asthme allergique préférentiellement associé à une inflammation neutrophilique/T_H17.

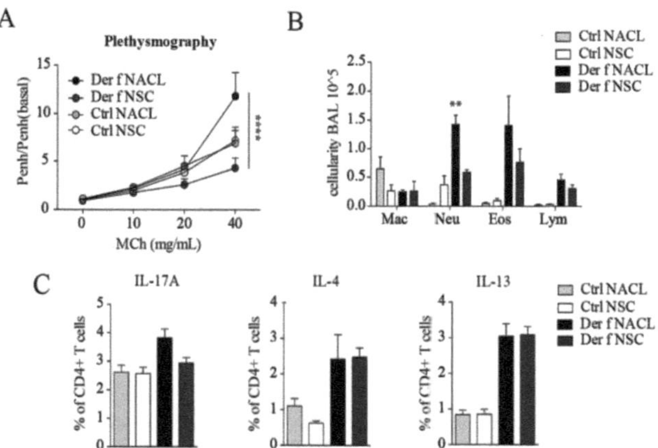

Figure 36 : Effet de l'inhibition de Rac1 dans un modèle d'asthme allergique aux acariens. (A) Mesure de l'hyperréactivité bronchique par pléthysmographie; **(B)** Quantification de l'infiltrat inflammatoire (Macrophages (Mac), Eosinophiles (Eos), Neutrophiles (Neu), Lymphocytes (Lym)) dans le LBA (**P < .01 Der f NACL versus Der f NSC); **(C)** Pourcentage d'expression d'IL-4, IL-13 et IL-17 par les lymphocytes T CD4+ dans les poumons. (n=4-6 souris par groupe).

<u>CHAPITRE IV</u> : Discussion générale

L'asthme est une maladie hétérogène comprenant plusieurs sous-groupes de patients avec des phénotypes cliniques et moléculaires distincts (Wenzel, 2012; Arron et al., 2013). Sur le plan pathologique, l'asthme ne se caractérise plus par une inflammation purement T_H2 mais se définit par une inflammation riche englobant plusieurs types de cellules. Or, ces dernières années, la recherche s'est principalement intéressée au rôle de l'inflammation conduite par les T_H2 dans le développement de la maladie. La mise en évidence en clinique de nouveaux phénotypes inflammatoires T_H2 mais aussi non T_H2 a incité la recherche à développer de nouveaux modèles murins d'asthme.

Nous avons mis en place un nouveau modèle murin d'asthme aigu mimant le plus possible la pathologie humaine. Nos travaux ont montré que des souris sensibilisées et challengées avec un extrait total d'acariens développent une hyperréactivité des voies aériennes associée à une forte inflammation broncho-pulmonaire mixte. Contrairement à ce qui est couramment observé dans les modèles d'asthme allergique à l'ovalbumine, nous notons ici une forte infiltration éosino-neutrophilique. Effectivement, la plupart des modèles décrits dans la littérature ont soit une infiltration à éosinophiles soit une infiltration à neutrophiles (He et al., 2009; Wilson et al., 2009; Jacobsen et al., 2008). Notre modèle semble s'approcher de certains phénotypes d'asthme sévère chez l'homme avec un fort infiltrat neutrophile/éosinophile (Hastie et al., 2010; Moore et al., 2013; Nagasaki et al., 2014). La production de chimiokines est responsable de l'attraction de l'ensemble des cellules inflammatoires. En effet, nous avons mis en évidence dans notre modèle une augmentation de la production de RANTES et de l'éotaxine, deux chimiokines responsables de l'attraction des éosinophiles (Rot et al., 1992) mais également de CXCL1 (IL-8) et de l'expression de CXCL5, deux chimiokines sécrétées par les cellules épithéliales impliquées dans l'attraction et l'activation des neutrophiles (Nembrini et al., 2009). Dans notre modèle, l'apparition de l'asthme est associée à une expansion de la population T_H2 avec une hausse de la production des cytokines IL-4, IL-5 et IL-13. Nous avons également observé une forte augmentation de la sécrétion d'IgE spécifiques de Der f 1 chez les souris asthmatiques après deux challenges. La réponse T_H2 et la forte sécrétion d'IgE spécifiques confirment le caractère allergique de notre modèle d'asthme. Contrairement à ce qui est observé dans la plupart des modèles d'asthme allergique et au paradigme T_H2 fortement ancré (Herrick and Bottomly, 2003), nous notons aussi une augmentation des T_H17 via la sécrétion d'IL-17A notamment dans la phase tardive de l'asthme. L'apparition des T_H17 après deux challenges coïncide avec une augmentation importante de l'infiltrat neutrophilique dans le compartiment broncho-pulmonaire. L'IL-17 semble donc avoir un rôle central dans l'évolution de l'inflammation et de l'hyperréactivité bronchique dans notre modèle. En plus de l'IL-17, nous avons également mis en évidence une forte production des cytokines IL-6 et IL-1β chez les souris asthmatiques. Ces deux cytokines sont connues pour promouvoir et maintenir la différenciation T_H17 (Chung et al., 2009). Elles ont été récemment décrites comme biomarqueurs spécifiques de l'inflammation granulocytique mixte ou neutrophilique dans l'asthme sévère (Nagasaki et al., 2014; Hastie et al., 2010; Wood et al., 2012). Cette inflammation combinée T_H2-T_H17 est spécifique de la phase dite d'exacerbation dans notre modèle et semble corréler avec les profils inflammatoires retrouvés dans les asthmes sévères (Wu et al., 2014; Nagasaki et al., 2014; Baines et al., 2014; Manni et al., 2014; Chesne et al., 2014).

La caractérisation du modèle a permis de mettre en évidence un rôle primordial de la sensibilisation percutanée dans l'induction d'une immunité mixte T_H2-T_H17 et d'un infiltrat mixte éosinophile/neutrophile. En effet, l'application cutanée de l'acarien génère une forte expression d'IL-4 et d'IL-17 favorisant ainsi la génération des T_H2 et des T_H17 directement dans la peau. Ces résultats concordent avec de précédentes études qui démontrent l'habilité spécifique des cellules dendritiques de la peau à induire la différenciation de cellules T_H17 (He et al., 2007; 2009; Raymond et al., 2011). De plus, nous montrons que les souris sensibilisées à l'acarien ont un infiltrat inflammatoire neutrophile-éosinophile et une réponse lymphocytaire T_H2-T_H17 largement augmentés après la phase de challenge. Nos données coïncident avec les travaux menés par He et al. dans lesquels ils soulignent la forte implication de la sensibilisation transcutanée dans la génération d'une immunité T_H17 (He et al., 2007; 2009). Ainsi, la sensibilisation allergénique joue un rôle pivot dans la mise en place des asthmes associés à une inflammation mixte. Ces résultats sont d'autant plus intéressants qu'il existe en clinique une importante proportion de patients atopiques sévères caractérisée par une inflammation T_H2-T_H17 et un infiltrat granulocytique mixte (Nagasaki et al., 2014; Cosmi et al., 2010; Moore et al., 2013; Irvin et al., 2014).

De récentes études soulignent une forte implication de la plasticité des cellules T dans l'asthme, en particulier dans les formes sévères (Wang et al., 2010; Cosmi et al., 2010). En effet, il a été décrit une importante proportion de cellules doubles positives T_H2/T_H17 dans le sang de patients asthmatiques sévères (Cosmi et al., 2010). Plus récemment, il a été identifié un endotype $T_H2/T_H17^{prédominant}$ dans le LBA de patients asthmatiques très sévères (Irvin et al., 2014). Cette étude suggère que les patients allergiques $T_H2^{prédominant}$ peuvent en réponse aux infections évoluer vers un endotype $T_H2/T_H17^{prédominant}$. Les deux cytokines, IL-1β et IL-6 sont fortement impliquées dans la différenciation des cellules T_H2 vers un profil T_H2/T_H17 (Irvin et al., 2014). Cet endotype T_H2-T_H17 défini par une forte sécrétion d'IL-17 semble être corrélé avec la sévérité de l'asthme. Bien que nous observions les deux types de réponses T_H2 et T_H17 dans les voies aériennes des souris asthmatiques après deux challenges, nos résultats ne montrent pas de double-positivité T_H2-T_H17. Une des hypothèses pour laquelle nous ne remarquons pas de plasticité dans nos cellules est le caractère aigu de notre modèle. En perspective de ce travail, il serait intéressant d'étudier l'évolution des réponses T_H2 et T_H17 après plusieurs challenges consécutifs dans le cadre d'un modèle d'asthme chronique. L'importante production d'IL-6 et d'IL-1β dans les poumons des souris asthmatiques après deux challenges pourrait contribuer à ce processus de différenciation T_H2 vers T_H2/T_H17.

Le phénotype T_H17 et l'inflammation à neutrophiles appelent à la notion de corticorésistance. Notre modèle ne montre toutefois aucun signe de corticorésistance. Ces résultats peuvent être du (1) au caractère aigu de notre modèle ou (2) à l'inflammation mixte neutrophile-éosinophile. En effet, Zhao et al. démontrent que seul un modèle d'asthme chronique est capable de développer une corticorésistance (Zhao et al., 2012). Il serait donc pertinent de tester la corticorésistance dans un modèle d'asthme chronique induit par une sensibilisation percutanée et une phase prolongée de challenges respiratoires avec l'extrait d'acariens. De plus, il est important de noter qu'aucune étude n'a testé l'effet de la corticosensibilité dans un modèle murin avec une inflammation mixte. Les modèles d'asthme chronique préexistants montrent une corticorésistance dans le cas d'une inflammation essentiellement neutrophilique et non une inflammation mixte. Dans le cas d'une inflammation mixte, il est possible qu'il soit plus difficile d'évaluer la résistance aux corticoïdes. Pour finir, l'implication de l'axe T_H17-neutrophile dans la réponse aux corticoïdes peut être discuté (Chesne et al., 2014). Nous savons que les T_H17 promeuvent l'infiltration des neutrophiles et donc indirectement induisent la résistance aux corticoïdes. Néanmoins, de récents travaux montrent que les T_H17 sont aussi capables d'induire la corticorésistance indépendemment de l'inflammation à neutrophiles (Irvin et al., 2014; Ramesh et al., 2014; McKinley et al., 2008). Des patients asthmatiques sévères avec un endotype T_H2-$T_H17^{prédominant}$ et une inflammation essentiellement éosinophilique résistent aux corticoïdes. Dans leur étude, Irvin et al. montrent que les cellules T_H2/T_H17 expriment de haut niveau de MEK1, et que ces cellules T CD4 MEK1^{high} sont résistantes à la dexaméthasone. Ainsi, Il serait intéressant d'évaluer *in vitro* dans notre modèle la réponse des T_H17 à un traitement corticoïde.

En résumé, nous avons développé un modèle d'asthme aigu capable de mimer la réaction allergique mixte identifiée chez les patients asthmatiques les plus sévères. Nous pensons que ce modèle pourrait contribuer à déchiffrer les mécanismes de l'asthme sévère chez l'homme et aider à la conception de nouveaux traitements. En perspective, il serait pertinent d'évaluer l'impact de la chronicité dans notre modèle d'asthme sur l'inflammation T_H2-T_H17 et sur la réponse aux corticoides.

Notre travail met en avant un rôle important des lymphocytes T_H17 et de l'IL-17 dans notre modèle murin d'asthme allergique aux acariens et pose la question de la place de l'IL-17 dans l'asthme humain ainsi que de sa pertinence en tant que cible thérapeutique.

L'implication de l'IL-17A dans l'asthme sévère a été rapportée à la fois chez l'homme *in situ* (Al-Ramli et al., 2009; Bullens et al., 2006; Newcomb and Peebles, 2013) et dans les modèles animaux (He et al., 2009; Kudo et al., 2012; Lajoie et al., 2010; Wilson et al., 2009). Néanmoins, des études supplémentaires sont nécéssaires pour clarifier son implication. En effet, selon les modèles d'asthme utilisés, le rôle de l'IL-17 reste assez controversé avec soit une action anti-inflammatoire (Mintz-Cole et al., 2012; Schnyder-Candrian et al., 2006;

Moreira et al., 2011; Kinyanjui et al., 2013) soit un effet pro-inflammatoire (He et al., 2009; Wilson et al., 2009). Dans le cadre d'un effet pro-inflammatoire, il a été décrit que l'administration d'IL-17A ou de T_H17 n'est pas suffisante pour générer la maladie, suggérant que l'IL-17A potentialise l'inflammation allergique seulement dans le contexte d'une inflammation T_H2 pré-établie (Lajoie et al., 2010; Wilson et al., 2009). A l'inverse, d'autres travaux montrent que la réponse T_H17 générée suite à une sensibilisation transcutanée est capable d'induire une inflammation et une hyperréactivité bronchique (HRB) en l'absence d'une réponse T_H2 (He et al., 2007; 2009). Dans notre modèle, la neutralisation de l'IL-17 inhibe complètement l'hyperréactivité des voies aériennes ce qui engendre un rétablissement complet de la fonction respiratoire. Nous notons également une importante diminution de l'infiltrat à neutrophiles due à une altération de la production des chimiokines pro-neutrophiles, CXCL1 et CXCL5. De plus, plusieurs travaux ont montré que la production simultanée d'IL-17A et de cytokines T_H2 exacerbent la maladie T_H2 menant à un phénotype plus sévère (Lajoie et al., 2010; Wilson et al., 2009; Kinyanjui et al., 2013). Cependant, dans notre modèle, la neutralisation de l'IL-17 n'altère pas la réponse T_H2 suggérant un rôle indépendant de cette cytokine. Ces résultats sont en accord avec de récents travaux démontrant que l'inhibition de l'immunité T_H17 ne modifie pas la réponse CD4+ T_H2 mais diminue l'inflammation bronchique (Pham et al., 2014). De manière intéressante, la neutralisation de l'IL-13 dans notre modèle induit seulement une réduction partielle de l'HRB et aucun changement au niveau de l'inflammation bronchique. Malgré un rôle central de l'IL-13 dans la contraction du muscle lisse et dans la production de mucus (Chiba et al., 2009; Kirstein et al., 2010; Kudo et al., 2013a), nos données suggèrent un rôle prépondérant de l'IL-17 dans le développement de l'HRB. Plusieurs études ont démontré que les allergènes pouvaient induire un asthme indépendamment de l'IL-13, de l'IL-4 et de l'IL-5 (He et al., 2009; Proust et al., 2003). La sur-expression chez la souris de GATA3 et de RORγt, facteurs de transcription respectifs pour la différenciation T_H2 et T_H17, induit deux phénotypes distincts, tous les deux menant au développement de l'asthme (Ano et al., 2013). Cela suggère que les immunités T_H2 et T_H17 peuvent induire le développement de la maladie de manière indépendante l'une de l'autre (McKinley et al., 2008). Cette hypothèse est renforcée par les résultats des derniers essais cliniques démontrant que le blocage de l'IL-13 et l'IL-4Rα est seulement efficace chez les asthmatiques légers à modérés avec une inflammation

T_H2^{high}/éosinophilique (Corren et al., 2011; De Boever et al., 2014). De plus, de récents travaux en clinique montrent que la thérapie par anti-IL-13 n'améliore pas le contrôle de l'asthme ou la fonction pulmonaire dans les asthmes sévères. Le manque d'efficacité du blocage de l'IL-13 peut être expliqué par une dérégulation de la balance T_H2/T_H17 en faveur d'une inflammation dépendante des T_H17 (De Boever et al., 2014).

Plusieurs travaux rapportent un lien entre neutrophiles et asthme sévère (Baines et al., 2014; Moore et al., 2010; Nadif et al., 2009; Wu et al., 2014). Pourtant, la contribution des neutrophiles dans la mise en place de maladies allergiques dépendantes d'une immunité T_H17 doit être élucidée. Dans notre modèle, la déplétion des neutrophiles réduit significativement l'hyperréactivité bronchique mais de manière moins efficace que le traitement par anti-IL-17A, suggérant une action directe de l'IL-17A sur le muscle lisse. Cette hypothèse est confirmée par nos expériences de contraction bronchique. En effet, l'incubation de bronches issues de souris contrôles traitées avec de l'IL-17A recombinante augmente fortement l'activité contractile en réponse à deux agents bronchoconstriteurs (KCl, MCh). Conformément à cela, une récente étude a montré qu'une exposition prolongée à l'IL-17 augmente la contractilité des anneaux trachéaux murins et induit un rétrécissement des voies aériennes en réponse à la métacholine. Les auteurs expliquent que la réponse contractile des cellules musculaires lisses est dépendante d'une voie de signalisation impliquant NFκB, RhoA et ROCK2 (Kudo et al., 2012). Des anomalies dans la signalisation RhoA/Rho-kinase ont déjà été décrites dans l'asthme (Chiba et al., 2010). Dans notre étude, nous confirmons la sur-expression de RhoA dans les bronches issues de souris asthmatiques par rapport aux souris contrôles, bien qu'elle soit indépendante de l'IL-17A. En effet, nos résultats indiquent un niveau d'expression de RhoA similaire entre les souris asthmatiques traitées avec l'isotype contrôle et celles traitées avec l'anti-IL-17A. Les différences observées entre notre étude et celle de Kudo et al. pourraient être dues au fond génétique des souris mais elles suggèrent également la participation d'autres voies de signalisation dans la contraction bronchique induite par l'IL-17A. En effet, nous avons mis en évidence en collaboration avec l'équipe de Gervaise Loirand, un rôle important d'une autre petite protéine G, appelée Rac1 dans la réponse contractile induite par l'IL-17A.

Les études portées sur l'implication de Rac1 dans l'asthme sont limitées et restent assez controversées. Plusieurs travaux décrivent Rac1 comme un régulateur critique de la prolifération des cellules musculaires lisses (CMLs). En effet, Rac1 est capable en synergie avec STAT3 d'activer le facteur de croissance PDGF, un médiateur important dans le remodelage des voies aériennes et dans la prolifération des CMLs (Simeone-Penney et al., 2008). D'autres sont en faveur d'une fonction importante de Rac1 dans la dégranulation des mastocytes induite par liaison des IgE aux récepteurs FcεR1 (Cho et al., 2004b). Ainsi, Rac1 favorise la synthèse de médiateurs inflammatoires tels que les leucotriènes, connus pour augmenter la production de mucus, la contraction du muscle lisse et la perméabilité vasculaire. En plus d'un rôle pathogénique, Rac1 peut exercer un rôle anti-inflammatoire. En effet, une récente étude décrit un rôle protecteur de Rac1 dans les CEB de souris asthmatiques allergiques aux acariens (Juncadella et al., 2013). Par conséquent, il est clair que Rac1 est fortement impliqué dans l'asthme mais son action peut être différente selon le tissu dans lequel il est exprimé.

Nos travaux montrent une baisse significative de l'expression protéique de Rac1 dans les bronches de souris traitées *in vivo* avec un anti-IL-17 par rapport aux souris traitées avec un isotype contrôle. Au vu de ces résultats, Rac1 semble donc être impliqué dans la réponse contractile induite en réponse à l'IL-17. De manière intéressante, les travaux menés en collaboration avec Gervaise Loirand et Vincent Sauzeau montrent que la nébulisation de souris asthmatiques avec un inhibiteur de Rac1 (le NSC) inhibe complètement l'hyperréactivité bronchique. Rac1 semble donc être une cible efficace pour réduire la bronchoconstriction dans le cas d'un asthme pré-établi. Cette hypothèse est renforcée par une récente une étude qui montre une forte diminution de la réponse contractile après nébulisation d'un inhibiteur de Pak1 (p21 Activated Kinase 1) chez la souris comme chez l'homme (Hoover et al., 2012). Or, il est maintenant admis que l'activation de Pak1 est dépendante de Rac1 faisant de Rac1/Pak1, un axe important dans la bronchoconstriction. De plus, ces mêmes travaux ont permis de mettre en évidence une baisse de l'inflammation à neutrophiles avec une tendance à la baisse de l'immunité T_H17 après inhibition de Rac1. Ainsi, l'ensemble de ces résultats décrit l'IL-17 comme une cytokine capable de contracter directement le muscle lisse via une voie de signalisation dépendante de Rac1. Ces résultats sont en accord avec ceux d'un récent essai clinique visant à tester l'efficacité d'un anticorps anti-IL-17RA, le Brodalumab. Les auteurs montrent un effet bénéfique de ce traitement sur les scores de contrôle de l'asthme et sur le VEMS mais seulement dans le sous-groupe de patients asthmatiques défini par la meilleure réponse au salbutamol (Busse et al., 2013). En perspective de ce travail, il serait intéressant d'analyser les mécanismes moléculaires engendrés par l'IL-17A dans les CMLs afin de découvrir de nouveaux médiateurs et/ou cibles thérapeutiques.

En résumé, notre étude démontre que l'asthme allergique généré par sensibilisation percutanée et challenge respiratoire avec l'acarien induit une hyperréactivité bronchique et une inflammation mixte T_H2/T_H17 proche du phénotype inflammatoire observé dans certains cas sévères d'asthme. Dans ce type de modèle, la neutralisation de l'IL-17A, mais pas de l'IL-13, prévient l'exacerbation générée par l'allergène, démontrant une prédominance de l'inflammation de type T_H17 dans ce modèle. Par conséquent, ces données renforcent l'importance de l'axe IL-17-T_H17 dans le dévelopement de l'asthme et soulignent la nécessité de développer des thérapies ciblant l'IL-17A, en particulier dans les phénotypes non T_H2.

CHAPITRE V : Perspectives

Les lymphocytes T_H17 jouent un rôle pivot dans la physiopathologie de l'asthme. En effet, ils participent activement aux caractéristiques principales de la maladie, à savoir l'hyperréactivité bronchique, l'inflammation pulmonaire et le remodelage bronchique. Dans ce travail de thèse, nous avons pu mettre en évidence un rôle crucial de l'IL-17 dans l'induction de l'hyperréactivité bronchique et dans la réponse contractile du muscle lisse bronchique. Globalement, cette étude montre une forte implication de l'IL-17A dans la mise en place du phénotype de l'asthme chez la souris.

En perspective de ce travail, des expériences complémentaires devront être menées dans le modèle d'asthme aigu déjà mis en place.

Dans notre modèle, nous décrivons une phase précoce de l'asthme après le premier challenge avec une inflammation exclusivement T_H2 et une phase tardive, après le second challenge, plus sévère, avec une inflammation mixte présentant une réponse T_H17 prédominante. Toutefois, ces résultats, obtenus 24h après le challenge, ne renseignent pas sur l'évolution de l'inflammation pulmonaire les jours suivants. Ainsi, nous devrons étudier la réponse lymphocytaire T et l'infiltrat granulocytaire plusieurs jours après le dernier challenge. Ces analyses nous permettront de mettre en évidence un maintien de l'inflammation mixte ou au contraire la caractéristique transitoire de celle-ci. Les travaux menés au cours de ma thèse ont principalement porté sur la réponse lymphocytaire T. Néanmoins, il existe d'autres types cellulaires capables de produire des cytokines T_H2 et T_H17. C'est notamment le cas des lymphocytes Tγδ, NKT ainsi que des cellules lymphoïdes innées telles que les ILC-2 et ILC-3. Des expériences devront donc être réalisées afin de quantifier l'infiltration de ces cellules inflammatoires après le second challenge et d'évaluer par des expériences de déplétion leur contribution individuelle dans la mise en place des symptômes de l'asthme. Enfin, nous avons démontré dans ce modèle, un effet thérapeutique de l'anti-IL-17A lorsqu'il était administré pendant les challenges et donc pendant l'induction de l'asthme. Il serait pertinent de vérifier l'effet thérapeutique curatif induit par l'anti-IL-17, une fois l'asthme établi.

Nous avons également pu mettre en avant l'implication de Rac1 dans la contraction du muscle bronchique induite par l'IL-17A. Nos résultats d'expression montrent une baisse de Rac1 dans le tissu bronchique lorsque les souris sont traitées avec un anti-IL-17A. Afin de clarifier l'implication de Rac1 dans la stimulation induite par l'IL-17, nous pourrions évaluer l'effet d'une stimulation par l'IL-17 sur des cellules musculaires lisses issues d'anneaux de bronches de souris KO pour Rac1: l'IL-17 est-elle toujours capable d'augmenter la contraction bronchique? Enfin, il serait intéressant de comprendre les mécanismes menant à une activation de Rac1 dépendante de l'IL-17. Pour cela, nous devrons analyser les voies de signalisation impliquant à la fois l'IL-17 et Rac1 en vue d'identifier des molécules communes pouvant jouer un rôle potentiel dans le développement de l'hyperréactivité bronchique. De récents travaux montrent une action directe de l'IL-17 sur l'activité de Rac1 dans des cellules endothéliales (Moran et al., 2011; Chen et al., 2014). Il y est décrit que la chaine RC du récepteur à l'IL-17 active la PI3K, capable de générer la forme active de Rac1 (Rac1-GTP) (Figure 37). L'utilisation d'un inhibiteur de PI3K supprime l'activation de Rac1 induite par l'IL-17 dans des cellules endothéliales. PI3K pourrait donc être l'intermédiaire entre l'IL-17 et Rac1 et serait donc impliquée dans la contraction du muscle lisse bronchique. Ainsi, nous pourrions, sur des bronches préalablement stimulées avec de l'IL-17, évaluer l'effet de cet inhibiteur sur l'expression de Rac1 et sur la réponse contractile. De plus, il serait pertinent d'étudier l'implication de la voie dépendante de Act1 (NF-κB activator 1) induite par l'IL-17 dans l'activation de Rac1. Enfin, nous devrons chercher à savoir comment Rac1 induit la contraction : implique-t-il la voie calcique dépendant de la PLC? (Figure 37).

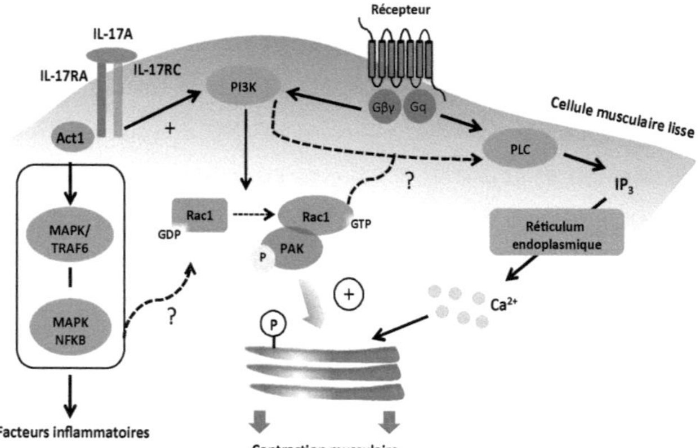

Figure 37: Les voies de signalisation permettant de relayer l'IL-17A, Rac1 et la contraction musculaire.

Une autre perspective de notre étude serait de mettre en place un modèle d'asthme chronique avec la présence d'un remodelage bronchique.

D'après la littérature, l'IL-17A est aussi décrite comme impliquée dans le phénomène capital de remodelage bronchique (Chesné et al., 2014). Ainsi, en suivant le protocole classique d'induction de l'asthme, nous effectuerons après sensibilisations, deux challenges distants d'une semaine puis quatres autres challenges intranasaux sur quatres jours consécutifs. Dans ce modèle, nous regarderons les critères de remodelage bronchique (masse des cellules musculaires lisses bronchiques, épaisseur de la membrane basale, fibrose péri-bronchique) ainsi que l'hyperréactivité et l'inflammation bronchique. Nous chercherons à savoir si l'inflammation mixte eosinophile-neutrophile est maintenue ou modifiée. De même, nous évaluerons la réponse lymphocytaire T_H2/T_H17 et tenterons d'analyser la présence de cellules T_H2/T_H17 doubles positives pour l'IL-4 et l'IL-17, cellules connues pour être fortement corrélées à la sévérité de l'asthme allergique. Il serait aussi intéressant de savoir si la neutralisation de l'IL-17A lors du premier et du second challenge peut prévenir la mise en place du remodelage bronchique. Enfin, de récents travaux ont mis en évidence dans des conditions inflammatoires, identiques à celles identifiées dans l'asthme, l'existence de structures lymphoïdes tertiaires appelée iBALT (inducible-bronchus-associated lymphoid tissue). Ces tissus lymphoïdes ectopiques sont de petites niches organisées de lymphocytes T et B qui apparaissent suite à une inflammation pulmonaire chronique (Randall, 2010; Foo and Phipps, 2010). La formation de ces structures est décrite comme régulée par la chimiokine CXCL13 pouvant être activée par l'IL-17 (Rangel-Moreno et al., 2011). Des résultats préliminaires issus de notre modèle d'asthme aigu mettent en évidence une sur-expression de CXCL13 chez les souris asthmatiques par rapport aux souris contrôles. Ainsi, nous supposons que les souris issues du modèle d'asthme chronique dans lequel la réponse T_H17 joue un rôle prépondérant pourraient développer des iBALT dans leurs tissus pulmonaires.

CHAPITRE VI : Annexes

I. Autres travaux autour du modèle d'asthme

ARTICLE N°2

A regulatory CD9[+] B cell subset controls HDM-induced allergic airway inflammation

Braza F*, <u>Chesne J</u>*, Dirou S, Mahay G, Durand M, Cheminant MA, Magnan A and Brouard S

(Article soumis dans PNAS, Novembre 2014)

<u>*Résumé*</u> : Dans plusieurs pathologies inflammatoires et autoimmunes, il a été mis en évidence l'existence d'une sous-population B régulatrice (Breg) productrice d'IL-10 capable d'inhiber les réactions inflammatoires exacerbées. Ainsi, on peut supposer que le développement de l'asthme allergique pourrait être associé à un défaut de cellules B régulatrices. L'objectif de notre étude a été (1) de caractériser la sous-population B régulatrice IL-10+ chez la souris par cytométrie en flux et par puce transcriptomique et (2) d'évaluer leur capacité régulatrice *in vivo* dans un modèle d'asthme allergique aux acariens. Nos résultats ont permis d'identifier une sous-population B productrice d'IL-10 ayant la capacité de contrôler la prolifération des cellules T *in vitro* chez les souris contrôles comme chez les souris asthmatiques. Néanmoins, cette population était moins présente chez les souris asthmatiques suggérant un défaut de cette population après induction d'un asthme allergique. Les cellules Breg IL-10+ expriment de hauts niveaux de CD9 et sur-expriment CD70 et CD73 après activation. De manière intéressante, les cellules B CD9+ inhibent l'inflammmation allergique T_H2-T_H17 *in vivo* après transfert adoptif via la production d'IL-10. Ces cellules B CD9+ sont moins présentes dans les poumons de souris asthmatiques. Ainsi, l'induction de l'asthme allergique atténue la génération des Bregs ce qui contribue à l'exacerbation de l'inflammation bronchique.

A regulatory CD9[+] B cell subset controls HDM-induced allergic airway inflammation

Braza F[1,2,3,4]*, Chesne J[1,2,3,4]*, Dirou S[1,2,5], Mahay G[1,2], Durand M[1,2,3,4], Cheminant MA[1,2], Magnan A[1,2,4,5,δ] and Brouard S[3,4,δ]

[1]INSERM, UMR 1087, l'institut du thorax, Nantes, F-44000 France; [2]CNRS, UMR 6291, Nantes, F-44000 France; [3]Institut National de la Santé Et de la Recherche Médicale INSERM U1064, and Institut de Transplantation Urologie Néphrologie du Centre Hospitalier Universitaire Hôtel Dieu, Nantes, F - 44000 France; [4]Université de Nantes, Nantes, F-44000 France; [5]CHU Nantes, l'institut du thorax, Service de Pneumologie, Nantes, F-44000 France

*Authors contribute equally to this work

[δ] Authors share senior authorship

Address correspondence

Correspondence should be addressed to: Dr. Sophie Brouard, sophie.brouard@univ-nantes.fr, 30 Boulevard Jean Monnet 44093 Nantes Cedex 1 FRANCE NANTES, Phone: 02 40 08 74 17 30

Disclosure of potential conflict of interest: Authors declare no conflicts of interest

Key words: Regulatory B cells, IL-10, allergic asthma, airway inflammation

Abstract

In allergic diseases, evidence that an increase in regulatory B cells (Bregs) is necessary for allergen tolerance suggests that the development of allergic asthma could be associated with a defect in the Breg compartment. In this study, we showed that the induction of allergic asthma alters the homeostasis of IL-10$^+$ Bregs and favors the production of inflammatory cytokines by B cells. Deeper transcriptomic and phenotypic analysis of Bregs revealed that they were enriched in a CD9$^+$ B cell subset. This marker was sufficient to identify Bregs in mice as well as humans, where this molecule was expressed in CD24^{hi} CD38^{hi} Bregs. In mice, the adoptive transfer of CD9$^+$ B cells normalized airway inflammation and lung function by inhibiting T_H2- and T_H17-driven inflammation in an IL-10-dependent manner, restoring a favorable immunological balance in lung tissues. This finding demonstrates the central role of IL-10-producing B cells in the control of lung inflammation and airway hyperresponsiveness and strengthens the potential for Breg-targeted therapies in allergic asthma.

Introduction

Allergic asthma is a chronic inflammatory disease characterized by airway hyperresponsiveness and deregulated inflammation in response to allergens. This pathology is controlled by $CD4^+$ T helper (T_H) lymphocytes, which cause cellular infiltration in the lungs, overproduction of mucus and airway constriction. In general, B cells have been described in asthma as deleterious cells secreting allergen-specific IgE under pro-T_H2 inflammatory conditions. IgE interacts with $Fc\varepsilon$ receptor I at the surface of basophils and mast cells, promoting the release of pro-inflammatory mediators such as chemokines, prostaglandins and leukotrienes, which leads to airway inflammation and airway narrowing (1).

Beyond their antibody secretion capacities, B cells can also present antigens, produce cytokines and regulate T cell-mediated immune responses (2). Indeed, B cells can secrete both pro-inflammatory and inhibitory cytokines, the balance of which influences the immune response (2, 3). Recently, a subpopulation of regulatory B cells (Bregs) that produces large amounts of IL-10 was identified in both mice and humans (4, 5). These cells are able to suppress inflammation by constraining T_H1 and T_H17 responses and inducing regulatory T cells (Tregs) (4, 5). Accordingly, functional impairment of the IL-10-producing B cell subset is associated with exacerbated persistent autoimmunity and dermal allergic inflammation (6-10). In allergic asthma models, infection with parasites protects mice from the development of lung inflammation and airway hyperresponsiveness through the generation of IL-10-producing B cells (11, 12). Notably, elevated levels of allergen-specific, IL-10-producing Bregs have been found after immunotherapies for food and bee venom allergies, suggesting that increased proportions of Bregs are a specific feature of induced tolerance toward allergens (13, 14). However, to what extent the development of allergic asthma influences the homeostasis of Bregs has not yet been clearly addressed. To investigate this, we took advantage of an acute model of house dust mite (HDM)-induced allergic asthma.

Herein, we show that B cells from allergic mice preferentially secrete a pro-inflammatory cytokine profile that counters the effects of the anti-inflammatory cytokine IL-10. Consistently, the frequency of IL-10$^+$ Bregs was decreased in the spleen and lungs of asthmatic mice. Microarray and cytometry analysis further demonstrated that Bregs were enriched in a CD9$^+$ B cell subset that was decreased in asthmatic mice, and adoptive transfer of these CD9$^+$ B cells abrogated asthma in an IL-10-dependent manner.

Materials and Methods (1,572 words)

Mice – Six- to eight-week-old wild-type and IL-10$^{-/-}$ BALB/c mice were purchased from Charles River Laboratories (Ecully, Fr). Allergic asthma was induced in the mice using a total HDM extract *(Dermatophagoïdes farinae)* provided by Stallergenes. The mice were sensitized on days 0, 7, 14 and 21 by cutaneous application of 500 µg of HDM extract in 20 µL of dimethylsulfoxide (DMSO, Sigma-Aldrich) on the ears and challenged intranasally with 250 µg of HDM in 40 µL of sterile PBS on days 27 and 34. Analyses were performed 1 day after the last HDM challenge. Lung function was analyzed by unrestrained, single-chamber barometric plethysmography (EMKA) to determine the enhanced pause (Penh) in response to progressive methacholine concentrations (0, 5, 10, 20, 40 mg/mL). The Regional Ethical Committee for Animal Experiments of the Pays de la Loire approved all animal protocols.

Der f1-Specific IgE – To measure HDM-specific IgE in the bronchoalveolar lavage (BAL) fluid and serum, wells were coated with purified natural Der f1 protein (Indoor Biotechnologies) overnight. After saturation of the wells with 1% BSA for 12 h, BAL or diluted serum was added overnight. The plates were washed, and horseradish peroxidase (HRP)-conjugated anti-mouse IgE (MCA 419P; 1:2,000; AbD serotec^{TM}) was added for 5 h, followed by incubation with TMB substrate at room temperature for 20 min. ELISA stop solution was added, and the absorbance was measured at 405 nm with Victor TMX3 (PerkinElmer, France). All assays were conducted using duplicate samples.

Flow cytometry – BAL cells were stained for multiparameter flow cytometric analysis using an LSR II cytometer (BD Bioscience). Ly6G-PercP.Cy5.5 (1A8), CD8-APC-H7 (53-6.7) (BD Biosciences), CD3-APC (145.2C11), CD19-PeCy7 (1D3), F4/80-FITC (BM8) (eBioscience), CCR3-PE (83101, R&D systems), and DAPI were used to identify BAL-infiltrating cells, as previously described (Amu et al., 2010). Briefly, stained cells were acquired on a BD LSR™ II (BD Biosciences) and analyzed using BD FACSDiva™ software (BD Biosciences). Dead cells were excluded using DAPI. After gating on live cells, polymorphonuclear neutrophils (Ly6G^{hi} F4/80- cells), macrophages (large, Ly6g-, autofluorescent, F4/80$^+$ mononuclear cells), and eosinophils (F4/80-, Ly6G-, CCR3+ cells) were identified. Lymphocytes were identified as follows: forward scatter (FSC)^{lo}, side scatter (SSC)^{lo}, F4/80-, Ly6G- and CCR3-. T (CD19$^-$ CD3$^+$) and B (CD19$^+$ CD3$^-$) cells were also identified.

B cell immunophenotyping in the spleen and lungs was performed by multicolor staining with the following antibodies: CD19-PeCy7 (1D3), IgM-APC or PE (II/41), IgD-eFluor®450 or APC (11-26c), GL7-A488 (GL-7), CD9-FITC (KMC8), CD70-PerCP-eFluor®710 (FR70), Ctla4-APC (UC10-4B9), CD73-efluor®450 (TY/11.8), CD5-APC (53-7.3), CD1d A488 (1B1), CD23-FITC (B3B4), CD21-efluor®450 (4E3) (all from eBioscience), CD95-Bv421® (Jo2), and PD-1-Bv421® (J43) (BD Biosciences). To identify Tregs, cells were stained with CD3-APC (145-2C11), CD4-FITC (OKT4), CD25-PE (PC61), Foxp3-PECy7 (FJK-16s). Intranuclear staining of Foxp3 was performed as recommended by the manufacturer (eBioscience). In all staining experiments, Fc receptors (FcR) were blocked with anti-mouse FcR monoclonal antibody (mAb) (93; eBioscience, USA).

To investigate the T helper responses primed in the lung mucosa, 8 x 10^5 lung cells were transferred to a 96-well round-bottom plate and then stimulated for 5 h with a mixture containing phorbol 12-myristate 13-acetate (PMA) (50 ng/mL) and ionomycin (500 ng/mL; Sigma-Aldrich) together with either monensin (PMA + ionomycin + monensin; PIM) for T_H17 analysis (2 mg/mL; BD Biosciences) or brefeldin A for T_H2 assessment (1 mg/mL; BD Biosciences). For cytokine detection, the FcRs were blocked with mouse CD16/CD32 mAbs (eBioscience, USA). Prior to surface-specific staining, the cells were stained with Fixable Viability Dye 450 (BD Biosciences) to exclude dead cells. The following antibodies were used for surface staining: CD3 PeCy7 (145-2C11) and CD8 APC-H7 (53-6.7) (BD Biosciences). The cells were then fixed and permeabilized using a Cytofix/Cytoperm kit (BD Biosciences) and stained intracellularly with anti-IL-4 (11B11; eBioscience), -IL-13 (eBio13A; eBioscience), and -IL-17A antibodies (TC11-18H10; BD Biosciences).

Peripheral blood samples were obtained from the Etablissement Français du Sang Pays de la Loire (Nantes, France) upon informed consent and approval by the Institutional

Review Board. Peripheral blood mononuclear cells (PBMCs) were isolated by density gradient sedimentation using LSM 1077 lymphocyte separation medium (PAA Laboratories). Staining of human B cells was performed in the PBMC population with the following antibodies: CD19-Bv510® (SJ25C1), CD27-APC (M-T271), CD24-FITC (ML5), CD38 APC-H7 (HB7), and CD9 PercPCy5.5 (M-L13) (all from BD Biosciences).

Immunohistochemistry – Lungs were fixed in 4% paraformaldehyde overnight before paraffin embedding. Five-micrometer thick, formalin-fixed, paraffin-embedded lung sections were stained with hematoxylin-eosin (H&E) or periodic acid schiff (PAS) or probed with a primary goat anti-B220 (RA3-6B2) antibody (BD Biosciences). The primary antibody was detected with a biotinylated donkey anti-goat antibody (A11057) and revealed with streptavidin conjugated to HRP.

RNA isolation and real-time quantitative PCR (RT-PCR) – B cells from the lungs were sorted using fluorescence-activated cell sorting (FACS) and then disrupted and homogenized in TRIzol® reagent (Invitrogen). Then, RNA was extracted by phenol-chloroform separation. The total quantity of RNA was determined using a Nanodrop ND-1000 spectrophotometer (Nanodrop Technologies). cDNA was synthesized from 2 µg of RNA using the MMLV Transcriptase according to the manufacturer's instructions. RT-PCR was performed on a ViiA7 Fast Real-Time PCR System using commercially available primers (Applied Biosystems). A pool of cDNA from naive mice and the housekeeping gene HPRT were used to normalize RNA expression with the $2^{(-\Delta\Delta ct)}$ technique.

Analysis of IL-10 production – Splenocytes and lung cells were stimulated with lipopolysaccharide (LPS) (10 µg/mL, Sigma), PMA (50 ng/ml; Sigma), ionomycin (500 ng/ml; Sigma) and monensin (eBioscience; 2 mM) for 5 h (LPS+PIM). In some experiments, splenic B cell subsets were purified using the Pan B Cell Isolation Kit (Miltenyi Biotech) or the FACS ARIA III (BD Biosciences) and then incubated for two days with a CD40 agonist (BD Biosciences, 2 µg/mL), Tim-1 (BioXcell, 10 µg/mL), IL-21 (eBiosciences, 100 ng/mL) or BAFF (R&D system, 20 ng/mL) and activated with LPS + PIM for the last 5 h. For IL-10 detection, the FcRs were blocked with mouse FcR mAb (93; eBiosciences). Dead cells were excluded using a yellow LIVE/DEAD Fixable Dead Cell Stain Kit (Invitrogen-Molecular Probes) before cell surface staining. The stained cells were fixed and permeabilized using the Cytofix/Cytoperm kit (BD Biosciences) according to the manufacturer's recommendations and then stained with an anti IL-10-PE (JES5-16E3, Biolegend) for 45 min in the dark at 4°C. Unstimulated cells stained for IL-10 were used as negative controls. Secreted IL-10 was quantified using Flowcytomix® (eBioscience) or ELISA according to the manufacturer's instructions. In some experiments, purified splenic B cells and sorted CD9$^+$ or CD9$^-$ B cells were activated and cultured in 96-well round-bottom tissue culture plates (4 x 10^5 cells per well), and then the IL-10 levels in the supernatants were quantified using the IL-10 Quantikine ELISA kit (R&D systems) according to the manufacturer's protocol. All assays were conducted using duplicate samples.

Whole-mouse genome microarray analysis – Purified splenic B cells were activated using a CD40 agonist for 48 h, and then LPS + PIM was added during the final 5 h. IL-10-secreting splenic B cells were identified using an IL-10 secretion detection kit (Miltenyi Biotec) with subsequent staining for CD19 expression before cell sorting. Five thousand IL-10$^+$ CD19$^+$ cells and 5,000 IL-10$^-$ CD19$^+$ cells were purified using a FACSAria III cell sorter (BD biosciences) with "single-cell purity" and were lysed in SuperAmp Lysis Buffer (Miltenyi Biotec) according to the manufacturer's instructions and stored at -80°C. Gene expression analysis using the Agilent platform (Agilent Technologies, Palo Alto, USA) was performed at the Miltenyi Biotec gene array facility (Bergisch Gladbach, Germany). RNA samples were prepared and hybridized on an Agilent Whole Mouse Genome Oligo Microarray 8x60K (Agilent Technologies). Data extraction of the fluorescence signals without background subtraction was performed using Feature Extraction software v10.7.1.1 (Agilent Technologies). Raw microarray data were deposited in the Gene Expression Omnibus (GEO) database (accession number: GSE57772). Preprocessing of the microarray data included normalization using the Lowess algorithm and incorporation of the Rosetta error model (Rosetta Inpharmatics LLC, Seattle, USA). Expression differences for individual reporters between the test and control groups were identified using the single-group t-test followed by the multiple testing correction (Benjamini & Hochberg) for the log10 ratio data and effect size (fold change). The most differentially expressed genes between the control and HDM-treated mice (p-value ≤ 0.01) are listed in Table 1 in the supplemental data.

Cytokine quantification – BAL cytokines and chemokines were quantified using Flowcytomix® technology (eBiosciences) with the mouse T_H1/T_H2 10 plex kit according to the manufacturer's instructions. All assays were conducted using duplicate samples. Data analysis was performed using the Flowcytomix Pro Software version 3.0. Quantification of CXCL13 in the BAL of mice was performed using the mouse CXCL13 Quantitkine ELISA kit according to the manufacturer's instructions (R&D systems).

Proliferation assays – To investigate the suppressive function on B cells, splenic B cells were purified by negative selection (B cell isolation Kit II, Miltenyi) and stimulated with agonistic CD40 mAb for 48 h and LPS for 5 h. $CD4^+CD25^-$ T cells were FACS-sorted and labeled with CellTrace blue dye according to the manufacturer's instructions (Invitrogen). Dye-labeled $CD4^+CD25^-$ T cells (5×10^5/mL) were cultured alone or with CD40/LPS-stimulated B cells (5×10^5/mL). In some conditions, IL-10 signaling was neutralized with 10 µg/mL of purified anti-IL-10 antibody (Clone, fournisseur). Proliferation of T cells was analyzed with FlowJo software using the proliferation index module.

Adoptive transfer – Spleen cells from asthmatic WT or $IL-10^{-/-}$ mice were stained for CD19 and CD9. Fluorescence minus one was used as a negative control for CD9 expression. $CD9^+$ and $CD9^-$ B cells were sorted using a FACSAria III (BD Bioscience). HDM-treated mice received 5×10^5 sorted cells intraveneously (i.v.) one day before the second challenge.

Statistical analysis – Comparisons of experimental values between two groups were analyzed using the Mann Whitney test. The non-parametric Kruskal–Wallis test with Dunn's post-test was used for comparisons between more than two groups. Enhanced pause (Penh) and lung resistance results were analyzed using a two-way analysis of variance (ANOVA). All statistic analyses were performed in GraphPad Prism v6.

Results

Exposure to allergen elicits attraction of B cells to the airways – Exposure to total HDM extract (Figure 1A) induced airway hyperresponsiveness (Figure 1B) associated with severe inflammation, as characterized by the presence of mucus-secreting cells, eosino-neutrophilic influx, production of systemic Der f1-specific IgE and T_H2-T_H17 cytokine secretion (Figure 1, C-E). Notably, we found an increased expression of the B cell chemoattractant CXCL13 in the lungs and a higher level of CXCL13 in the BAL of asthmatic mice 24 h after the last challenge (Figure 2A). The expression of this pro-B cell chemokine was associated with a significant increase in B cells in the BAL of HDM-treated mice (Figure 2, B and C). We also detected significant perivascular and peribronchial B cell infiltrate in the lung tissues from mice exposed to the allergen (Figure 2D). The formation of these B cell follicles is of importance and suggests a potent local B cell response toward the allergen. As expected, our cytometry analysis confirmed the increased frequency and absolute values of B cells in the lung mucosa after allergen inhalation (Figure 2, E and F). Notably, germinal center B cells (CD19$^+$ Fas$^+$ PD1$^+$) and total switched memory B cells (CD19$^+$ IgM$^-$ IgD$^-$) were significantly increased in the lungs of HDM mice (Figure 2, G-J), which was associated with the production of Der f1-specific IgE in BAL fluid, thus confirming the local B cell response toward the allergen (Figure 2, K). Collectively, these data showed that mature and activated B cells accumulate in the airways of mice after exposure to HDM.

Asthma influences the cytokine profile of B cells – Various cytokine-producing B cells capable of regulating the immune response have been recently described (2). To more precisely define the cytokine profile of B cells in asthma, we assessed the mRNA levels of a panel of cytokines, including IFN-y, IL-2, IL-4, IL-6, IL-10 and TGF-β, in purified *ex-vivo* spleen (Figure 3A) and lung (Figure 3B) B cells obtained from control and HDM-treated mice. We detected a significant increase in IL-4 and IL-6 mRNA levels in B cells from both the spleen and lungs of asthmatic mice (Figure 3, A and B), whereas the expression of IL-10 was significantly decreased in the lung B cells from HDM mice (Figure 3B). This suggests that in asthma, B cells preferentially express inflammatory cytokines, which counteract the effects of suppressive molecules.

Asthmatic mice display altered IL-10$^+$ Breg homeostasis – The decreased expression of IL-10 in the B cells of asthmatic mice prompted us to examine whether allergic asthma affects the homeostasis of Bregs. Spleen and lung cells were isolated and stimulated for 5 h with LPS and PIM, followed by staining for cytoplasmic IL-10 expression (15). IL-10-secreting B cells represented 1.6% (+/-0.22) and 3.14% (+/-0.4) of total B cells in the spleen and lung of control mice, respectively, whereas only 0.97% (+/-0.05, p<0.01) and 2.1% (+/-0.3, p<0.01) were observed in the spleen and lung of asthmatic mice (Figure 3, C-F). We confirmed these observations in the lungs, where stimulated B cells from asthmatic mice produced lower levels of IL-10 than control mice (Figure 3G). Similarly, we found increased levels of IL-10-producing B cells among the splenocytes of control mice after 4 days of *in vitro* activation with total HDM extract (Figure 3H). Altogether, these results indicate altered homeostasis of IL-10-secreting B cells in the context of allergic asthma.

B cells from asthmatic mice have altered regulatory capacities – We next evaluated whether the regulatory capacities of IL-10$^+$ B cells were modified in asthmatic mice. To test this, CD19$^+$ B cells were isolated from the spleens of HDM and control mice, pre-activated to induce IL-10 and co-cultured in the presence of activated CD4$^+$ CD25$^-$ effector T cells. In contrast to other recent data (16-18), pre-stimulation with a CD40 agonist was found to optimally induce IL-10 production in purified splenic B cells from naïve Balb/c mice (Figure 4, A-C). Stimulation of the CD40 pathway for two days induced a similar quantity of IL-10 and equivalent levels of IL-10$^+$ B cells compared to splenic B cells obtained from HDM-treated and control mice (Figure 4, D and E). In a proliferation assay, CD40-activated B cells from control mice dampened the proliferation of T cells in an IL-10-dependent manner (Figure 4, F and G). Notably, this reduced T cell proliferation was significantly weaker with activated B cells from asthmatic mice (Figure 4, F and G), which may have been the result of a functional defect of Bregs in the context of asthma or the capacity of activated B cells from HDM mice to secrete significant levels of pro-inflammatory cytokines upon activation, thus counterbalancing the suppressive effect of IL-10 (19, 20). To examine the latter possibility, purified splenic B cells from control and HDM mice were activated as described above, and then cytokine secretion was quantified. CD40-activated B cells from asthmatic mice secreted significantly higher levels of pro-inflammatory cytokines, such as IL-2, IL-4, IL-6 and TNF-α, which can counterbalance the effect of IL-10 and thus sustain T cell activation and proliferation (19, 20) (Figure 4H). Accordingly, the ratios for IL-10/TNF-α and IL-10/IL-6 were significantly lower in HDM mice, demonstrating an altered balance in cytokine secretion by B cells during asthma (Figure 4I).

To summarize, we confirm here the preferential production of inflammatory cytokines by B cells in asthmatic mice after *in vitro* activation. Notably, *ex vivo* quantification of Bregs in the spleen and lungs revealed that the development of asthma was associated with altered homeostasis of this cell subset, which most likely contributed to the more severe airway inflammation.

Transcriptomic analysis highlights new specific surface markers for IL-10-secreting B cells – Next, we sought to better define the phenotype and profile of Bregs. Indeed, no specific markers have yet been identified to precisely discriminate these cells. Thus, we analyzed the transcriptomic profile of sorted IL-10$^+$ B cells and IL-10$^-$ B cells from the spleens of asthmatic and control mice using whole-genome microarray expression analysis (Figure 5 A; Table E1). We identified 3,420 and 5,374 differentially expressed probes in IL-10$^+$ and IL-10$^-$ B cells in control and HDM mice, respectively (Fold >0.3; p<0.01, Table E1). Similarly, 954 common probes were differentially expressed in both control and HDM mice (Supplemental Table 1).

To investigate the Breg phenotype, we focused on the expression of surface markers that were differentially expressed in IL-10$^-$ and IL-10$^+$ cells in both control and HDM mice (Figure 5B). Notably, classical markers described for Bregs, including CD5, CD1d, CD23, CD21, CD43, IgM and TIM-1, were not differentially expressed between IL-10$^-$ and IL-10$^+$ B cells in our microarray experiments (Supplemental Table 1). Instead, surface proteins with higher expression in IL-10$^+$ B cells included CD80 (1.04-fold in control mice, $p=1.3*10^{-21}$; 1.23-fold in HDM mice, $p=0.00004$), CD70 (0.81-fold in control mice, $p=0.001$; 1.45-fold in HDM mice, $p=5 \times 10^{-9}$), Nt5e (coding for CD73; 1.46-fold in control mice, $p=5.7 \times 10^{-9}$; 1.32-fold in HDM mice, $p=1.4 \times 10^{-15}$), CD9 (1.24-fold in control mice, $p=7.9 \times 10^{-8}$; 1.09-fold HDM mice, $p=6.9 \times 10^{-11}$), Pdcd1 (coding for PD-1; 1.38-fold in control mice, $p=1.6 \times 10^{-7}$; 1.22-fold in HDM mice, $p=4.8 \times 10^{-11}$) and Ctla4 (1.38-fold in control mice, $p=4.5 \times 10^{-7}$; 1.49-fold HDM mice, $p=2.8 \times 10^{-9}$). Surface markers with significantly lower expression in IL-10$^+$ B cells included Pdpn (coding for podoplanin; 1.12-fold in control mice, $p=0.00004$; 0.8-fold in HDM mice, $p=0.005$), Itga10 (coding for Integrin-α10; 0.74-fold in control mice, $p=0.00004$; -0.97-fold in HDM mice, $p=0.0005$), and Itgb3 (coding for Integrin-β3; 0.67-fold in control mice, $p=0.003$; 1.27-fold in HDM mice, $p=0.0005$).

Differential expression of surface CD9, CD70, CD73, CD80, but not PD-1 and CTLA-4, was confirmed by flow cytometry analysis (Figure 5, C-D), further supporting the identification of new markers to phenotype IL-10$^+$ Bregs.

CD9 is a specific marker for mouse and human Bregs – To phenotype Bregs, we focused on the CD9, CD73 and CD70 molecules. Cytometry analysis using these newly identified surface markers revealed that the combination of CD9, CD73 and CD70 expression identified subsets that were highly enriched in IL-10-producing B cells (Figure 5E). Other B cell markers that have been linked to Breg cells in previous reports (21, 22) were analyzed as well (Figure 5F), and we found an equivalent enrichment in IL-10$^+$ B cells in the CD5$^+$ CD1d^{hi} and T2-MZP populations (Figure 5 F and G). However, a higher enrichment in IL-10 production was found in splenic CD9-expressing B cells (Figure 5G), suggesting that CD9 alone was sufficient to identify a highly enriched, IL-10-secreting B cell subset (Figure 5G). Because these newly identified markers could be induced by our activation protocol, we stimulated the B cells with LPS-PIM for 5 h in order to identify spontaneous Bregs only (15). CD9 expression was unchanged and was still differentially expressed between the IL-10$^+$ and IL-10$^-$ B cells after activation (Figure 6, A and B). In addition, significant production of IL-10 was found after two days of *in vitro* activation of sorted splenic CD9$^+$ B cells, further confirming the reliability of this marker for identifying Bregs (Figure C and D). In the lungs, the phenotype of Bregs was similar, with higher expression of CD9, CD73 and CD70 at the surface of IL-10-secreting B cells (Figure 6 E and F). Notably, the *ex vivo* frequency of CD9$^+$ B cells in the lungs of the mice was lower after HDM inhalation, suggesting that a defect in Bregs could arise from a deficiency of this subset in the context of HDM-induced asthma (Figure 6 G and H).

Finally, in humans, expression of CD9 was dramatically increased at the surface of CD24^{hi} CD38^{hi} immature B cells (Figure 6, I and J). Indeed, the CD9-expressing B cells were all immature CD24^{hi} CD38^{hi} B cells (Figure 6K); these B cells have been described as an important Breg subset that can control T cell inflammation (19, 23, 24). Collectively, these data point to CD9 as a potent marker to purify both mouse and human Bregs.

Injection of CD9$^+$ B cells inhibits allergic asthma by restoring the lung immunological balance – Finally, we explored the ability of CD9$^+$ B cells to regulate airway inflammation and asthma exacerbation *in vivo*. A total of 5 x 10^5 splenic CD9$^+$ or CD9$^-$ B cells were isolated by cell sorting and transferred into mice 24 h before the second challenge (Figure 7A). Lung function and allergic airway inflammation were analyzed, and we found that the recipients of splenic CD9$^+$ B cells from HDM mice were protected from HDM-induced asthma, with lower bronchial hyperreactivity (Figure 7B) and dampened cellular infiltration (Figure 7C), including significantly lower levels of neutrophils and eosinophils (Figure 7, D-G). In contrast, CD9$^-$ B cells from the spleens of HDM mice did not influence the course of HDM-induced allergic airway inflammation, with comparable levels of airway hyperresponsiveness (Figure 7B) and cellular infiltration (Figure 7C-G) than HDM mice treated with PBS (Figure 7, C-E). Similarly, transfer of CD9$^+$ B cells from IL-10$^{-/-}$ allergic animals was not protective, confirming the IL-10-dependent regulatory mechanism *in vivo* (Figure 7, C-G).

Next, we investigated to what extent CD9$^+$ B cells influenced T cell responses in the airways. Figures 8 A-C show that injection of CD9$^+$ Bregs significantly reduced the production of IL-4, IL-13 and IL-17 by CD4$^+$ T cells in the lung tissues. Additionally, the levels of inflammatory cytokines were significantly reduced in the BAL after the second challenge in CD9$^+$ recipient allergic mice (Figure 8D).

Given the intimate link between Tregs and Bregs (6, 11), we investigated whether injection of CD9$^+$ Bregs promoted the expansion of Tregs in the lung mucosa. As shown in Figure 8 E and F, adoptive transfer of CD9$^+$ Bregs did not affect the proportion of lung CD25$^+$ Foxp3$^+$ Tregs. However, consistent with our findings, we found a decreased frequency of CD25$^+$ Foxp3$^-$ effector T cells (Teff) after injection of CD9$^+$ B cells, resulting in a significantly higher Treg/Teff cell ratio (Figure 8 G and H). These data confirm that CD9$^+$ Breg cells prevent the development of asthma by inhibiting allergic airway inflammation via IL-10-dependent mechanisms. Finally, by increasing the Treg/Teff ratio, injection of CD9$^+$ Bregs is likely to contribute to immunological tolerance in allergic asthma.

Discussion

The delicate balance between allergen-induced inflammation and tolerance is crucial for the management of exacerbated inflammatory responses in allergic diseases (25). Tregs have been extensively described as key protective cells against the development of these pathologies (25). However, a major role for IL-10-producing Bregs has also been recently reported in the control of exacerbated inflammation in different animal models as well as humans (4), and uncontrolled inflammation can arise from a Breg deficit (6, 8, 23, 24, 26). Notably, allergen immunotherapy utilizing bee venom (14) or casein (13) was shown to promote the generation of IL-10$^+$ Bregs, thus ensuring the establishment of allergen tolerance. Here, our results demonstrate that an IL-10-producing B cell subset, able to control T cell activation *in vitro*, was less prevalent in both the spleen and lungs after allergen exposure. IL-10 expression in lung B cells was also lower in asthmatic mice, confirming that development of this disease alters the homeostasis of IL-10$^+$ regulatory B cells. Similar results have recently been reported in the context of allergy, in which patients displayed altered Breg functions and a lower frequency of IL-10-secreting B cells when compared to healthy volunteers or allergen-tolerant patients (12, 13).

In the present work, we found that exposure to HDM preferentially induced the expression of inflammatory cytokines by B cells. In particular, we detected elevated IL-4 and IL-6 mRNA levels in the lung and spleen B cells of allergic mice. Furthermore, IL-6, IL-4, IL-2 and TNF-α production was significantly increased following CD40 stimulation of B cells from allergic mice. These findings fit perfectly with data obtained in experimental autoimmune encephalitis (EAE) and diabetes mouse models, demonstrating a key role for inflammatory B cells in the development of the pathology and maintenance of T cell-mediated inflammation (27-30). The ability of B cells to preferentially produce inflammatory cytokines under pathogenic conditions suggests that pathogenic B cells and Breg responses might be generated with different kinetics and under specific conditions (27, 29, 30), which illustrates how pathogenic and regulatory activities may often overlap and be dependent on a delicate balance between pro- and anti-inflammatory B cells (29, 30). Consistent with this, a recent report demonstrated that the regulatory capacities of IL-10$^+$ Bregs depends greatly on their capacity to also produce inflammatory cytokines (19). In our experiments, the ratio of cytokines produced was shifted towards inflammatory cytokines, confirming the altered balance between inflammatory B cells and Bregs in the context of asthma.

Our work also proposes new markers to identify Bregs in mice. Indeed, despite recent attempts to phenotype Bregs, definitive characterization still remains elusive (4). No specific markers or transcriptional factors permit the definitive characterization of these cells, in mice or in humans. In mice, Bregs have been associated with many phenotypes, including innate pro-B-cell progenitor B cells (31), CD5$^+$ CD1d^{hi} B cells (22), TIM-1-expressing B cells (16), B1 B cells (32), transitional-II marginal zone progenitor B cells (21) and plasma cells (33, 34). Our cytometric analysis revealed that these cells were equally enriched in CD5$^+$ CD1d$^+$ B10 cells and CD19$^+$ CD23$^-$ CD21^{hi} IgM^{hi} T2-MZP B cells, the most documented Bregs, indicating that this subset is not restricted to a single B cell population. Furthermore, microarray and flow cytometry analysis allowed us to identify new surface markers that were significantly and differentially expressed on IL-10$^+$ B cells. In particular, we found increased expression of CD9, CD73, and CD70 in Bregs from both control and asthmatic mice. CD70 is a co-stimulatory molecule that binds to CD27, although no studies have described a role for this molecule in Breg function. CD73 is a cell surface enzyme highly expressed on Tregs that suppresses T cell-mediated immune responses by producing extracellular adenosine (35). Lack of CD73 is thus associated with increased inflammation and potent anti-tumor activity (35). The recent identification of CD73-expressing B cells able to regulate T cell-mediated responses in humans is of special interest and confirms that IL-10 secretion cannot be the only regulatory mechanisms mediated by induced Bregs (36). However, more in-depth investigations must be performed to determine if adenosine works in cooperation with IL-10 in immune suppression and the maintenance of tolerance in allergic settings.

In our study, the expression of CD73 and CD70 was upregulated by *in vitro* stimulation, whereas expression of CD9 was constitutive, stable and sufficient to identify and purify the majority of IL-10-secreting B cells in mouse spleens. Notably, CD9 was upregulated at the surface of human CD24^{hi} CD38^{hi} immature B cells, a Breg subset described for its capacity to inhibit T cell-mediated inflammation and induce Tregs *in vitro* (19, 23, 24). This supports the idea that CD9 may be used to identify Bregs in humans. CD9 is a tetraspanin molecule involved in the enhancement and maintenance of IL-10 secretion in murine and human antigen-presenting cells (37, 38), most likely by enhancing calcium signaling (39), an important pathway for Breg generation (9). CD9 knockout mice do not display abnormalities in their B cell compartments (40). This marker is expressed at the surface of B1 and MZ B cells and can be induced in plasma cells for a long time post-activation (41). In the lungs, IL-10-producing B cells also overexpress CD9, supporting its relevance in the identification of Bregs. Notably, exposure to allergen significantly decreased the proportion of this subset, suggesting that the lower proportions of IL-10-producing B cells observed in asthmatic mice could arise from a lack of CD9$^+$ B cells in the airways.

The existence of CD9$^+$ IL-10$^+$ B cells has already been demonstrated in mice (42); however, no data regarding their regulatory capacities have yet been reported. Herein, we establish a role for CD9$^+$ Bregs in the regulation of allergic asthma by demonstrating that injection of CD9$^+$ B cells altered the course of HDM-induced airway inflammation and bronchial hyperreactivity, thus confirming a therapeutic effect of Breg injection in our allergic asthma model. The CD9$^+$ Breg-induced inhibition of T_H2 and T_H17 cells was also associated with a major drop in neutrophil and eosinophil counts, and these results are in accordance with previously published data in humans and mice demonstrating that IL-10-producing Bregs can inhibit T_H17- (17, 18, 24) and T_H2-mediated inflammation (11). The ability of Bregs to inhibit T cell IL-17 production is of particular interest given the suspected role of pathogenic T_H17 cells in severe asthma (43). Administration of splenic CD9$^+$ B cells from IL-10$^{-/-}$ mice did not regulate the asthmatic response mediated by HDM, demonstrating the IL-10-dependent mechanism of CD9$^+$ Bregs *in vivo*. As IL-10 is absolutely required to constrain allergic inflammation at mucosal surfaces such as the gut or lungs (44), our results support an important role for Bregs in this pathology.

IL-10-producing Bregs can mediate many immune regulatory mechanisms (5, 45). For example, several studies have demonstrated that IL-10-producing B cells are important for the generation or maintenance of Foxp3 Tregs (6, 11). In our study, the injection of Bregs did not influence Tregs in the lungs. Instead, the Bregs controlled T cell activation, restoring a favorable immunological balance and most likely leading to less severe inflammation. Similar findings have also supported the idea that IL-10$^+$ Bregs are not necessary for the induction of Tregs (30, 46). Other Breg subsets, expressing TGF-β, have been described as central Treg inducers, notably in allergic diseases (45). Our results suggest that Bregs directly influence the activation and maturation of local antigen-presenting cells, leading to partial T cell activation. Indeed, several studies have demonstrated the role of IL-10 in the downregulated expression of MHC-II and costimulatory molecules at the surface of antigen-presenting cells (47). Moreover, Bregs can influence the ability of dendritic cells to present antigen to T cells (48). In addition, IL-10 from B cells can inhibit the production of IL-6 and IL-23 by dendritic cells *in vitro*, which might explain how Bregs can reduce T_H17 responses *in vivo* (20). Nevertheless, how Bregs regulate T_H2 responses is less clear. Indeed, T_H2 cells might be induced independently of dendritic cells via basophil-dependent or innate lymphoid cell-dependent mechanisms (49). IL-10-producing B cells might therefore regulate T_H2 immunity by acting on other immune components besides dendritic cells.

In conclusion, our data show how the development of asthma modulates the profile of B cells, with a notable alteration of the Breg pool. The ability of Bregs to normalize lung function and airway inflammation points to these cells as an interesting target in allergic asthma. Thus, the development of new therapies intending to restore the Breg pool are encouraged for the treatment of allergic asthma.

References

1. Dullaers M, De Bruyne R, Ramadani F, Gould HJ, Gevaert P, and Lambrecht BN. The who, where, and when of IgE in allergic airway disease. *J Allergy Clin Immunol.* 2012;129(3):635-45.
2. Lund FE, and Randall TD. Effector and regulatory B cells: modulators of CD4+ T cell immunity. *Nat Rev Immunol.* 2010;10(4):236-47.
3. Bao Y, and Cao X. The immune potential and immunopathology of cytokine-producing B cell subsets: A comprehensive review. *J Autoimmun.* 2014.
4. Mauri C, and Bosma A. Immune regulatory function of B cells. *Annu Rev Immunol.* 2012;30(221-41.
5. Candando KM, Lykken JM, and Tedder TF. B10 cell regulation of health and disease. *Immunol Rev.* 2014;259(1):259-72.
6. Carter NA, Vasconcellos R, Rosser EC, Tulone C, Munoz-Suano A, Kamanaka M, Ehrenstein MR, Flavell RA, and Mauri C. Mice lacking endogenous IL-10-producing regulatory B cells develop exacerbated disease and present with an increased frequency of Th1/Th17 but a decrease in regulatory T cells. *J Immunol.* 2011;186(10):5569-79.
7. Fillatreau S, Sweenie CH, McGeachy MJ, Gray D, and Anderton SM. B cells regulate autoimmunity by provision of IL-10. *Nat Immunol.* 2002;3(10):944-50.
8. Jin G, Hamaguchi Y, Matsushita T, Hasegawa M, Le Huu D, Ishiura N, Naka K, Hirao A, Takehara K, and Fujimoto M. B-cell linker protein expression contributes to controlling allergic and autoimmune diseases by mediating IL-10 production in regulatory B cells. *J Allergy Clin Immunol.* 2013;131(6):1674-82.
9. Matsumoto M, Fujii Y, Baba A, Hikida M, Kurosaki T, and Baba Y. The calcium sensors STIM1 and STIM2 control B cell regulatory function through interleukin-10 production. *Immunity.* 2011;34(5):703-14.
10. Mizoguchi A, Mizoguchi E, Takedatsu H, Blumberg RS, and Bhan AK. Chronic intestinal inflammatory condition generates IL-10-producing regulatory B cell subset characterized by CD1d upregulation. *Immunity.* 2002;16(2):219-30.
11. Amu S, Saunders SP, Kronenberg M, Mangan NE, Atzberger A, and Fallon PG. Regulatory B cells prevent and reverse allergic airway inflammation via FoxP3-positive T regulatory cells in a murine model. *J Allergy Clin Immunol.* 2010;125(5):1114-24 e8.
12. van der Vlugt LE, Labuda LA, Ozir-Fazalalikhan A, Lievers E, Gloudemans AK, Liu KY, Barr TA, Sparwasser T, Boon L, Ngoa UA, et al. Schistosomes induce regulatory features in human and mouse CD1d(hi) B cells: inhibition of allergic inflammation by IL-10 and regulatory T cells. *PLoS One.* 2012;7(2):e30883.
13. Noh J, Lee JH, Noh G, Bang SY, Kim HS, Choi WS, Cho S, and Lee SS. Characterisation of allergen-specific responses of IL-10-producing regulatory B cells (Br1) in Cow Milk Allergy. *Cell Immunol.* 2010;264(2):143-9.
14. van de Veen W, Stanic B, Yaman G, Wawrzyniak M, Sollner S, Akdis DG, Ruckert B, Akdis CA, and Akdis M. IgG4 production is confined to human IL-10-producing regulatory B cells that suppress antigen-specific immune responses. *J*

Allergy Clin Immunol. 2013;131(4):1204-12.

15. Matsushita T, and Tedder TF. Identifying regulatory B cells (B10 cells) that produce IL-10 in mice. *Methods Mol Biol.* 2011;677(99-111.

16. Ding Q, Yeung M, Camirand G, Zeng Q, Akiba H, Yagita H, Chalasani G, Sayegh MH, Najafian N, and Rothstein DM. Regulatory B cells are identified by expression of TIM-1 and can be induced through TIM-1 ligation to promote tolerance in mice. *J Clin Invest.* 2011;121(9):3645-56.

17. Yang M, Deng J, Liu Y, Ko KH, Wang X, Jiao Z, Wang S, Hua Z, Sun L, Srivastava G, et al. IL-10-producing regulatory B10 cells ameliorate collagen-induced arthritis via suppressing Th17 cell generation. *Am J Pathol.* 2012;180(6):2375-85.

18. Yoshizaki A, Miyagaki T, DiLillo DJ, Matsushita T, Horikawa M, Kountikov EI, Spolski R, Poe JC, Leonard WJ, and Tedder TF. Regulatory B cells control T-cell autoimmunity through IL-21-dependent cognate interactions. *Nature.* 2012;491(7423):264-8.

19. Cherukuri A, Rothstein DM, Clark B, Carter CR, Davison A, Hernandez-Fuentes M, Hewitt E, Salama AD, and Baker RJ. Immunologic Human Renal Allograft Injury Associates with an Altered IL-10/TNF-alpha Expression Ratio in Regulatory B Cells. *J Am Soc Nephrol.* 2014.

20. Lampropoulou V, Hoehlig K, Roch T, Neves P, Calderon Gomez E, Sweenie CH, Hao Y, Freitas AA, Steinhoff U, Anderton SM, et al. TLR-activated B cells suppress T cell-mediated autoimmunity. *J Immunol.* 2008;180(7):4763-73.

21. Evans JG, Chavez-Rueda KA, Eddaoudi A, Meyer-Bahlburg A, Rawlings DJ, Ehrenstein MR, and Mauri C. Novel suppressive function of transitional 2 B cells in experimental arthritis. *J Immunol.* 2007;178(12):7868-78.

22. Yanaba K, Bouaziz JD, Haas KM, Poe JC, Fujimoto M, and Tedder TF. A regulatory B cell subset with a unique CD1dhiCD5+ phenotype controls T cell-dependent inflammatory responses. *Immunity.* 2008;28(5):639-50.

23. Blair PA, Norena LY, Flores-Borja F, Rawlings DJ, Isenberg DA, Ehrenstein MR, and Mauri C. CD19(+)CD24(hi)CD38(hi) B cells exhibit regulatory capacity in healthy individuals but are functionally impaired in systemic Lupus Erythematosus patients. *Immunity.* 2010;32(1):129-40.

24. Flores-Borja F, Bosma A, Ng D, Reddy V, Ehrenstein MR, Isenberg DA, and Mauri C. CD19+CD24hiCD38hi B cells maintain regulatory T cells while limiting TH1 and TH17 differentiation. *Sci Transl Med.* 2013;5(173):173ra23.

25. Akdis M, and Akdis CA. Mechanisms of allergen-specific immunotherapy: multiple suppressor factors at work in immune tolerance to allergens. *J Allergy Clin Immunol.* 2014;133(3):621-31.

26. Xiao S, Brooks CR, Zhu C, Wu C, Sweere JM, Petecka S, Yeste A, Quintana FJ, Ichimura T, Sobel RA, et al. Defect in regulatory B-cell function and development of systemic autoimmunity in T-cell Ig mucin 1 (Tim-1) mucin domain-mutant mice. *Proc Natl Acad Sci U S A.* 2012;109(30):12105-10.

27. Barr TA, Shen P, Brown S, Lampropoulou V, Roch T, Lawrie S, Fan B, O'Connor RA, Anderton SM, Bar-Or A, et al. B cell depletion therapy ameliorates

autoimmune disease through ablation of IL-6-producing B cells. *J Exp Med.* 2012;209(5):1001-10.

28. Molnarfi N, Schulze-Topphoff U, Weber MS, Patarroyo JC, Prod'homme T, Varrin-Doyer M, Shetty A, Linington C, Slavin AJ, Hidalgo J, et al. MHC class II-dependent B cell APC function is required for induction of CNS autoimmunity independent of myelin-specific antibodies. *J Exp Med.* 2013;210(13):2921-37.

29. DeFuria J, Belkina AC, Jagannathan-Bogdan M, Snyder-Cappione J, Carr JD, Nersesova YR, Markham D, Strissel KJ, Watkins AA, Zhu M, et al. B cells promote inflammation in obesity and type 2 diabetes through regulation of T-cell function and an inflammatory cytokine profile. *Proc Natl Acad Sci U S A.* 2013;110(13):5133-8.

30. Matsushita T, Yanaba K, Bouaziz JD, Fujimoto M, and Tedder TF. Regulatory B cells inhibit EAE initiation in mice while other B cells promote disease progression. *J Clin Invest.* 2008;118(10):3420-30.

31. Montandon R, Korniotis S, Layseca-Espinosa E, Gras C, Megret J, Ezine S, Dy M, and Zavala F. Innate pro-B-cell progenitors protect against type 1 diabetes by regulating autoimmune effector T cells. *Proc Natl Acad Sci U S A.* 2013;110(24):E2199-208.

32. Maseda D, Candando KM, Smith SH, Kalampokis I, Weaver CT, Plevy SE, Poe JC, and Tedder TF. Peritoneal cavity regulatory B cells (B10 cells) modulate IFN-gamma+CD4+ T cell numbers during colitis development in mice. *J Immunol.* 2013;191(5):2780-95.

33. Neves P, Lampropoulou V, Calderon-Gomez E, Roch T, Stervbo U, Shen P, Kuhl AA, Loddenkemper C, Haury M, Nedospasov SA, et al. Signaling via the MyD88 adaptor protein in B cells suppresses protective immunity during Salmonella typhimurium infection. *Immunity.* 2010;33(5):777-90.

34. Shen P, Roch T, Lampropoulou V, O'Connor RA, Stervbo U, Hilgenberg E, Ries S, Dang VD, Jaimes Y, Daridon C, et al. IL-35-producing B cells are critical regulators of immunity during autoimmune and infectious diseases. *Nature.* 2014;507(7492):366-70.

35. Antonioli L, Pacher P, Vizi ES, and Hasko G. CD39 and CD73 in immunity and inflammation. *Trends Mol Med.* 2013;19(6):355-67.

36. Saze Z, Schuler PJ, Hong CS, Cheng D, Jackson EK, and Whiteside TL. Adenosine production by human B cells and B cell-mediated suppression of activated T cells. *Blood.* 2013;122(1):9-18.

37. Ha CT, Waterhouse R, Wessells J, Wu JA, and Dveksler GS. Binding of pregnancy-specific glycoprotein 17 to CD9 on macrophages induces secretion of IL-10, IL-6, PGE2, and TGF-beta1. *J Leukoc Biol.* 2005;77(6):948-57.

38. Peng WM, Yu CF, Kolanus W, Mazzocca A, Bieber T, Kraft S, and Novak N. Tetraspanins CD9 and CD81 are molecular partners of trimeric FcvarepsilonRI on human antigen-presenting cells. *Allergy.* 2011;66(5):605-11.

39. Halova I, Draberova L, Bambouskova M, Machyna M, Stegurova L, Smrz D, and Draber P. Cross-talk between tetraspanin CD9 and transmembrane adaptor protein non-T cell activation linker (NTAL) in mast cell activation and chemotaxis.

J Biol Chem. 2013;288(14):9801-14.

40.   Cariappa A, Shoham T, Liu H, Levy S, Boucheix C, and Pillai S. The CD9 tetraspanin is not required for the development of peripheral B cells or for humoral immunity. *The Journal of ....* 2005.

41.   Won W-JJ, and Kearney JF. CD9 is a unique marker for marginal zone B cells, B1 cells, and plasma cells in mice. *Journal of immunology (Baltimore, Md : 1950).* 2002;168(11):5605-11.

42.   Ostrowski M, Vermeulen M, Zabal O, Zamorano FI, Sadir AM, Geffner JR, and Lopez OJ. The early protective thymus-independent antibody response to foot-and-mouth disease virus is mediated by splenic CD9+ B lymphocytes. *J Virol.* 2007;81(17):9357-67.

43.   Chesne J, Braza F, Mahay G, Brouard S, Aronica M, and Magnan A. IL-17 in Severe Asthma: Where Do We Stand? *Am J Respir Crit Care Med.* 2014.

44.   Lloyd CM, and Hawrylowicz CM. Regulatory T cells in asthma. *Immunity.* 2009;31(3):438-49.

45.   Braza F, Chesne J, Castagnet S, Magnan A, and Brouard S. Regulatory functions of B cells in allergic diseases. *Allergy.* 2014.

46.   Hoehlig K, Shen P, Lampropoulou V, Roch T, Malissen B, O'Connor R, Ries S, Hilgenberg E, Anderton SM, and Fillatreau S. Activation of CD4(+) Foxp3(+) regulatory T cells proceeds normally in the absence of B cells during EAE. *Eur J Immunol.* 2012;42(5):1164-73.

47.   O'Garra A, Barrat FJ, Castro AG, Vicari A, and Hawrylowicz C. Strategies for use of IL-10 or its antagonists in human disease. *Immunol Rev.* 2008;223(1):114-31.

48.   Matsushita T, Horikawa M, Iwata Y, and Tedder TF. Regulatory B cells (B10 cells) and regulatory T cells have independent roles in controlling experimental autoimmune encephalomyelitis initiation and late-phase immunopathogenesis. *J Immunol.* 2010;185(4):2240-52.

49.   Paul WE, and Zhu J. How are T(H)2-type immune responses initiated and amplified? *Nat Rev Immunol.* 2010;10(4):225-35.

Legends

Figure 1: Exposure to HDM induces mixed inflammation in lungs of mice. (A), Schematic representation of the HDM antigen–allergic model. (**B**), Penh and airway resistance values at day 35 after challenge. (**C**), Representative lung sections of control and asthmatic mice at day 35 stained with H&E or PAS. (**D**), Bronchoalveolar levels of eosinophils and neutrophils. (**E**) BAL levels of systemic Der f1 specific IgE, IL-4, IL-13 and IL-17 in control and asthmatic mice. ***P <0 .001 and **P < 0.01.

Figure 2: HDM promotes infiltration and maturation of B cells. (A), Expression of CXCL13 in lung tissues and protein levels of CXCL13 in BAL of mice. (**B and C**), quantification of B cells in BAL. (**D**) Representative B cells staining in lung tissue (Red B220$^+$ B cells). (**E and F**), Quantification of CD19$^+$ IgM$^+$ mature B cells , CD19$^+$ IgM$^-$ IgD$^-$ lung tissue. (**G and H**) Quantification of memory B cells and (**I and J**) CD19$^+$ Fas$^+$ GL7$^+$ germinal center B cells in lung tissue. K, Levels of Der f1 specific IgE in BAL. ***P <0 .001, and **P < 0.01.

Figure 3: HDM-induced asthma alters the homesotasis of Bregs. mRNA levels of cytokines were analyzed by using RT-PCR in purified B cells from spleen (**A**) and lungs (**B**) of control and allergic mice. (**C-F**), IL-10$^+$ B cell frequencies in spleen and lungs of mice. Splenocytes were cultured with LPS + PIM for 5 h, stained with CD19 mAb, permeabilized, and stained using IL-10 mAb with flow cytometry analysis. Representative results demonstrate the frequency of IL-10$^-$producing cells within the indicated gates among total CD19$^+$ B cells in spleen (**C-D**) or Lungs (**E-F**). (**G**), IL-10 protein levels in supernatant of purified lung B cells activated with LPS + PIM for 5 h. (**H**), Splenocytes from control and HDM treated mice were stimulated during 4 days with a total extract of HDM. At the end of the culture splenocytes were restimulated with PMA and IL-10+ B cells frequency were analyzed by flow cytometry. ***P <0 .001, **P < 0.01 and *P < .05.

Figure 4: Impaired regulatory functions of B cells in the context of allergic asthma. (**A-B**), Purified spleen B cells from naïve Balb/c mice were cultured with LPS + PIM for 5h, or were cultured with agonistic CD40 mAb, BAFF, Anti-TIM-1 or IL-21 for 48 h with LPS + PIM added during the final 5 h of culture. IL-10$^+$ B cell frequencies were determined by flow cytometry. (**C**), IL-10 protein levels in supernatant of purified spleen B cells from naïve Balb/c mice activated with LPS + PIM for 5 h or were cultured with agonistic CD40 mAb, BAFF, Anti-TIM-1 or IL-21 for 48 h. (**D-E**) Purified spleen B cells from control and HDM mice were cultured with agonistic CD40 mAb and restimulated during the final 5 h. Frequency of IL-10$^+$ B cells were analysed by flow cytometry (**D**) and IL-10 protein were quantified in the supernatant by ELISA (**E**). (**F-G**), CD3/CD28 activated cell trace-labeled CD4$^+$ CD25$^-$ T cells were cocultured with CD40 pre-activated B cells in presence or not of blocking IL-10 antibody (n=5-8 mice in each group). (**H**), Quantification of IL-2, TNF-α, IL-6 and IFN-γ in supernatants of B cells isolated from the spleen of control and HDM mice, with agonistic CD40 mAb for 48h with LPS + PI added during the final 5 h of culture. (**I**) IL-10/TNF-α and IL-10/IL-6 ratio in control and HDM mice ***P <0 .001, **P < 0.01 and *P < .05.

Figure 5: Characterization of IL-10⁺ and IL-10⁻ B cells. (**A**), Representative sorting of IL-10⁺ and IL-10⁻ B cells. (**B**), Heatmap showing upregulated and downregulated genes coding for surface proteins between IL-10⁺ and IL-10⁻ B cells. (**C**), Representative staining of CD9, CD70, CD73, CD80, CTLA4 and PD-1 at the surface of IL-10⁺ and IL-10⁻ B cells. (**D**), Differential protein expression of CD9, CD70, CD73 and CD80 at the surface of IL-10⁺ B cells of control and HDM mice. (**E-F**), Purified B cells from the spleen of control and HDM mice were activated two days with CD40 Mab agonist and LPS + PIM during the last 5 h. Then IL-10 secreting B cells were quantified in CD9⁺, CD5⁺ CD1d⁺ (B10), CD23⁻ CD21^{hi} IgM^{hi} (T2-MZP) and newly identified CD9⁺ B cell subsets. **P < 0.01

Figure 6: CD9 is a specific marker of regulatory B cells. (**A-B**) Protein expression on spleen IL-10⁺ B cells (relative to IL-10⁻) after 5 h of activation with LPS + PIM. (**C**), Representative sorting of spleen CD9⁺ and CD9⁻ B cells. (**D**), Sorted CD9⁺ and CD9⁻ B cells were stimulated for 48 h with LPS + PIM the last 5 h then IL-10 levels were measured in supernatants by ELISA. (**E-F**), Isolated total lung cells were from naïve Balb/c mice were stimulated 5 h with LPS + PIM then expression of CD9, CD70 and CD73 was quantified at the surface of IL-10⁺ B cells. (**G**), Represetnative staining of CD9 in lung B cells of control and HDM mice. (**H**), frequency of CD9+ B cells in the lungs of control and HDM mice. (**I-J**), Expression of CD9 in human memory, naïve and immature B cells. (**K**), Phenotype of human CD9 expressing B cells. **P < 0.01

Figure 7: CD9⁺ B cells control asthma exacerbation. (**A**), Schematic representation of the adoptive transfer experiments. The experiments were performed in 5 groups: control mice and asthmatic mice injected with CD9⁺, CD9⁻, CD9⁺ IL-10⁻/⁻ and PBS. (**B**), Penh values at day 35 after adoptive transfer of B cells. (**C**), Total BAL cell counts. (**D**), Representative flow cytometry staining of BAL neutrophils. (**E**), Total neutrophil BAL cell counts. (**F**), Representative flow cytometry staining of BAL eosinophils. (**G**), Total eosinophil BAL cell counts.

Figure 8: Adoptive transfer of CD9⁺ B cells influences airway inflammatory T cell responses. (**A-B**), Representative intracellular staining for lung T cells producing IL-17, IFN-γ, IL-4 and IL-13 after *ex vivo* restimulation with PIM (5h). (**C**), Quantification of lung IL-17, IFN-γ, IL-4, IL-13 producing T cells (n=5-10 mice per group). (**D**) IFN-γ, IL-17, IL-4 and IL-5 levels in BAL. (n=5-10 mice per group). (**E**), Representative staining of CD25⁺ Foxp3⁻ effectors T cells and CD25⁺ Foxp3⁺ regulatory T cells. Frequency of regulatory T cells and effector T cells (**F-G**) and regulatory T cells:effector T cells ratio (**H**) in lung of control mice and asthmatic mice injected with CD9⁺, CD9⁻ and CD9⁺ IL-10⁻/⁻. **P < 0.01, *P < .05 and ns non significant.

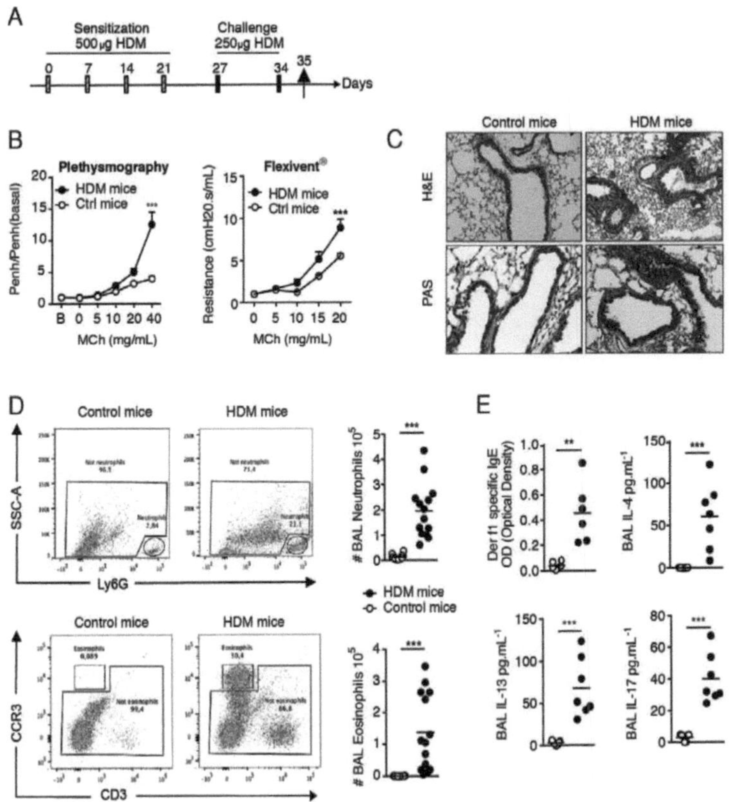

Figure 1

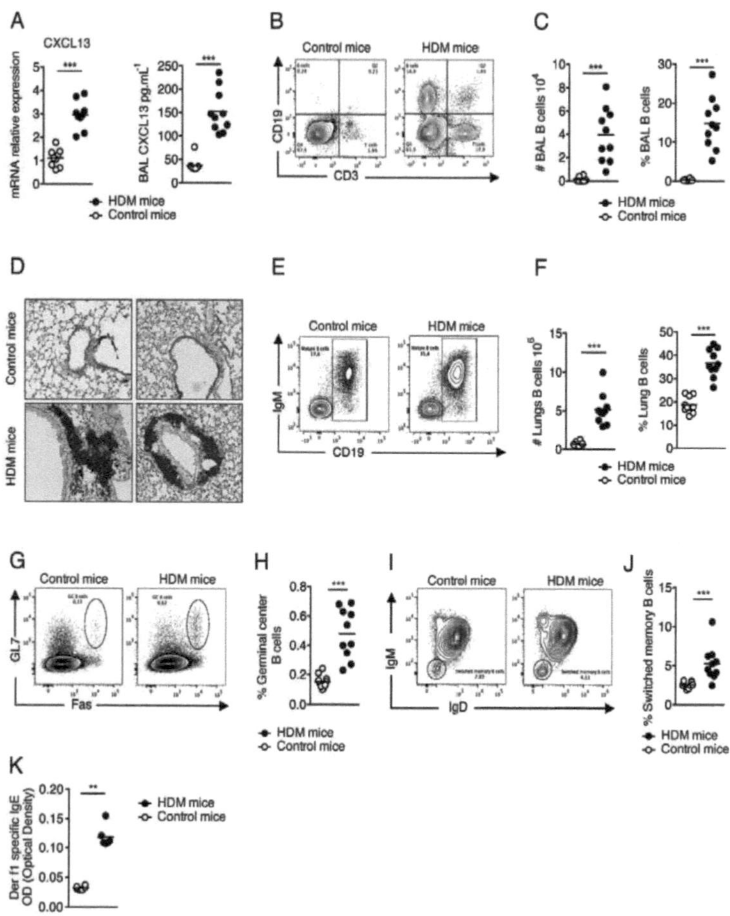

Figure 2

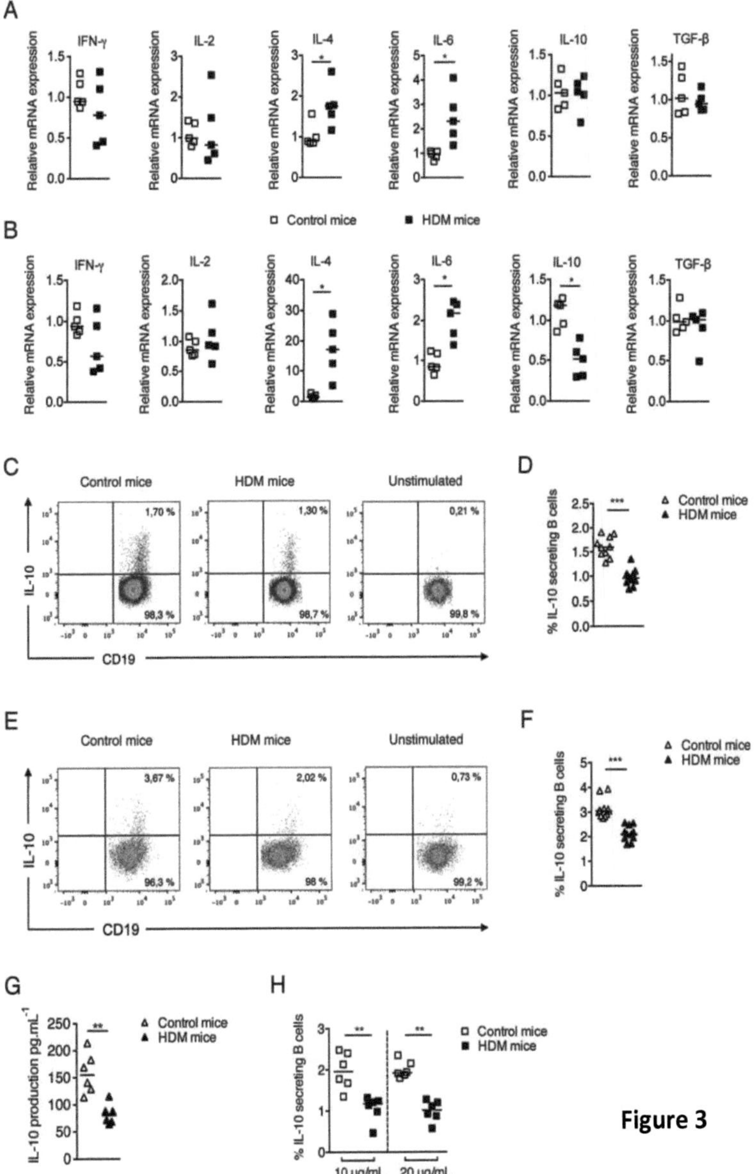

Figure 3

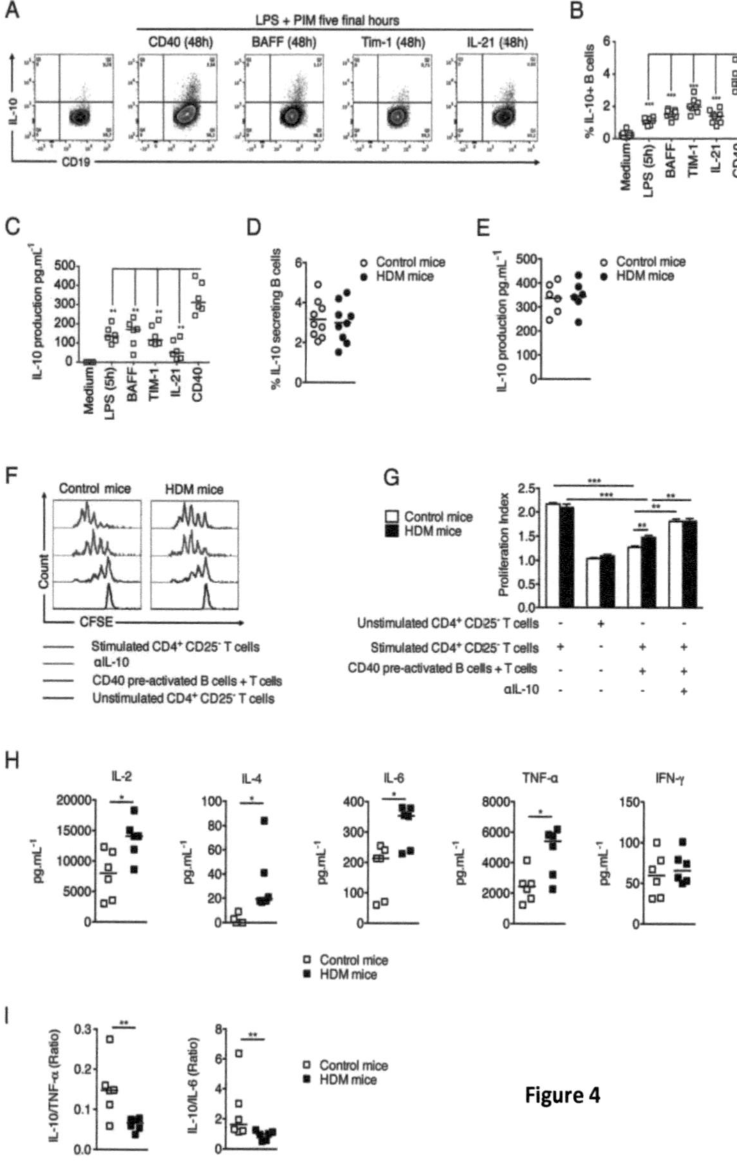

Figure 4

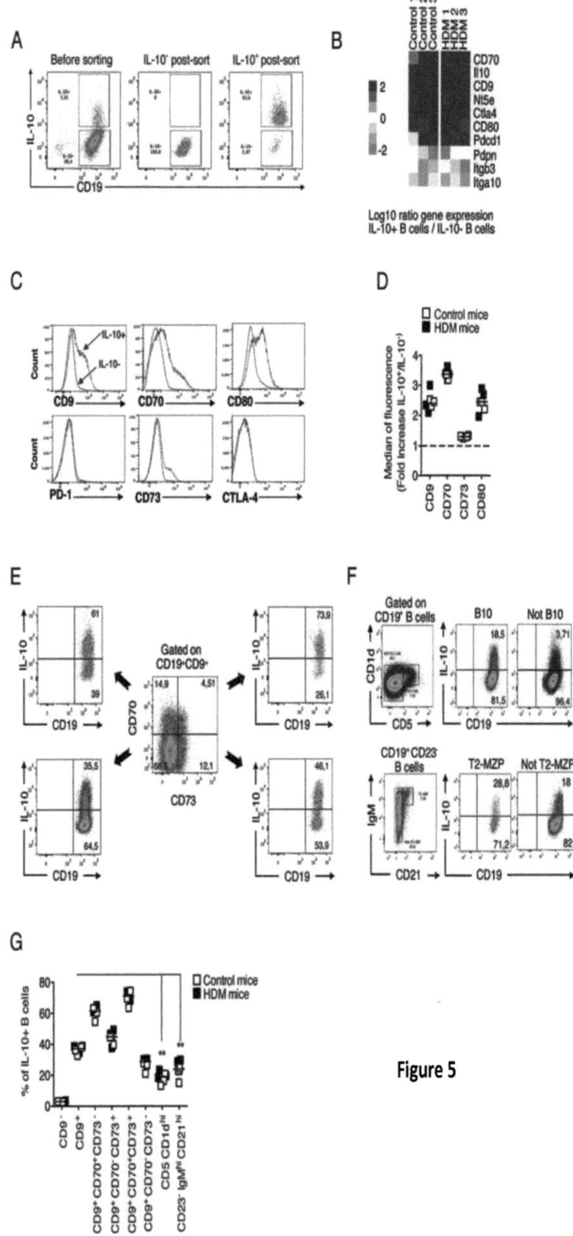

Figure 5

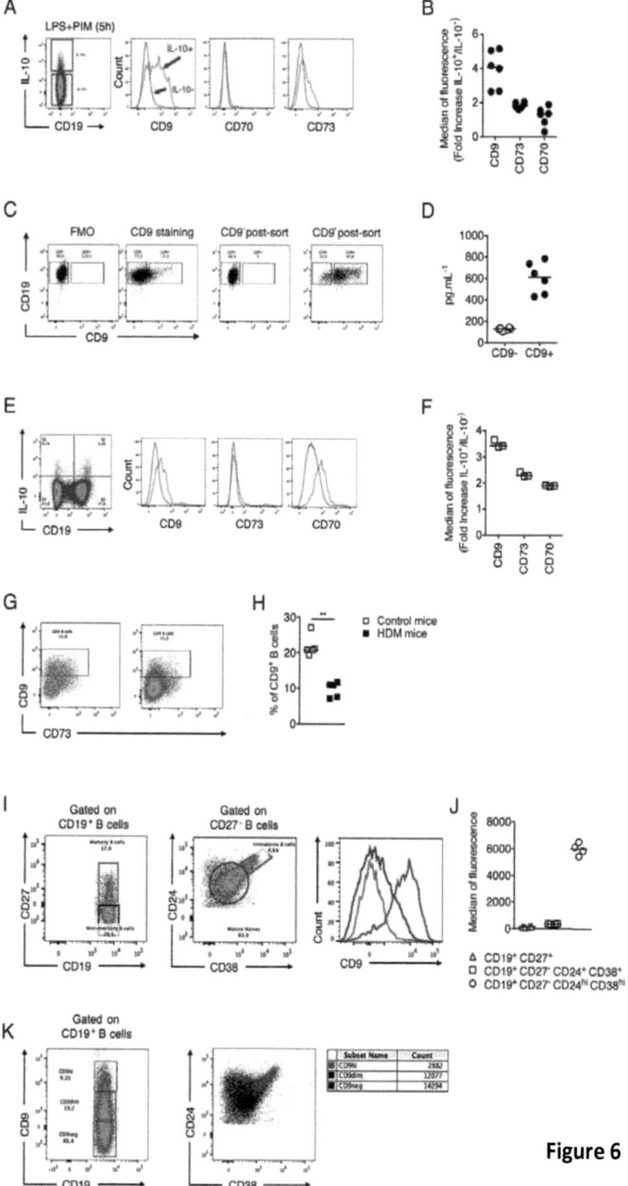

Figure 6

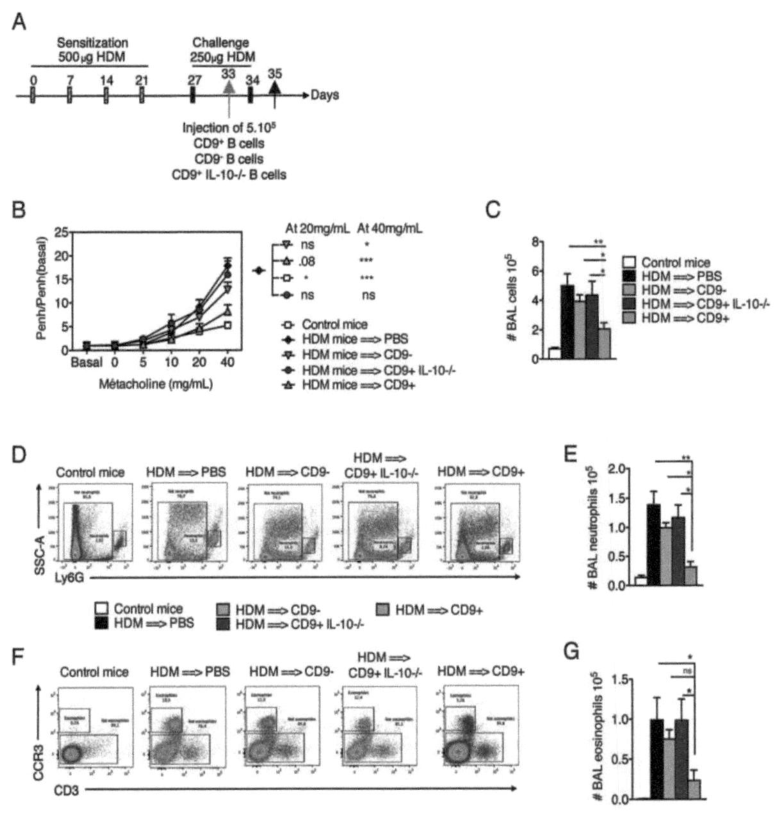

Figure 7

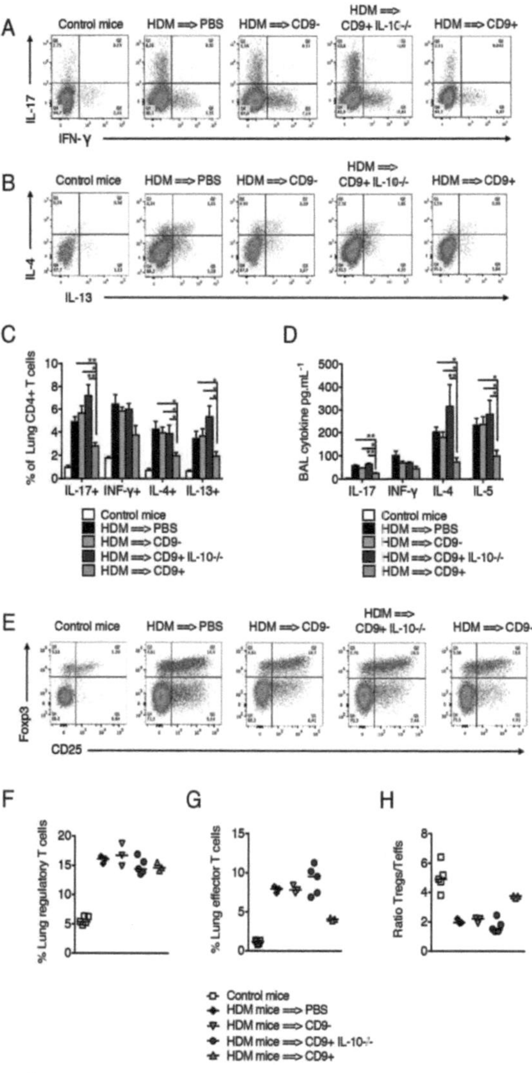

A
Control mice
HDM ==> PBS
HDM ==> CD9-
HDM ==> CD9+ IL-10-/-
HDM ==> CD9+
IL-17
IFN-γ
B
Control mice
HDM ==> PBS
HDM ==> CD9-
HDM ==> CD9+ IL-10-/-
HDM ==> CD9+
IL-4
IL-13
C
% of Lung CD4+ T cells
IL-17+
INF-γ+
IL-4+
IL-13+
Control mice
HDM ==> PBS
HDM ==> CD9-
HDM ==> CD9+ IL-10-/-
HDM ==> CD9+
D
BAL cytokine pg.mL-1
IL-17
INF-γ
IL-4
IL-5
Control mice
HDM ==> PBS
HDM ==> CD9-
HDM ==> CD9+ IL-10-/-
HDM ==> CD9+
E
Control mice
HDM ==> PBS
HDM ==> CD9-
HDM ==> CD9+ IL-10-/-
HDM ==> CD9+
Foxp3
CD25
F
% Lung regulatory T cells
G
% Lung effector T cells
H
Ratio Tregs/Teffs
Control mice
HDM mice ==> PBS
HDM mice ==> CD9-
HDM mice ==> CD9+ IL-10-/-
HDM mice ==> CD9+

Figure 8

ARTICLE N°3

Food allergy enhances allergic asthma in mice

Tiphaine Roussey-Bihouée*, Gregory Bouchaud*, <u>Julie Chesné</u>*[1], David Lair, Camille Rolland-Debord, Faouzi Braza, Marie-Aude Cheminant, Philippe Aubert, Guillaume Mahay, Michel Neunlist, Sophie Brouard, Marie Bodinier, Antoine Magnan

(Article sous presse dans Respiratory Research, Octobre 2014)

Résumé : La marche atopique se réfère à la transition typique d'une allergie alimentaire à l'asthme allergique. Néanmoins, les interactions précises impliquant l'intestin, la peau et l'inflammation pulmonaire ne sont pas bien comprises. Ainsi, nous avons développé un modèle murin avec une allergie mixte, alimentaire et respiratoire mimant la marche atopique. Pour ce faire, nous avons induit chez des souris une allergie alimentaire à l'oeuf (OVA) suivie ou non d'une allergie respiratoire avec l'acarien (sensibilisation percutanée et challenge respiratoire). Nos résultats montrent chez les souris doublement allergiques, une augmentation de l'hyperréactivité bronchique, une hausse de la réponse inflammatoire T_H2 associée à une forte production d'IgE ainsi qu'un important infiltrat à éosinophiles. Ainsi, cette étude démontre un rôle important de l'allergie alimentaire dans l'amplification de l'asthme allergique.

Food allergy enhances allergic asthma in mice

Tiphaine Bihouée*[1,2,3,5,9], Gregory Bouchaud*[1,2,3,5,6], Julie Chesné*[1,2,3,5], David Lair[1,2,3,5], Camille Rolland-Debord[1,2,3,5], Faouzi Braza[1,2,3,5], Marie-Aude Cheminant[1,2,3,5], Philippe Aubert[3,5,7], Christine Sagan[1,2,8], Michel Neunlist[3,5,7], Sophie Brouard[8], Marie Bodinier[6], Antoine Magnan[1,2,3,4,5]

[1]INSERM, UMR1087, l'institut du thorax, Nantes, F-44000 France; [2]CNRS, UMR 6291, Nantes, F-44000 France ; [3]Université de Nantes, Nantes, F-44000 France; [4]CHU de Nantes, l'institut du thorax, Service de Pneumologie, Nantes, F-44000 France ; [5]DHU2020 médecine personnalisée des maladies chroniques, Nantes, F-44000 France; [6]INRA, UR1268 BIA, Nantes, F-44316, France; [7]INSERM, UMR U913, Nantes, F-44000 France; [8]INSERM, UMR U1064 and Institut de Transplantation Urologie, Néphrologie (ITUN), Nantes, F44093, France. [8] CHU de Nantes, Service d'anatomie et cytologique pathologiques, Nantes, France. [9]CHU de Nantes, Service de Pédiatrie, Nantes, F-44000 France

* These authors contributed equally to this work.

Corresponding Author:

Antoine Magnan, MD INSERM U1087 – l'institut du Thorax CHU Nantes, Hôpital Laënnec 44093 Nantes Cedex 1, France Email: Antoine.Magnan@univ-nantes.fr

Phone: +33228080125 ; Fax: +33228080130

Supported by "Région Pays de la Loire" through the "REAL[2]" research grant, the Fonds de recherche en santé respiratoire, Fondation Recherche Médicale, the People Programme (Marie Curie Actions) of the European Union's Seventh Framework Programme (FP7/2007-2013) under REA grant agreement n°624910 for GB. This work was realized in the context of the IHU-Cesti project which received French government financial support managed by the National Research Agency via the "Investment into the Future" program ANR-10-IBHU-005. The IHU-Cesti project is also supported by Nantes Metropole and the Pays de la Loire Region.

Running title: food allergy and asthma

Abstract

Background: Atopic march refers to the typical transition from a food allergy in early childhood to allergic asthma in older children and adults. However the precise interplay of events involving gut, skin and pulmonary inflammation in this process is not completely understood.

Objectives: To develop a mouse model of mixed food and respiratory allergy mimicking the atopic march and better understand the impact of food allergies on asthma.

Methods: Food allergy to ovalbumin (OVA) was induced through intra-peritpneal sensitization and intra-gastric challenge, and/or a respiratory allergy to house dust mite (HDM) was obtained through percutaneous sensitization and intra-nasal challenges with *dermatophagoides farinae* (Der f) extract. Digestive, respiratory and systemic parameters were analyzed.

Results: OVA-mediated gut allergy was associated with an increase in jejunum permeability, and a worsening of Der f-induced asthma with stronger airway hyperreactivity and pulmonary cell infiltration, notably eosinophils. There was overproduction of the pro-eosinophil chemokine RANTES in broncho-alveolar lavages associated with an enhanced Th2 cytokine secretion and increased total and Der f-specific IgE when the two allergies were present. Both AHR and lung inflammation increased after a second pulmonary challenge.

Conclusion: Gut sensitization to OVA amplifies Der f-induced asthma in mice.

Key words: asthma, allergy, Th2 cytokines, gut, house dust mite, immunity, mouse, Ovalbumin.

Introduction

Asthma, a common chronic respiratory disease, affects nearly 300 million people worldwide, and its prevalence exceeds 10% of the population in many industrialized countries [1]. Airway obstruction in asthma and the resulting symptoms are caused by a combination of airway smooth muscle constriction and inflammation of the bronchi [2]. Among the various phenotypes of asthma, early-onset atopic Th2 [3] type is commonly associated with allergic disorders and appears to be the final stage of an "atopic march" from skin or intestinal inflammation leading to sensitization to aeroallergens, and progressing to bronchial asthma [4-6]. Although some of the risk factors of atopic asthma are well known [7], the precise interplay of events involving gut, skin and pulmonary inflammation is not completely understood. It has been suggested that a previous food allergy could increase Th2 inflammation and amplify the asthmatic phenotype in humans, which would give evidence for a link between food allergy and allergic asthma [8, 9].

Ovalbumin (OVA) is a frequent food allergen in egg-induced anaphylaxis and atopic dermatitis (AD) in childhood. House dust mites (HDM) [10], are also strongly involved in AD, in which skin disruption facilitates allergen penetration, allergic sensitization and eczema [11, 12]. Overall HDM is recognized as the main allergen for atopic asthma [1]. OVA and HDM are therefore highly relevant in the atopic march, inducing food allergy, skin sensitization, and asthma. OVA- or HDM-based allergic models induce eosinophil- and/or neutrophil-based bronchial inflammation according to administration routes, adjuvants and doses of allergens used [13-15]. Yet, none of these models completely explains the atopic march, from intestinal or skin sensitization to asthma.

In the present study, we establish a model of *Dermatophagoides farinae* (Der f 1)-induced asthma with primary OVA-induced food allergy. We demonstrate that food sensitization to one allergen primes the immune system to build an amplified pulmonary inflammation associated with an exaggerated immune reaction in response to another, unrelated allergen.

Methods

Induction of food, respiratory, and combined food/respiratory allergy

6 weeks old female Balb/c mice were sensitized for the food allergy, respiratory allergy or both. The induction of the food allergy was carried out on days 0, 14 and 21 by intraperitoneal (i.p) injection of 10 µg of OVA (Sigma-Aldrich, L'Isle d'Abeau Chesnes, France) diluted in 100 µl of Imject® Alum (Pierce, Rockford, USA) followed by intra-gastric (i.g) administration of 20 mg of OVA solubilized in water on D27 to D29 **(Figure 1A)**. Control mice were i.p.-sensitized with alum and challenged with water. Respiratory allergy was obtained as follows: mice were sensitized on days 0, 7, 14 and 21 by cutaneous application (p.c) of 500 µg of total extract of Der f (Stallergenes, Antony, France) diluted in 20 µL of dimethylsulfoxyde (DMSO, Sigma-Aldrich, L'Isle d'Abeau Chesnes, France). Mice were challenged intranasally (i.n) with 250 µg of Der f on D27 and D34 **(Figure 2A)** diluted in PBS. Control mice were sensitized with DMSO alone and challenged with PBS. Combined food and respiratory allergy was obtained by applying the two protocols successively **(Figure 4A)**. For respiratory sensitization and challenges animals were anesthetized with 100µl of i.p xylazine (15mg/kg) and 100µl of i.m ketamine (80 mg/kg). Mice were sacrificed using dolethal (Vetoquinol). Analyses were performed three days after the food challenge (day 32), after the 1st respiratory challenge (day 28 and 30) and after the 2nd respiratory challenge (day 35 and 37).

Gastro-intestinal tract monitoring

After 2 hours fast, fecal pellets were collected, counted and weighed. For permeability measurements, the jejunum and proximal colon were removed, washed in cold Krebs's solution and sections were mounted in Ussing chambers (Physiological instruments, San Diego, CA). Paracellular permeability was assayed by fluorescein–5.6 sulfonic acid (1 mg/mL, Invitrogen) gradient over time by fluorimetry (Varioskan, Thermo SA, France). Transcellular permeability was assayed by HRP (10 mg/ml, Sigma-Aldrich) activity over the time using a Varioskan spectrofluorimeter (Thermo SA, Saint Herblain, France).

Airway hyper-responsiveness measurement

Unrestrained mice were nebulized in a plethysmography chamber with increasing doses of methacholin (0-40 mg/mL). Airway function was measured and expressed as enhanced pause (Penh) (Emka, Paris, France). Dynamic lung resistances were measured using the flexivent® (SCIREQ, Emka) system. Mice were anesthetized with a mix of xylazine

(0.05mg/kg), ventilated, paralyzed with rocuronium bromide (Organon, 10 mg/ml) and nebulized with methacholin (0-20 mg/mL). Airway resistances were continuously monitored and recorded according to manufacturer's instructions.

Histology

1 mL of paraformaldehyde (PFA) 4% was administered intratracheally. Excised lungs were fixed in PFA 4%, embedded in paraffin, cut and stained with hematoxylin and eosin for morphological study and inflammation scoring from 0 to 7 representing bronchial epithelial cell dystrophy grades from 0 to 3 and peribronchial/perivascular inflammatory infiltrate abundance grades from 0 to 4.

Immunoglobulin assays

Total IgE and IgG1 were assayed by ELISA in serum. Specific anti-Der f 1 IgE and anti-OVA IgE were assessed by indirect ELISA. 96 wells plates were coated with sodium bicarbonate 50 µM and 0.25 µg of purified Der f 1 (Indoor Biotechnologies, Wiltshire, UK) or 5 µg OVA (Sigma-Aldrich, L'Isle d'Abeau Chesnes, France) and left overnight at 4°C. Wells were then incubated with bovine serum albumine 1% for 12h at 4°C, washed, filled with sera diluted in CGS1 (Cosmo Bio, California, USA) and incubated overnight at 4°C. Specific Ig was revealed with anti-mouse IgE (AbD serotec, Colmar, France) coupled to HRP. Substrate ABTS (Roche, Boulogne-Billancourt, France) was added and absorbance measured at 405 nm with VictorTMX3 (PerkinElmer, Courtaboeuf, France).

Flow cytometry in broncho-alveolar lavages and lungs

Broncho-alveolar lavage (BAL) fluid was recovered by intra-tracheal administration and aspiration of 1 mL of PBS. To obtain total lung immune cells, the lungs were disrupted and digested at 37°C for 1H in a solution containing Dnase I (Roche) and collagenase II (Invitrogen). To determine the immune profile, lung and BAL cells were counted and stained by flow cytometry as previously described [16] with specific anti-mouse antibodies: CD3-APC, CD8-APC-H7, CD19 PE-Cy7, F4/80-FITC, Ly6G-PerCP-Cy5.5, and CCR3-PE (R&D, Lille, France). Analyses were performed on a BD LSR™ II with BD FACSDiva™ software (BD Biosciences).

Cytokine quantification in broncho-alveolar lavage

Cytokines (IL-4, IL-5, IL-10, IFN-γ, IL-17, chemoattractant keratinocyte (KC) and CCL5/RANTES (Regulation on Activation, Normal T cell Expressed and Secreted) were quantified by Luminex (BioPlex 200 system, Bio-Rad, Marnes-La-Coquette, France) according to manufacturer's instructions (Bio-Rad).

Statistics

GraphPad Prism 4.0b (Graphpad Software Inc., La Jolla, CA USA) was used. Data are expressed as mean ± standard error to the mean (SEM). Means were compared among groups using ANOVA. In case of positive ANOVA means were compared by Mann-Whitney test. Results were corrected by a Bonferroni multiple comparisons correction test. A $p<0.05$ was considered statistically significant.

Results

OVA i.p sensitization and oral challenge induce type I food allergy and increase gut permeability

To characterize the food allergy part of the model, serum-allergen specificity and intestinal function of OVA and control mice were evaluated on day 32, 3 days after final challenge **(Figure 1A)**. Type I allergy was confirmed by a significant increase of total (697 vs 5603 ng/ml) and OVA-specific IgE levels (2680 vs 15913 fluorescence units) in OVA mice compared to controls **(Figure 1B)**. Th2-supported IgG1, and Th1-supported IgG2a proteoglycan-specific antibody levels in serum were determined, with an IgG2a dominance $(1.33.10^7$ vs $1,399.10^6$ ng/ml) in allergic mice suggesting a bias towards a Th2-type response **(Figure 1C)**. Intestinal parameters were assessed 30 minutes after the final intra-gastric challenge (day 29) **(Table 1)**. Transit time, fresh fecal pellet weight and humidity were similar in both groups. Contrastingly, a significant increase in paracellular permeability was found in OVA mice, whereas there was no difference is transcellular permeability between the groups. OVA sensitization did not trigger any change in respiratory function or airway inflammation (not shown). Taken together these results show that OVA ip sensitization and intra-gastric challenge induces a systemic type I allergy and an increase in intestinal permeability.

Der f skin sensitization and intranasal challenge induce type 1 respiratory allergy with increased airways resistance and lung inflammation

In order to follow as closely as possible the atopic march, asthma was induced by percutaneous sensitization and intranasal challenge **(Figure 2A)**. Total and specific serum IgE levels significantly increased in Der f-allergic mice on day 35, one day after the 2nd challenge (0.36 vs 1.14 µg/ml and 0.44 vs 1.6 A.U respectively) **(Figure 2B),** but not on day 26, before challenges (not shown), suggesting that skin exposure is not sufficient for inducing a full allergic response and that bronchial exposure is essential. Regarding respiratory function, Der f-allergic mice displayed airway hyperresponsiveness (AHR) one and three days (day 28 and day 30) after the first challenge **(Figure 2C)**. A second challenge on day 35 increased AHR dramatically, a result confirmed using flexivent$^®$ on day 37 **(Figure 2D)**. Overall tissue inflammation was assessed by histological evaluation of lung sections at the same time points. A clear increase in inflammation between the 1st (day 28) and the 2nd challenge (day 35) **(Figure 2E)** was observed, concordant with respiratory function measurements. Figure 2F shows the extensive perivascular and peribronchial cell infiltration on day 35 **(Figure 2F)**.

In order to characterize the inflammatory profile induced by Der f in the model, the proportions of eosinophils, neutrophils and lymphocytes in lungs and BAL were analyzed after the 1st (day 28) and the 2nd challenge (day 35) **(Figure 3)**. On day 28, a significant increase in neutrophils (16.10^3 *versus* 130.10^3 cells), but not in eosinophils and lymphocytes was identified in BAL **(Figure 3A)**. These results were confirmed in lung, with a significant increase of total cell concentration, due to a major influx of neutrophils (287.10^3 vs 1275.10^3 cells) and to a lesser extent of eosinophils and lymphocytes **(Figure 3A)**. After the second challenge (day 35) proportions of eosinophils, neutrophils and lymphocytes were strongly elevated in BAL and lungs from allergic mice compared to control mice and mice which had only undergone one challenge **(Figure 3A)**.

In order to assess the role of skin sensitization in the asthma process, experiments were also performed in challenged, unsensitized mice and in sensitized, unchallenged mice. In neither group difference in AHR was found compared to control mice **(Figure 3B)**. In addition, sensitization or challenge alone did not induce inflammation, detected by cell infiltration in the lung **(Figure 3C)**. These results show that skin sensitization to HDM is necessary, but not sufficient, to induce asthma. In order to further define the mechanisms of allergen-induced inflammation, cytokines specific to Th1 (IFN-γ), Th2 (IL-5), Th17 (IL-17) and Treg (IL-10) activation were assayed in BAL. IFN-γ, IL-17 and IL-10 significantly increased in BAL after the 1st challenge, whereas IL-5 significantly increased only after the 2nd **(Figure 3D)**. Interestingly, secretion of IL-5, IL-10 and IL-17 increased greatly after the 2nd challenge (Day 35). Similar results were observed in lung (data not shown). These data highlight a Th1/Th17-oriented inflammation after the first challenge and a mixed Th2/Th17 inflammation after the second challenge.

Overall, these results show that cutaneous sensitization with Der f followed by Der f respiratory challenges induce a systemic type one allergy to Der f. Skin sensitization primes the immune system to respond to a pulmonary challenge with a biphasic lung inflammation and hugely increased AHR after a second challenge.

Prior OVA-induced food allergy affects immunoglobulin level, respiratory function and inflammation in Der p-induced asthma.

In order to assess whether a synergy between OVA and HDM allergies could aggravate asthma in food allergic mice, a number of parameters were compared between respiratory allergy, food allergy and dual (food plus respiratory) allergy. Immunoglobulin levels were assayed in serum obtained 3 days after the last intranasal HDM challenge. Total

IgG1 and IgE **(Figure 4B)** levels were significantly higher in dual allergy mice compared to control and mice with asthma only. However total IgG1 levels were not higher in dual allergy mice than in mice allergic to OVA only. As expected, OVA-specific IgE levels were significantly higher in food allergic mice. In dual allergy mice, no further increase in OVA-specific IgE was observed **(Figure 4C, upper panel)**.

In contrast, Der f-specific IgE levels were higher in asthmatic mice and significantly higher in dual allergy mice compared to control and mice allergic to OVA only **(Figure 4C, lower panel)**. Dual allergy mice displayed significantly greater AHR than mice sensitized to one allergen only **(Figure 4D)**. Inflammation was also increased in BAL and lungs of mice with two allergies **(Figure 5A and B, respectively)**. Neutrophils, eosinophils and lymphocytes numbers were elevated in dual allergy mice compared to all other groups, with a predominant eosinophil infiltrate. Cytokine production was analysed in BAL supernatants **(Figure 5C)**. As expected from the inflammatory profile, BAL IL-4 and IL-5 levels were increased in asthmatic mice compared to controls and mice allergic to OVA only. BAL IL-4 and IL-5 were also found increased in dual allergy mice compared to asthmatic, OVA allergic and controls mice. In addition RANTES, a chemotactic agent for T cells, eosinophils and basophils, was significantly higher in dual allergy mice than in others groups. However, KC, a chemotactic agent for neutrophils, was found at significantly higher levels in asthmatic mice, whether they were also OVA-allergic or not, than in controls and mice only allergic to OVA, Similarly, IL-17 was significantly increased in dual allergy mice compared to controls, but not compared to mice allergic to a single agent. IL-10 was found at the same level in all groups **(Figure 5C)**.

These results show that an OVA food allergy primes the immune system to increase its response to Der f respiratory challenges in mice percutaneously sensitized to Der f.

Discussion

In this study, we describe a dual allergy mouse model with an OVA-induced food allergy followed by asthma obtained by sensitization to Der f extract. The OVA allergy was induced with 3 intra-peritoneal sensitizations and 2 intra-gastric challenges. Sensitization was effective, as reflected by the increase in total and OVA-specific IgE. Yet, mice display no symptom of food allergy, although *in-vivo* and *ex-vivo* permeability was increased. These results contrast with those obtained by Zhang *et al.*, [17], who reported severe diarrhea in allergy induced by i.p injection of 20µg and intra-gastric challenges of 100µg of OVA. Similarly, Perrier *et al.*, [18] observed decreased body temperature, pruritus and diarrhea in response to intra-gastric sensitizations and challenges with OVA. These discrepancies could be explained by the fact that we did not use any adjuvant such as cholera toxin [18] or Alum [17] during challenges. The sensitization to OVA was, however, sufficient to facilitate the development of a subsequent systemic and respiratory response to skin and lung Der f exposure. It is noteworthy that a similar scenario occurs in human subjects in whom sensitization to eggs (presence of specific IgE, positive skin tests) is frequent in atopic subjects who can however eat eggs without any symptoms.

In order to induce the respiratory allergy, mice were sensitized to HDM through application of Der f extract on the ear, mimicking HDM sensitization reported in atopic infants [11]. Repeated skin applications of Der f would induce eczema [19] but they were limited so that no lesions occurred. This also reflects the frequent asymptomatic sensitization to HDM seen in atopic subjects. The effectiveness of cutaneous sensitization was shown by the 1st challenge, which induced inflammation and AHR in sensitized mice only. HDM challenges induced, in turn, an increased bronchial response to methacholin with an increase in inflammation together with a rise in total and Der f-specific IgE. In addition, lung histology showed perivascular and peribronchial infiltrates. This pattern of pulmonary inflammation is highly relevant to the human situation and was confirmed by a sequential influx of neutrophils and eosinophils in the lungs, thus reinforcing the relevance of the model, in particular for severe human cases [20] in which a mixed inflammation with a consistent neutrophil infiltrate accompanying the eosinophilic contingent is frequently found.

Asthma was more pronounced in mice previously sensitized to food with total and specific IgE levels being higher in these mice compared to all other groups. Most significantly, AHR was clearly higher in bi-allergic compared to mono-allergic mice. This asthma outcome was in a context of increased inflammation in lung and BAL. Moreover the presence of a food allergy induced further BAL IL-4 and IL-5 increase in HDM-sensitized mice demonstrating a Th2 response enhancement. Accordingly eosinophil numbers and RANTES production were dramatically higher in bi-allergic mice compared to their mono-allergic counterparts [21].

Brandt *et al.,* [22] have previously shown that gastro-intestinal allergy to OVA increases AHR, hypereosinophilia and global hypercellularity in response to subsequent HDM challenges. However this result was obtained after three challenges and a fourth challenge was necessary to induce specific IgG1 production. In addition no significant pulmonary inflammation was obtained in non-OVA-sensitized animals. In our study, the initial trans-cutaneous sensitization explains why we obtained a significant asthmatic reaction in ovalbumin naïve mice and a dramatically enhanced pulmonary inflammation in response to HDM after only 2 challenges in OVA-sensitized animals Our model therefore clearly highlights the importance of the three allergen-impacted compartments, gut, skin and lungs, and the synergy between their respective immune responses in the development of asthma **(Figure 6)**.

Our results demonstrate that a primary sensitization to one allergen primes the immune system to develop an intense response to a subsequently administered fully dissimilar inhaled allergen. This sequence shows that, rather than being independent events occurring in response to multiple exposures on a common genetic background, the sensitization to multiple allergens observed in atopic subjects may result from a synergic interaction between the immune responses initiated by each allergen. These results are concordant with epidemiological data demonstrating that sensitization to food, and notably to eggs, is an important risk factor for sensitization to inhaled allergens, atopic dermatitis and asthma [23].

Conclusion

In conclusion our findings provide a model of that could be instrumental for further elucidating the mechanisms of atopic march. It will be useful to find new prophylactic strategies to prevent asthma in children with food allergies and/or atopic dermatitis and to test new drugs in preclinical settings.

Abbreviations:

AHR: Airway hyperresponsiveness; **BAL:** Bronchoalveolar lavage; **Der f:** Dermatophagoides Farinae; **FEV1:** Forced expiratory volume in 1 second; **HDM:** House dust mite; **HRP:** horseradish peroxidase; **IgE:** Immunoglobulin E; **I.M:** intra-muscular administration; **I.P:** Intra-Peritoneal; **MCh:** Methacholin; **OVA:** Ovalbumin; **PBS:** Phosphate buffer saline; **Penh:** Enhanced pause; **P.C:** Percutaneous.

Authors' contributions

TB and JC carried out the experiment on mice; DL, CR and FB realized experiment and analyzed cell population. MC participated in the mouse protocol. PA realized analyzes on JY on gastro-intestinal tract. GB and JC participated in the design of the study, performed the statistical analysis and wrote the manuscript. CS did the histological assessment. MN, SP, MB and AM conceived of the study, and participated in its design and coordination and helped to draft the manuscript. All authors read and approved the final manuscript.

	CTRL	OVA
Total transit time (mn)	$185,10 \pm 39,84$	$188,25 \pm 54,31$
Total fresh fecal pellet weight (mg)	$145,67 \pm 45,41$	$129,90 \pm 56,73$
% humidity of fecal pellet	$73,65 \pm 2,62$	$73,32 \pm 3,25$
Paracellular in-vivo permeability (Fluo (AU)/µl plasma)	$6,12 \pm 1,60$	$7,73 \pm 2,88$ *
Transcellular in-vivo permeability (ng/ml)	$403,60 \pm 150,89$	$503,05 \pm 268,98$
Paracellular ex-vivo permeability in jejunum (sulfonic acid flux (slope))	$0,60 \pm 0,34$	$1,43 \pm 0,15$ *
Paracellular ex-vivo permeability in colon (sulfonic acid flux (slope))	$0,23 \pm 0,04$	$0,18 \pm 0,02$

Table I: OVA induced food allergy model induce minor alteration on intestinal parameters. Intestinal parameters including transit time, pellet weight and humidity and permeability were measured 30 minutes after the last challenge with OVA on day 29 in control (CTRL) and in OVA-induced food allergy (OVA) mice.

References

1. *Global Strategy for Asthma Management and Prevention* 2012.

2. Fanta CH: **Asthma.** *N Engl J Med* 2009, **360**:1002-1014.

3. Haldar P, Pavord ID, Shaw DE, Berry MA, Thomas M, Brightling CE, Wardlaw AJ, Green RH: **Cluster analysis and clinical asthma phenotypes.** *Am J Respir Crit Care Med* 2008, **178**:218-224.

4. Dharmage SC, Lowe AJ, Matheson MC, Burgess JA, Allen KJ, Abramson MJ: **Atopic dermatitis and the atopic march revisited.** *Allergy* 2014, **69**:17-27.

5. Lin YT, Wu CT, Huang JL, Cheng JH, Yeh KW: **Correlation of ovalbumin of egg white components with allergic diseases in children.** *J Microbiol Immunol Infect* 2014.

6. Bieber T, Cork M, Reitamo S: **Atopic dermatitis: a candidate for disease-modifying strategy.** *Allergy* 2012, **67**:969-975.

7. Brooks C, Pearce N, Douwes J: **The hygiene hypothesis in allergy and asthma: an update.** *Curr Opin Allergy Clin Immunol* 2013, **13**:70-77.

8. Bohle B: **T lymphocytes and food allergy.** *Mol Nutr Food Res* 2004, **48**:424-433.

9. Campbell DE, Hill DJ, Kemp AS: **Enhanced IL-4 but normal interferon-gamma production in children with isolated IgE mediated food hypersensitivity.** *Pediatr Allergy Immunol* 1998, **9**:68-72.

10. Gregory LG, Lloyd CM: **Orchestrating house dust mite-associated allergy in the lung.** *Trends Immunol* 2011, **32**:402-411.

11. Boralevi F, Hubiche T, Leaute-Labreze C, Saubusse E, Fayon M, Roul S, Maurice-Tison S, Taieb A: **Epicutaneous aeroallergen sensitization in atopic dermatitis infants - determining the role of epidermal barrier impairment.** *Allergy* 2008, **63**:205-210.

12. Kubo A, Nagao K, Amagai M: **Epidermal barrier dysfunction and cutaneous sensitization in atopic diseases.** *J Clin Invest* 2012, **122**:440-447.

13. Hammad H, Plantinga M, Deswarte K, Pouliot P, Willart MA, Kool M, Muskens F, Lambrecht BN: **Inflammatory dendritic cells--not basophils--are necessary and sufficient for induction of Th2 immunity to inhaled house dust mite allergen.** *J Exp Med* 2010, **207**:2097-2111.

14. Tourdot S, Airouche S, Berjont N, Da Silveira A, Mascarell L, Jacquet A, Caplier L, Langelot M, Baron-Bodo V, Moingeon P: **Evaluation of therapeutic sublingual**

vaccines in a murine model of chronic house dust mite allergic airway inflammation. *Clin Exp Allergy* 2011, **41**:1784-1792.

15. Lewkowich IP, Lajoie S, Clark JR, Herman NS, Sproles AA, Wills-Karp M: **Allergen uptake, activation, and IL-23 production by pulmonary myeloid DCs drives airway hyperresponsiveness in asthma-susceptible mice.** *PLoS One* 2008, **3**:e3879.

16. Rolland-Debord C, Lair D, Roussey-Bihouee T, Hassoun D, Evrard J, Cheminant MA, Chesne J, Braza F, Mahay G, Portero V, et al: **Block copolymer/DNA vaccination induces a strong allergen-specific local response in a mouse model of house dust mite asthma.** *PLoS One* 2014, **9**:e85976.

17. Zhang G, Wang P, Yang G, Cao Q, Wang R: **The inhibitory role of hydrogen sulfide in airway hyperresponsiveness and inflammation in a mouse model of asthma.** *Am J Pathol* 2013, **182**:1188-1195.

18. Perrier C, Thierry AC, Mercenier A, Corthesy B: **Allergen-specific antibody and cytokine responses, mast cell reactivity and intestinal permeability upon oral challenge of sensitized and tolerized mice.** *Clin Exp Allergy* 2010, **40**:153-162.

19. Hennino A, Vocanson M, Toussaint Y, Rodet K, Benetiere J, Schmitt AM, Aries MF, Berard F, Rozieres A, Nicolas JF: **Skin-infiltrating CD8+ T cells initiate atopic dermatitis lesions.** *J Immunol* 2007, **178**:5571-5577.

20. Moore WC: **The natural history of asthma phenotypes identified by cluster analysis. Looking for chutes and ladders.** *Am J Respir Crit Care Med* 2013, **188**:521-522.

21. Venge J, Lampinen M, Hakansson L, Rak S, Venge P: **Identification of IL-5 and RANTES as the major eosinophil chemoattractants in the asthmatic lung.** *J Allergy Clin Immunol* 1996, **97**:1110-1115.

22. Brandt EB, Scribner TA, Akei HS, Rothenberg ME: **Experimental gastrointestinal allergy enhances pulmonary responses to specific and unrelated allergens.** *J Allergy Clin Immunol* 2006, **118**:420-427.

23. Amat F. Boutmy-Deslandes E. DK, Nemni A., Bourrat E., Sarahoui F., Pansé I., Fouere S., Bagot M., Just J.: **Multiple sensitization to food allergens predisposes to develop sensitization to inhaled allergens in infants with early-onset atopic dermatitis: evidence from the ORCA prospective cohort.** *EAACI* 2014, **Oral Abstract Session, OAS 35, Pediatric epidemiology, B10**.

Figure 1: Mouse model of type I mediated food allergy to Ovalbumin. (A) Balb/c mice were sensitized three times intra-peritoneally (i.p) with PBS (CTRL) OVA/Al(OH)₃ (OVA) every 7 days and subsequently challenged with two doses of PBS or 20 mg OVA by intra-gastric (i.g) gavage. Analyses were done on day 32, three days after the last challenge. At the end of experiment, blood was removed and serum collected to measure **(B)** total IgE, OVA-specific IgE, **(C)** total IgG1 and IgG2a by ELISA in control (white circle) and OVA-allergic mice (black square). Data are represented as mean ± SEM (n = 5 mice/group). *p<0.05, **p<0.01.

Figure 2: Mouse model of Der f-induced asthma defined by hyperreactivity and pulmonary infiltrate. (A) Balb/c mice sensitized to Der f by percutaneous (p.c) application on days 0, 7, 14 and 21 and then challenged intranasally (i.n) with Der f on day 27 and 34. Mice were sacrificed after one or three days after the first (day 28 and 30) or second challenge (day 35 and 37). On day 35, blood was removed and serum collected to measure **(B)** total IgE, Der f-specific IgE, by ELISA in control (white circle) and Der f-allergic mice (black square). **(C)** Measurement of airway hyperreactivity (AHR) after one and three days after the first (day 27) and second challenge (day 34) in control (CTRL, white circle dotted line) and in allergic (Der f, black square plain line) mice. AHR is displayed by Penh/Penh0 (pause enhanced ratio to basal pause enhanced). **(D)** Airway resistance to increasing doses of methacholin on day 37 in CTRL and Der-f sensitized mice. **(E)** Inflammatory score in lung one and three days after the first (day 27) and second challenge (day 34) in CTRL and Der f mice. **(F)** Representative hematoxylin-eosin staining of lungs section in control (CTRL) and allergic mice (Der f) on day 35. Scale bars represent 100 μm. Data are represented as mean ± SEM (n = at least 5 mice/group). *p<0.05, **p<0.01, ***p<0.001

Figure 3: Influence of exacerbation on lung and BAL inflammation in Der f-induced asthma model. (A) Eosinophil, neutrophil and lymphocyte counts in BAL and lung one day after the first (day 28) and second challenge (day 35) in control (white bars) and asthmatic (black bars) mice. **(B)** Measurement of airway hyperreactivity (AHR) and airway resistance to increasing doses of methacholin in CTRL (white circle), sensitized (black circle), challenged (white diamond) and asthmatic mice on day 28. **(C)** Total cells, lymphocytes, eosinophil and neutrophil counts in lung one day after the first challenge (day 28) in CTRL (white bars), percutaneously sensitized (p.c, light grey), intra-nasally challenged (i.n, dark grey) and asthmatic (Der f, black) mice. **(D)** Measurement of IL-5, IL-10, IFN-γ and IL-17 secretion in BAL cells on day 28 and 35 in CTRL and Der f mice by ELISA. Data are represented as mean ± SEM (n = at least 5 mice/group). *p<0.05, **p<0.01, ***p<0.001

Figure 4: OVA-induced gastrointestinal food allergy increases immunoglobulin production and allergic airway response in Der f-induced asthma model. (A) An OVA food allergy followed by respiratory allergy were induced in Balb/c mice . At the end of the protocol, blood was removed and serum collected to quantify **(B)** total IgG1 and IgE as well as **(C)** Der f-specific and OVA-specific IgE by ELISA in control (CTRL, white circle), OVA-induced food allergy (FA, white square), Der f-induced asthma (RA, black square) and bi-allergic Der f-induced asthma with OVA-induced food allergy (FA+RA, black circle) mice. **(D)** Measurement of AHR with increasing doses of methacholin (upper panel) and to the higher dose (lower panel) in control (white circle), FA (white square), RA (black square) and bi-allergic FA+RA (black circle) mice. Data are represented as mean ± SEM (n = at least 5 mice/group). *p<0.05, **p<0.01, ***p<0.001

Figure 5: OVA-induced gastrointestinal food allergy influence pulmonary inflammation and cytokine production in Der f-induced asthma model. Eosinophils, neutrophils and lymphocytes count in **(A)** BAL and in **(B)** lung in control (white bars), FA (light grey bars), RA (dark grey square) and bi-allergic FA+RA (black bars) mice. **(C)** Measurement of IL-4, IL-5, IL-10, IL-17, KC and RANTES secretion in BAL cells by ELISA in the different groups as in A. Data are represented as mean ± SEM (n = at least 5 mice/group). *p<0.05, **p<0.01, ***p<0.001

Figure 6: Schematic diagram on the influence of previous food allergy on the development of asthma in mouse model.Initial sensitization to food allergen will lead to allergic reaction after allergen reexposure and induce an increase of intestinal permeability. Then, the development of asthma is influence by the previous food allergy and this influence is characterized by an increase of RANTES/CCL5 production (1) as well as a stronger Activation and recruitment of Th2 cells and eosinophils (2). These events will results in an increase of total and derf-specific IgE (3) to induce activation and degranulation of inflammatory mediators leading to the induction of a strong bronchial hyperreactivity (AHR) and to severe asthma (4).

Figure 1

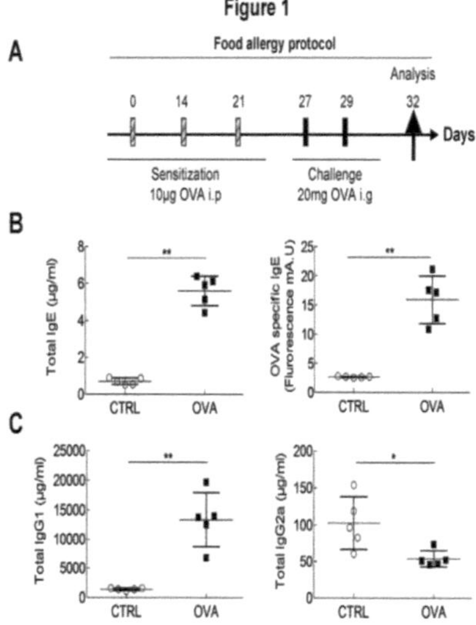

Figure 2

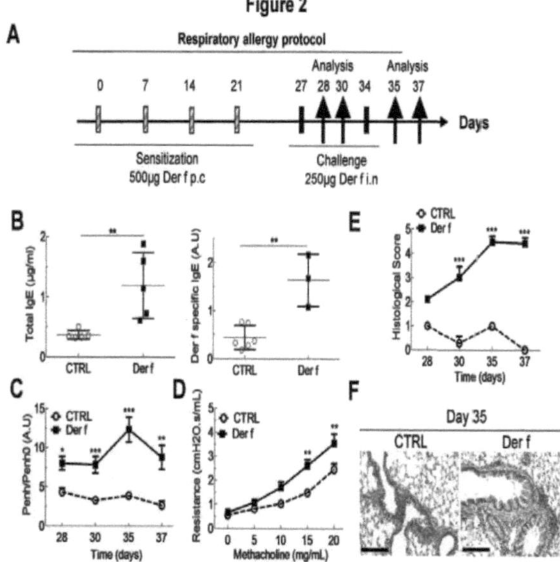

Figure 3

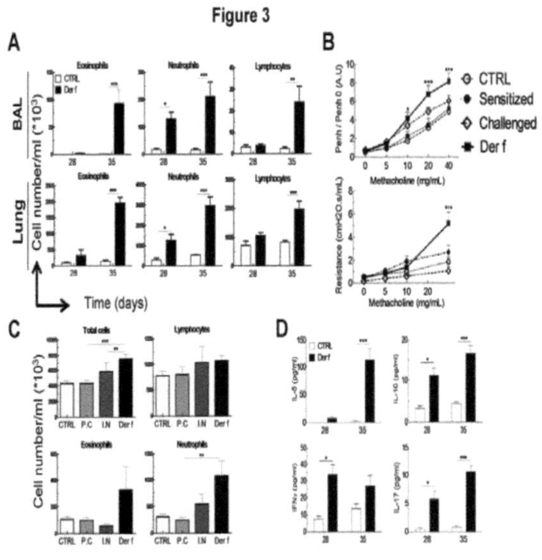

Figure 4

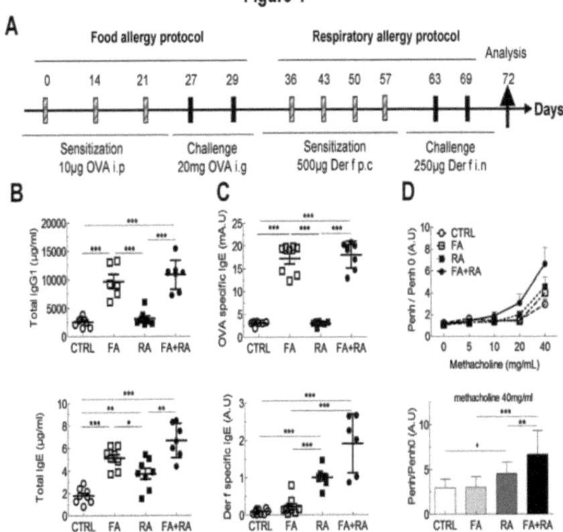

Figure 5

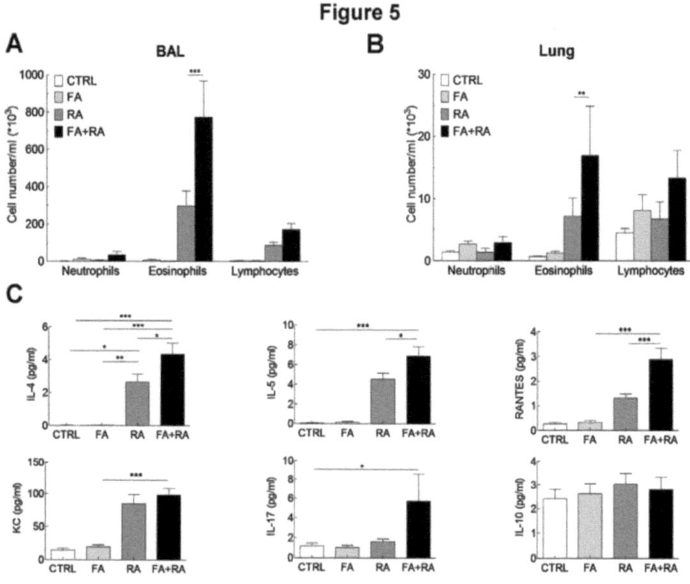

Figure 6

ARTICLE N°4

Vaccination with Hypoallergenic Der p 2 peptides improves respiratory function and airway inflammation in a mouse model of house dust mite-induced asthma

Bouchaud G*, Braza F*, Chesné J, Lair D, Chen KW, Rolland-Debord C, Hassoun D, Roussey-Bihouée T, Marie-Aude Cheminant, Christine Sagan, Vrtala S and Antoine Magnan

(Lettre acceptée dans Journal of Allergy and Clinical Immunology, Décembre 2014)

Vaccination with Hypoallergenic Der p 2 peptides improves respiratory function and airway inflammation in a mouse model of house dust mite-induced asthma

Bouchaud G *, Braza F *, Chesné J, Lair D [1,2] Chen KW [3], Rolland-Debord C [1,2], Hassoun D [1,2], Roussey-Bihouée T [1,2], Cheminant MA [1,2], Vrtala S [3] and Antoine Magnan [1,2]

* These authors contributed equally to the work.

[1] INSERM, UMR1087, Nantes, F-44000 France.

[2] Université de Nantes, IRT-UN, l'institut du thorax, Nantes, F-44000 France.

[3] Department of Pathophysiology and Allergy Research, Center for Pathophysiology, Infectiology and Immunology, Vienna, Austria

[4] Service d'anatomie et cytologique pathologiques, hôpital G.- et R.-Laënnec, boulevard J.-Monod, Saint-Herblain, Nantes cedex 01, France.

Corresponding author: Antoine Magnan, INSERM UMR1087, IRS-UN, 8 quai Moncousu, BP70721, 44007 Nantes cedex1, France. Tel: 33228080126; Fax: 33228080130. E-mail: Antoine.Magnan@univ-nantes.fr

Letter to the editors

House dust mites (HDM) area major source of allergens affecting more than 50% of allergic patients [1, 2]. The *Dermatophagoides pteronyssinus* allergen, Der p 2, is one of the most representative HDM allergens, which is recognized by more than 90% of HDM-allergic patients [1, 2]. Continuous exposure to this allergen leads to the development of asthma, a pathology characterized by bronchoconstriction and airway inflammation. Genetic engineering allows the development of new therapeutic recombinant hypoallergenic derivatives with lower IgE and T cell reactivity [3]. Accordingly it was recently described that two recombinant hypoallergenic peptides derived from Der p 2 exhibited less *in vivo* allergenicity than the Der p 2 allergen but preserved immunogenicity [1, 2]. Thus, hypoallergenic peptides may represent candidates for specific immunotherapy especially in HDM allergic asthma.

To investigate whether Der p 2-derived peptides could modulate asthma in mice, we tested the therapeutic effect of three recombinant Der p 2 hypoallergenic derivatives in a mouse model of HDM-induced asthma: Der p 2.1 (aminoacids 1–53), Der p 2.2 (aminoacids 54–129) and a hybrid molecule: Der p 2.2+ 2.1. Mice have been vaccinated with one of these three peptides or an irrelevant peptide as control (major birch pollen allergen, Bet v 1) 10 days before a first sensitization to HDM extract and one day before the fourth sensitization (Figure 1A). All three recombinant peptides decreased airway hyperresponsiveness in response to metacholine suggesting that these peptides may influence the course of the disease. Interestingly the Der p 2.1 peptide showed stronger effect than other hypoallergenic derivatives (Figure 1B).

In a next step we analysed airway inflammation and found a dramatic decrease of cellular infiltrate in the bronchoalveolar lavage (BAL) of Der p 2.1 vaccinated mice with notably an important drop in eosinophil and neutrophil counts (Figure 1C-E). Altogether these results validate the therapeutic effect of the hypoallergenic Der p 2.1 peptide and suggest its influence in the development of HDM allergic asthma by controlling airway inflammation and restoring lung function.

To assess this hypothesis we focused on the Der p 2.1 peptide in our next experiments. Der p 2.1 peptide vaccination improved lung function and decreased inflammation (Figure 2). Indeed lung invasive experiments revealed a significant improvement in lung resistance and elastance of mice treated with Der p 2.1 derivate when compared to mice treated with control peptide (Figure 2A and B). Having found that Der p 2.1 vaccinations dampen immune cell recruitment in the airways, we analysed levels of inflammatory chemokines in BAL. We found a significant decrease in the production of MCP-1 (CCL2), Eotaxin (CCL11) and KC (CXCL1) explaining the dampened infiltrate observed in Der p 2.1 vaccinated mice (Figure 2C).

As this hypoallergenic peptide has been described as a poor inducer of T cell proliferation and activation [1,2], we investigated by flow cytometry whether vaccination could modulate primary T-cell responses to inhaled allergen, primed in the lung tissue. Interestingly we found a decreased frequency of IL-4 and IL-17 producing CD4[+] T cells (Figure 2D), two T cell subsets described for their deleterious effects in allergic asthma [4]. No effect was observed in frequency of IL-13[+] or IFN-y[+] CD4[+] T cells (Figure 2D). In addition we found no IgE reactivity in the BAL of Der p 2.1-vaccinated mice confirming previous reports demonstrating the lack of IgE reactivity towards this recombinant hypoallergenic derivative (Figure 2E) [1,2]. However, contrary to recent results we do not report on an increase of the inhibitory Der p 2 specific IgG_1 (Figure 2E) [5]. This result could be explained by B cells needs IL-4 to produce both IgG1 and IgE. Consequently by decreasing IL-4 producing T cells, vaccination with Derp 2.1 also reduce the production of T_H2 related immunoglobulin. Given their structural homology, Der p and Der f antigens demonstrate an important IgE cross-reactivity [6]. Based on this, we lastly investigated whether vaccination with Der p 2.1 peptide could control the development of Der f-induced airway hyperresponsiveness. Thus, vaccination with this peptide inhibited bronchial hyper-reactivity similarly to what obtained after vaccination in a Der p-induced asthma model (Figure 2F).

Collectively these data support a potent therapeutic effect of Der p 2.1 vaccination in the development of asthma by improving lung function, dampening airway inflammation, influencing lung T cell responses and inhibiting IgE responses. By inhibiting production of IL-4 by T cells Der p 2.1 vaccination probably dampen IgE production leading to a global attenuation of airway inflammation. Lower levels of IgE leads to less allergen-IgE pathogenic complexes and so less activation of innate cells as eosinophils, mastocytes and basophils. The fact that IgG1 is also decreased is intriguing. It is probably due to the fact that IL-4 is also involved in the production of IgG1 in mice. Another interesting finding is the fact that vaccination also dampens the frequency of T_H17 cells in lungs. Given the potent role of these cells in severe asthma [7], this therapeutic strategy could represent an interesting alternative in some case of severe allergic asthma. Most interestingly we demonstrated that vaccination with Der p 2.1 could be effective in Der f asthmatic mice. Consequently this vaccine may reduce therefore IgE-mediated but also T cell-mediated allergic inflammation irrespectively of HDM species.

Bibliography

1.	Chen KW, Blatt K, Thomas WR, Swoboda I, Valent P, Valenta R, et al. Hypoallergenic Der p 1/Der p 2 combination vaccines for immunotherapy of house dust mite allergy. J Allergy Clin Immunol 2012; 130:435-43 e4.
2.	Chen KW, Focke-Tejkl M, Blatt K, Kneidinger M, Gieras A, Dall'Antonia F, et al. Carrier-bound nonallergenic Der p 2 peptides induce IgG antibodies blocking allergen-induced basophil activation in allergic patients. Allergy 2012; 67:609-21.
3.	Valenta R, Ferreira F, Focke-Tejkl M, Linhart B, Niederberger V, Swoboda I, et al. From allergen genes to allergy vaccines. Annu Rev Immunol 2010; 28:211-41.
4.	Botturi K, Langelot M, Lair D, Pipet A, Pain M, Chesne J, et al. Preventing asthma exacerbations: what are the targets? Pharmacol Ther 2011; 131:114-29.
5.	Linhart B, Narayanan M, Focke-Tejkl M, Wrba F, Vrtala S, Valenta R. Prophylactic and therapeutic vaccination with carrier-bound Bet v 1 peptides lacking allergen-specific T cell epitopes reduces Bet v 1-specific T cell responses via blocking antibodies in a murine model for birch pollen allergy. Clin Exp Allergy 2014; 44:278-87.
6.	Heymann PW, Chapman MD, Aalberse RC, Fox JW, Platts-Mills TA. Antigenic and structural analysis of group II allergens (Der f II and Der p II) from house dust mites (Dermatophagoides spp). J Allergy Clin Immunol 1989; 83:1055-67.
7.	Chesne J, Braza F, Mahay G, Brouard S, Aronica M, Magnan A. IL-17 in Severe Asthma: Where Do We Stand? Am J Respir Crit Care Med 2014.

Materials and methods

Animal procedures - Balb/c female mice 6-8 weeks of age were purchased from Charles River breeding laboratories and used for all experiments. They were housed in UTE IRS-UN platform (Nantes, France). They were maintained under specific pathogen-free, temperature-controlled conditions with a strict 12 hours light-dark cycle and were given free access to food and water. All protocols were approved by the Regional Ethical Committee for Animal Experiments of Pays de la Loire (ceea.2012.77). Mice were sensitized on days 0, 7, 14 and 21 by percutaneous application of 500 µg of total extract of Dermatophagoïdes pternyssinus (Der p) or Dermatophagoïdes farinaes (Der f) (Stallergenes, Antony, France) in 20 µL of dimethylsulfoxyde (DMSO, Sigma-Aldrich, St. Louis, MO, United States) on the ears without any synthetic adjuvant. They were challenged intranasally with 250 µg of Der p in 40 µL of sterile PBS, once on D27 to induce asthma and once more on D34 to induce asthma exacerbation. Animals were anesthetized with 100µl of xylazine (ROMPUN® 2%, Bayer, 15mg/kg) intraperitoneally and 100µl of ketamine (IMALGENE®1000, Merial, 80 mg/kg) for both sensitizations and challenges. Mice were sacrificed by sublethal injection of dolethal (DOLETHAL®, vetoquinol, France) on D35 and D37 (Fig 1). For dynamic lung resistance measurements, mice were anesthetized with 200 µl of a ketamine-xylazine mix and paralyzed with 100 µl of rocuronium bromide (ESMERON®, Organon, 10 mg / ml) intraperitoneally.

Derivative peptide injection - Derivative peptides (Der p 2.1) and control (Bet v 1.2) peptides were purified as previously described by Chen et al (Mol Immunol, 2008). Peptides were injected 10 days before the first sensitization and 20 days later. Der p 2.1 was solubilized with 10mM NaH2PO4, pH 7 solution to a final concentration of 400 µg/ml. Bet v 1.2 was used as control and was solubilized with PBS to a final concentration of 150 µg/ml. 200ul of a solution of Alu-gel (Alu-Gel-S, SERVA Electrophoresis) containing 5 µg of peptides were injected subcutaneously in the neck of mice.

BAL preparation - 1 mL of sterile PBS was administered intra-tracheally in mice through flexible catheter. Cells and supernatants from removed fluid were separated by centrifugation. Total cell number was determined by optical microscopy and analyze of BAL cell composition was done by Flow cytometry (see below). Supernatants were stored at -80°C for cytokines assays.

Flow cytometry analysis - Lungs and spleen were recovered from asthmatic mice or controls 1 or 3 days after the last challenge and placed into RPMI. Cells were then isolated by passing tissues through 40 μm filter. Cells were first washed with RPMI and next with PBS-FBS 5%. Spleen cells were depleted of red blood cells by treatment with ammonium chloride prior to second wash. After counting, cells were stained for 20 minutes with titrated specific antibodies in PBS-FBS 5%. The anti-mouse antibodies used included: CD3-APC, CD19 PE-Cy7, CD11c PE-Cy7, F4/80 FITC, CD80 FITC, CD86 PE, Ly6G PerCP-Cy5.5 and CD45R PerCP-Cy5.5 (purchased from eBiosciences) ; CD8 APC-H7 and CD19 APC-H7 (purchased from BD Biosciences) ; CCR3 PE (purchased from R&D). Dead cells were excluded using DAPI. Stained cells resuspended in PBS were acquired on a BD LSR™ II (BD Biosciences) and analysed on BD FACSDiva™ software (BD Biosciences). The same protocol was used for BALF cell analysis.

Flow cytometry – For analysis of BAL cell, the following antibodies were used: CD3-APC, CD19 PE-Cy7, CD11c PE-Cy7, F4/80 FITC, CD80 FITC, CD86 PE, Ly6G PerCP-Cy5.5 and CD45R PerCP-Cy5.5 (purchased from eBiosciences) ; CD8 APC-H7 and CD19 APC-H7 (purchased from BD Biosciences) ; CCR3 PE (purchased from R&D). Dead cells were excluded using DAPI. Stained cells resuspended in PBS were acquired on a BD LSR™ II (BD Biosciences) and analysed on BD FACSDiva™ software (BD Biosciences). To study lung T cell responses, the lungs were removed, disrupted and digested at 37°C for 1H in 10 mL of PBS containing Dnase I (Roche) and collagenase II (Invitrogen). Lung cells were passed through a 40-μm cell strainer with a syringe plunger, and the strainer was washed with 10mL of RPMI 1640 media supplemented 10% FBS, 200 mg/mL penicillin, 200 U/mL streptomycin, 4 mM L-glutamine, and 0.05 mM β-mercaptoethanol. After red blood lysis, 5.10^5 lung cells were transferred to a 96-well round-bottom plate and were stimulated for 5H with a mix containing PMA (50 ng/mL) and ionomycin (500 ng/mL; Sigma-Aldrich) together with either monensin for T_H17 analysis (2 mg/mL; BD Bioscience) or brefeldin A for T_H2 assessment (1 mg/mL; BD Bioscience). For cytokine detection, FcRs were blocked with mouse CD16/CD32 mAbs (ebioscience, Paris, Fr). Prior to surface specific staining, the cells were stained with Fixable Viability Dye 450 (BD Biosciences) to exclude dead cells. The following antibodies were used for surface staining: CD3 PeCy7 (145-2C11;BD Biosciences), CD8 APC-H7 (53-6.7; BD Biosciences). The cells were then fixed and permeabilized using a Cytofix/Cytoperm kit (BD Biosciences) and stained intracellularly with anti-IL-4 (11B11; eBioscience), -IL-13 (eBio13A;

eBiosciences), and -IL-17A (TC11-18H10; BD Biosciences).

Airway hyper-reactivity (AHR) measurement - Unrestrained mice were nebulized with increasing doses of methacholine (Mch) (Sigma-Aldrich) from 0 to 40 mg/mL. Enhanced pause (Penh) was measured by whole body plethysmography (Emka Technologies, Paris, France). Dynamic lung resistances were measured using a flexiVent® (SCIREQ). Mice were anesthetized and connected via the endotracheal cannula to a *flexiVent* system. After initiating mechanical ventilation, the mouse was paralyzed with ip injection of 0.1 ml of a 10 mg/ml solution of rocuronium bromide. The animal was ventilated at a respiratory rate of 150 breaths/min and tidal volume of 10 ml/kg against a positive end expiratory pressure (PEEP) of 3 cmH2O. Respiratory mechanics were assessed using a 1.2 second, 2.5 Hz single-frequency forced oscillation maneuver and a 3 second, broadband low frequency forced oscillation maneuver containing 13 mutually prime frequencies between 1 and 20.5 Hz. The settings of both perturbations were configured to ensure that onset transients were omitted and the oscillations had reached steady state in the analyzed portions of the maneuvers. Respiratory system resistance (R) were calculated in the *flexiVent* software by fitting the equation of motion of the linear single compartment model of lung mechanics using multiple linear regressions. Both maneuvers were executed every 15s in alternation after each MCh aerosol challenge to capture the time course and the detailed response of the MCh-induced bronchoconstriction.

Cytokines quantification - Cytokines concentrations in BAL or spleen cell culture supernatants were quantified by Luminex® technology (BioPlex 200 system, Bio-Rad), using the Pro Mouse Cytokine 23-plex kit (Bio-Rad Laboratories, Munich, Germany). Assays were performed according to the manufacturer's specifications. Data analysis was performed using the Bio-Plex Manager Software version 4.0.

Statistical analysis - All statistical analysis were conducted using GraphPad Prism 4.0b (Graphpad Software Inc., La Jolla, CA USA). All data are expressed as mean ± standard error of the mean (SEM). Unless otherwise specified, differences in airway response between groups were tested for statistical significance using ANOVA. The Mann-Whitney test was used for other analysis. A p value less than 0.05 was considered statistically significant.

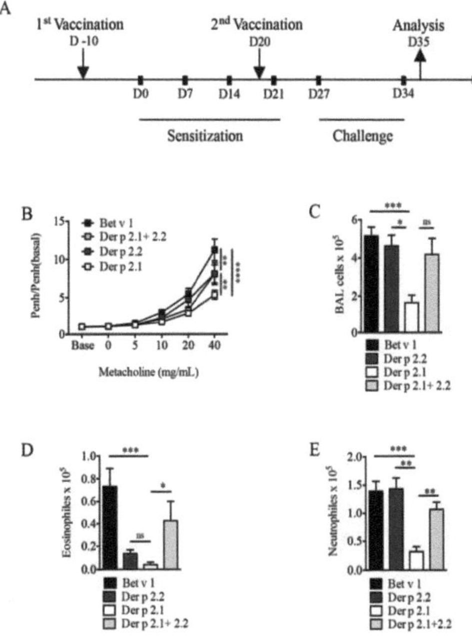

Figure 1: Derp 2.1 exhibits some therapeutic potential in a mouse model of Dermatophagoïdes pternyssinus induced asthma. A, Schematic representation of the HDM antigen–allergic model. **B,** Penh values (n=8-12 mice per group). **C,** Total BAL cell numbers (n=8-12 mice per group). **D,** BAL eosinophil values (n=8-12 mice per group). **E,** BAL neutrophils values (n=8-12 mice per group).

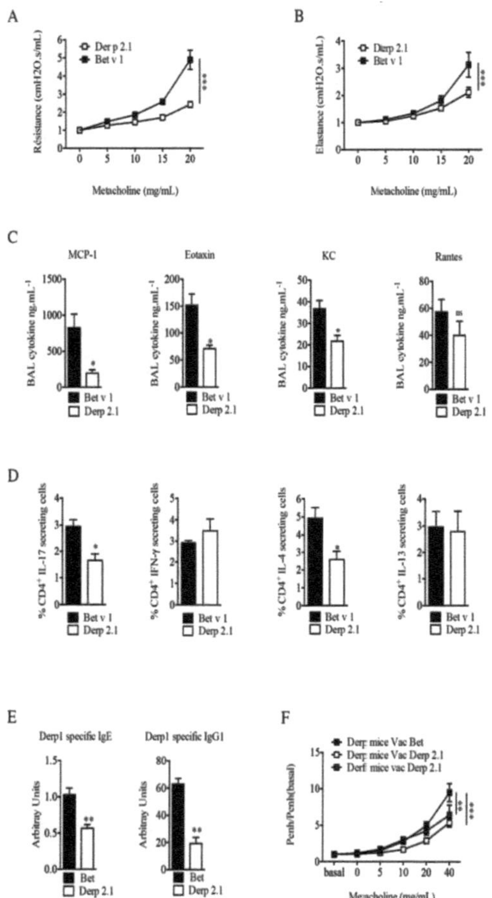

Figure 2: Vaccination with Derp 2.1 normalizes lung fonction and influences airway inflammation. A and **B**, Resistance and elastance values obtained by invasive methods. **C**, BAL levels of chemokines after vaccination. **D**, T cell responses in lung mucosa. **E**, Serum levels of Derp1 specific IgE after Derp2.1 vaccination. **F**, Penh values obtained after vaccination with Derp2.1 in a mouse model of Dermatophagoïdes farinaes-induced asthma.

II. Etude du transcriptome sanguin de patients en insuffisance respiratoire terminale

ARTICLE N°5

Systematic analysis of blood cell transcriptome in end-stage chronic respiratory diseases

J. Chesné*, R. Danger*, K. Botturi-Cavaillès[1], M. Reynaud-Gaubert, S. Mussot, M. Stern, I. Danner-Boucher, JF. Mornex, C. Pison, C. Dromer, R. Kessler, M. Dahan, O Brugière, J. Le Pavec, F. Perros, M. Humbert, C. Gomez, S. Brouard*, A. Magnan[1]* and the COLT consortium

(Article publiée dans Plos One, Octobre 2014)

Résumé : Les maladies chroniques respiratoires en phase terminale ont des conséquences systémiques telles que la perte de poids et la susceptibilité aux infections. Toutefois, les mécanismes de ces dysfonctionnements sont mal compris. Nous avons émis l'hypothèse que les gènes impliqués dans ces mécanismes pourrait être identifiés dans le sang de patients atteints d'une mucoviscidose (CF), d'une hypertension artérielle pulmonaire (PAH, HTAP) ou d'une Broncho-Pneumopathie Chronique Obstructive (BPCO, COPD) en insuffisance respiratoire terminale. Nous avons réalisé une étude de puce à ADN sur le sang de patients CF et PAH. Ce travail nous a permis de déterminer 3 signatures de gènes : 2 spécifiques de chaque maladie avec des gènes sur-exprimés et 1 commune aux deux maladies avec des gènes sous-exprimés. Les gènes les plus discriminants ont été validés dans chaque signatures. Nous avons mis en évidence un rôle important de deux gènes dans les mécanismes d'insuffisance respiratoire, à savoir T Cell Factor (TCF-7) et l'interleukin 7 receptor (IL-7R), tous les deux impliqués dans l'activation des lymphocytes T. TCF-7 et IL-7R sont retrouvés sous-exprimés dans le sang de patients en insuffisance respiratoire quelle qu'en soit la cause (CF, PAH, BPCO). Ces gènes peuvent probablement jouer un rôle dans la haute susceptibilité de ces patients aux infections.

Systematic Analysis of Blood Cell Transcriptome in End-Stage Chronic Respiratory Diseases

Julie Chesné[1,2,3¶], Richard Danger[2,3,9¶], Karine Botturi[1,2], Martine Reynaud-Gaubert[4], Sacha Mussot[5], Marc Stern[6], Isabelle Danner-Boucher[1], Jean-François Mornex[7,8,9,10], Christophe Pison[11,12,13,14], Claire Dromer[15], Romain Kessler[16], Marcel Dahan[17], Olivier Brugière[18], Jérôme Le Pavec[5], Frédéric Perros[19,20,21], Marc Humbert[19,20,21], Carine Gomez[4], Sophie Brouard[2,3¶], Antoine Magnan[1,2*¶], and the COLT Consortium[‡]

1 UMR_S 1087 CNRS UMR_6291, l'Institut du Thorax, Université de Nantes, CHU de Nantes, Centre National de Référence Mucoviscidose Nantes-Roscoff, Nantes, France, 2 Université de Nantes, Nantes, France, 3 Institut National de la Santé et de la Recherche Médicale INSERM U1064, and Institut de Transplantation Urologie Néphrologie du Centre Hospitalier Universitaire Hôtel Dieu, Nantes, France, 4 CHU de Marseille, Aix Marseille Université, Marseille, France, 5 Centre Chirurgical Marie Lannelongue, Service de Chirurgie Thoracique, Vasculaire et Transplantation Cardiopulmonaire, Le Plessis Robinson, France, 6 Hôpital Foch, Suresnes, France, 7 Université de Lyon, Lyon, France, 8 Université de Lyon 1, Lyon, France, 9 INRA, UMR_S 754, Lyon, France, 10 Hospices Civils de Lyon, Lyon, France, 11 Clinique Universitaire Pneumologie, CHU de Grenoble, Grenoble, France, 12 Université Joseph Fourier, Grenoble, France, 13 Inserm U1055, Grenoble, France, 14 European Institute of Systems Biology and Medicine, Lyon, France, 15 CHU de Bordeaux, Bordeaux, France, 16 CHU de Strasbourg, Strasbourg, France, 17 CHU de Toulouse, Toulouse, France, 18 Hôpital Bichat, Service de Pneumologie B et Transplantation Pulmonaire, Paris, France, 19 Université Paris-Sud, Le Kremlin-Bicêtre, France, 20 AP-HP, Service de Pneumologie, DHU Thorax Innovation, Hôpital Bicêtre, Le Kremlin-Bicêtre, France, 21 INSERM U999, LabEx LERMIT, Centre Chirurgical Marie Lannelongue, Le Plessis Robinson, France

Abstract

Background: End-stage chronic respiratory diseases (CRD) have systemic consequences, such as weight loss and susceptibility to infection. However the mechanisms of such dysfunctions are as yet poorly explained. We hypothesized that the genes putatively involved in these mechanisms would emerge from a systematic analysis of blood mRNA profiles from pre-transplant patients with cystic fibrosis (CF), pulmonary hypertension (PAH), and chronic obstructive pulmonary disease (COPD).

Methods: Whole blood was first collected from 13 patients with PAH, 23 patients with CF, and 28 Healthy Controls (HC). Microarray results were validated by quantitative PCR on a second and independent group (7PAH, 9CF, and 11HC). Twelve pre-transplant COPD patients were added to validate the common signature shared by patients with CRD for all causes. To further clarify a role for hypoxia in the candidate gene dysregulation, peripheral blood mononuclear cells from HC were analysed for their mRNA profile under hypoxia.

Results: Unsupervised hierarchical clustering allowed the identification of 3 gene signatures related to CRD. One was common to CF and PAH, another specific to CF, and the final one was specific to PAH. With the common signature, we validated T-Cell Factor 7 (*TCF-7*) and Interleukin 7 Receptor (*IL-7R*), two genes related to T lymphocyte activation, as being under-expressed. We showed a strong impact of the hypoxia on modulation of *TCF-7* and IL-7R expression in PBMCs from HC under hypoxia or PBMCs from CRD. In addition, we identified and validated genes upregulated in PAH or CF, including Lectin Galactoside-binding Soluble 3 and Toll Like Receptor 4, respectively.

Conclusions: Systematic analysis of blood cell transcriptome in CRD patients identified common and specific signatures relevant to the systemic pathologies. *TCF-7* and *IL-7R* were downregulated whatever the cause of CRD and this could play a role in the higher susceptibility to infection of these patients.

Citation: Chesné J, Danger R, Botturi K, Reynaud-Gaubert M, Mussot S, et al. (2014) Systematic Analysis of Blood Cell Transcriptome in End-Stage Chronic Respiratory Diseases. PLoS ONE 9(10): e109291. doi:10.1371/journal.pone.0109291

Editor: Oliver Eickelberg, Helmholtz Zentrum München/Ludwig-Maximilians-University Munich, Germany

Received May 9, 2014; Accepted August 30, 2014; Published October 20, 2014

Data Availability: The authors confirm that all data underlying the findings are fully available without restriction. Data are available from the GEO database at: http://www.ncbi.nlm.nih.gov/geo/query/acc.cgi?token = epkbaewellmjhuv&acc = GSE38267.

Funding: This study was funded mainly by a grant from Vaincre La Mucoviscidose, the Programme National Hospitalier de Recherche Clinique, a CENTAURE foundation grant, an Agence de la Biomédecine Française (ABM) grant, and an ESOT grant. This work was realized in the context of the IHU-Cesti project thanks to French government financial support managed by the National Research Agency via the "Investment Into The Future" program ANR-10-IBHU-005. The IHU-Cesti project is also supported by Nantes Metropole and the Pays de la Loire Region. The funders had no role in study design, data collection and analysis, decision to publish, or preparation of the manuscript.

Competing Interests: The authors have declared that no competing interests exist.

* Email: antoine.magnan@univ-nantes.fr

9 These authors contributed equally to this work.

¶ JC and RD are first authors on this work. SB and AM also contributed equally to this work and are senior authors on this work.

‡ Membership of the COLT Consortium is provided in the Acknowledgments.

Introduction

Dependence on oxygen supplementation is an end-stage condition of several chronic respiratory diseases (CRD). In France, almost 150,000 patients receive long-term oxygen therapy, with a median survival of 1 to 4 years depending on the underlying cause [1]. Chronic Obstructive Pulmonary Disease (COPD), Cystic Fibrosis (CF) and Pulmonary Arterial Hypertension (PAH) have this end-stage supplementation in common despite distinct pathophysiologies and treatments. COPD results from damage to airways and lung parenchyma [2]; CF is caused by a mutation in the Cystic Fibrosis Transmembrane conductance Regulator gene (*CFTR*), affecting bronchial epithelium mucus production leading to lung impairment and infection [3]; PAH is a condition involving a remodelling of pulmonary vessels causing right heart failure [4,5]. Chronic tissue hypoxia resulting from these diseases induces peripheral damage including weight loss and metabolism dysfunction directly impacting the patient outcome [6,7]. Using high-throughput approaches in genomics, transcriptomics or proteomics, previous studies have identified biological signatures relevant for these diseases, characterized notably by immunological abnormalities [8–10]. However, the mechanisms of the systemic consequences of CRD are still poorly understood. Little attention has been paid to date to the impact of CRD on blood cells, which may carry disease-specific information due to direct or indirect modifications. We hypothesized that CRD-induced metabolic changes could impact blood cell gene expression, and that this compartment offers a means to detect genes implicated in unexplored CRD-related changes.

To test this hypothesis, a systematic analysis of blood mRNA profiles was performed in CRD patients awaiting lung transplant. Microarray analysis was performed on a first group (microarray cohort) composed of PAH, CF and Healthy Controls (HC). We distinguished a common transcriptomic signature related to CRD and specific signatures for each disease. These patterns were validated in an external and independent cohort of HC and patients with CF, PAH and COPD (validation cohort).

Methods

Study population

The study protocol was approved by the Comité de Protection des Personnes Ouest 1-Tours (reference number: 2009-A00036-51), and written informed consent was obtained from all subjects. Blood samples were collected from pre-transplant patients included in a multicentric longitudinal cohort, intituled Cohort of Lung Transplantation (COLT). This cohort consists in monitoring patients during 5 years following lung transplantation in order to detect predictive factors of chronic lung allograft dysfunction. We took advantage of the biocollection to study blood of patients with CRD before transplantation. The strategy of selecting the included samples is described in Figure 1. To increase the chance of detecting a signature of CRD that is independent of the primary disease, we first focused on 2 diseases with highly contrasted pathophysiology, CF and Class 1 PAH. Secondarily, to validate this common signature as being present in any CRD, a supplementary group of COPD patients was included. Patients were selected among the cohort so that each group was as homogeneous as possible regarding the form of the disease (CF documented as exempt of secondary PAH, Class 1 PAH, COPD with documented emphysema) and treatment (CF with azithromycin). Some samples were secondarily excluded due to unsatisfying mRNA quality. The "microarray cohort" was therefore

composed of 13 patients diagnosed with PAH and 23 with CF (Table 1A). Twenty-eight samples from healthy controls (HC) collected by the French Blood Establishment were used in the microarray analysis (Table 1A). In order to overcome the age difference between CF and PAH, we selected a HC population mixed in age: 46.43% of HC were matched with CF (born after 1970) and 53.57% with PAH patients (born before 1960).

The relevance of candidate genes from the microarrays analysis was confirmed by quantitative polymerase chain reaction (q-PCR) performed on a second group of patients referred to as the "validation cohort". This group was composed of 7 PAH and 9 CF patients newly included in COLT since the first selection, 12 COPD patients selected among the whole COLT population, and 11 HC (Table 1B). The same criteria were applied as in the "microarray" set. In this validation cohort again, we matched HC according to the patients age: 54.54% were born before 1960 and 45.46% after 1970.

RNA Isolation

Samples were collected in PAXgene tubes (PreAnalytix, Qiagen), and stored at −80°C. Total RNA was extracted using the PAXgene Blood RNA System kit with an on-column DNase digestion protocol. Quality and quantity of total RNA were determined using a 2100 Bioanalyzer (Agilent Technologies Incorporation) and a NanoDrop ND-1000 spectrophotometer (NanoDrop Technologies). Microarray and qPCR analyses were performed on RNA with 260/280 and 260/230 OD ratios above 1.8 and a RNA integrity number (RIN) above 7.

Gene expression microarray analysis

RNA samples were prepared and hybridized on Agilent Human Gene Expression 8×60 K microarrays (Agilent Technologies, part number: G4851A). In order to avoid any bias due to blood populations differences between groups, the Lowess (locally weighted scatterplot smoothing) normalization procedure was applied on all the microarrays together [11]. Thereby spots with half of the samples exhibiting signals less than the mean of all median signals were removed (threshold: 90.83). 30,146 probes were kept out of 58,717. Raw microarray data were deposited in the Gene Expression Omnibus (GEO) database (accession number GSE38267). Unsupervised hierarchical clustering was performed with Cluster (v3.0) and TreeView software using uncentred Pearson correlation with a median-centred gene dataset. To select the genes participating to the same biological process, we selected 5 clusters (A–E), based on a combined approach: selected genes were clustered together and exhibited a between-group t-test p-value below 1% [12]. The biological significance for each cluster was determined using GOminer software. Thus over-represented GO ontology (GO) categories within the list of genes were identified by comparison with the others genes expressed on the microarrays (*i.e.* the 17,163 expressed genes). In addition, Ingenuity Pathway Analysis (IPA) (Ingenuity Systems Inc.) was used to construct network pathways.

Sample classification methods from gene expression data

Prediction Analysis of Microarray (PAM) was performed using R v2.13.0 software with a *pamr* package to identify minimum gene sets that differentiated patient groups. Additional hierarchical clustering was performed with MultiExperiment Viewer software [13] using the uncentered Pearson correlation as a similarity metric and average linkage clustering. Principal component

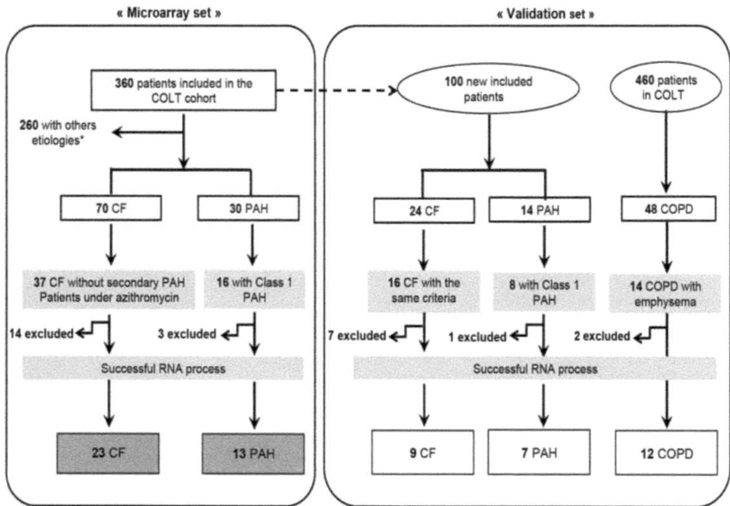

Figure 1. Strategy for selecting patients from the COLT (COhort of Lung Transplantation). *Emphysema, Sarcoïdosis, Lymphangiomatosis, Secondary PAH, histiocytosis, fibrosis, bronchiectasis and COPD (Chronic Obstructive Pulmonary Disease). CF: Cystic Fibrosis; PAH: Pulmonary Arterial hypertension; COPD: Chronic Obstructive Pulmonary Disease. Patients were excluded during the RNA process following specific qualities criteria.
doi:10.1371/journal.pone.0109291.g001

analysis (PCA) and receiver operating curve (ROC) were performed using R v2.13.0 software with *ade4* [14] or pROC package, respectively.

Quantitative PCR (qPCR) for microarray validation

Microarray results were validated by qPCR with a new set of independent samples. Complementary DNA was synthesized starting from 500 ng of RNA using an Omniscript kit (Qiagen). Real-time quantitative PCR was performed on a ViiA7 Fast Real-Time PCR System (Applied Biosystems) using commercially available primers: *HPRT1* (Hs99999909_m1), *β2M* (Hs00984230_m1), *ACTB* (Hs99999903_m1), *TCF-7* (Hs00175273_m1), *CD6* (Hs00198752_m1), *IL-7R* (Hs00233682_m1), *LGALS3* (Hs00173587_m1), *MDK* (Hs00171064_m1) *TLR4* (Hs00152939_m1), *NLRC4* (Hs00802666_m1) and *TLR8* (Hs00607866_mH). Samples were analysed in duplicate and the geometric mean of quantification cycle values (Cq) for *HPRT1*, *β2M* and *ACTB* was used to normalize cDNA amounts. Relative expression between a sample and a reference was calculated according to the $2^{-\Delta\Delta Cq}$ method [15].

Cellular culture under hypoxic and normoxic conditions

PBMCs from HC cultured in 24-well plates with 1 mL of RPMI 1640 media supplemented 10% FBS, 200 mg/mL penicillin, 200 U/mL streptomycin, 4 mM L-glutamine were placed either in a hypoxia incubator, created by displacing O_2 (2% O_2) with infusion of N_2 (93%), or a normoxic incubator (21% O_2) for 12 h at 37°C. RNA was extracted using a Macherey Nagel kit according to the supplier's recommendations. Complementary

DNA was synthetized from 250 ng using a superscript III kit (invitrogen) and qPCR was performed to study *TCF-7* and *IL-7R* expression. Finally, median fluorescence intensity was measured for CD127 (also called IL-7R) protein on $CD3^+CD4^+$ T cells by flow cytometry using the following antibodies (1/100e): CD3-PE-Cy7, CD4-PercP-Cy 5.5 and CD127-PE (BD, Biosciences). A Viability dye (BD Horizon V450, 1/1000e) may be used to exclude dead cells from analysis (LSR II BD Biosciences and FlowJo software).

Analysis of lymphocyte flow cytometry profile in PBMCs of patients in CRDs

PBMC from 7 CF, 8 PAH and 6 COPD patients and 6 HC were rapidly thawed by placing cryovials at 37°C. Cells were washed, resuspended in supplemented RPMI 1640. 3.10^6 cells were stained with CD3-PE-Cy7, CD4-PercP-Cy 5.5, CD127-PE, BD Horizon V450 (BD, Biosciences). Results were generated by flow cytometry (LSR II BD Biosciences and FlowJo software).

Statistics

Regarding microarray analysis, the selection of genes of interest is based on a combined approach including a t-test with a p-value inferior to 0.01 and a clustering selection. This approach is based on the assumption that genes participating to same biological functions are clustered together as demonstrated by Alizadeh *et al.* [16]. A test called SP Calc was used for calculating sample size and power in our microarray study [17]. Our analysis exhibited a reasonable statistical power superior to 75% despite the small sample size. qPCR and Flow cytometry results are given as mean ±standard error of the mean. The non-parametric Kruskal Wallis

Table 1. Summary of clinical data of patients included in the microarray (A) and in the validation (B) cohorts.

Patients Group		Age	Gender (Male/All)	Smoking status (Yes/No)	BMI (Kg/m2)	FEV1 (%)	PaO2 (kPa)	PAPm (mmHg)
A.	Patients included in the microarray cohort							
CF n = 23			11/23	0/23*				
	mean ± SD	24±7			18.4±2.25	24.7±8.50	8.1±0.74	
	min	16			14.5	14	7	
	max	41			22.4	42	9.6	
PAH n = 13			5/13	0/13^φ				
	mean ± SD	41±15.3			22.3±6.10	74.9±30.05	7.9±1.66	66.7±17.17
	min	16			16.3	36	5.9	53
	max	61			34	122	10	110
HC n = 28			9/28					
	mean ± SD	42.5±14.20						
	min	21						
	max	68						
B.	Patients included in the validation cohort							
CF n = 9			5/9	0/9				
	mean ± SD	26±6.3			18±1.20	24±5.43	7.2±1.58	
	min	15			16	15	4.9	
	max	36			19	35	8.4	
PAH n = 7			0/7	0/7[£]				
	mean ± SD	34±18.5			24±7.81	80±15.06	9.1±0.22	64±23.39
	min	15			20	30	8.9	40
	max	67			27	95	11.2	100
COPD n = 12			8/12	0/12[§]				
	mean ± SD	58±2.6			21.2±4.53	18.1±5.40	7.84±1.9	
	min	54			16	10	3.8	
	max	61			28.6	32	10.17	
HC n = 11			6/11					
	mean ± SD	41.5±13.47						
	min	23						
	max	58						

PAH = pulmonary arterial hypertension; CF = cystic fibrosis; HC = healthy controls; COPD = chronic obstructive pulmonary disease; BMI = Body Mass Index; FEV1 = Forced Expiratory Volume in 1 second; PaO2 = arterial oxygen tension; PAPm = mean pulmonary artery pressure (mmHg);
*2/23 are wean smokers; ^φ2/13 are wean smokers; [£]1/7 is a wean smoker; [§]12/12 are wean smokers.
doi:10.1371/journal.pone.0109291.t001

and eosinophils (Figure S1A). However, these results do not influence the microarray analysis, normalized on the number of blood cells among each population. Noteworthy, no significant difference was found regarding proportions of leukocyte subpopulations between CF and PAH (Figure S1B). We observed no modification across all blood populations between COPD, PAH and CF in the validation cohort (Figure S1C, D).

Overall gene expression profiles

Gene expression microarrays were performed using total RNA from peripheral whole blood from 23 CF, 13 PAH and 28 HC (Figure 2A). Using the expression values of 17,163 unique genes, the principal component analysis (PCA) graph based on the first 2 components displayed a clear separation between HC and the CRD patients, whereas there was less distinction between CF and PAH (Figure 2B). In addition, a similar segregation was observed in the sample dendrogram of the unsupervised hierarchical clustering (Figure 2C). We then used a gene clustering approach to select signatures associated with CRD, CF and PAH, assuming that genes clustering together participate in a common function [18]. Based on unsupervised hierarchical clustering and an associated student t-test (p-value<0.01), we identified two clusters of under-expressed genes (clusters A (476 genes) and B (710 genes)) in both CF and PAH groups compared to HC (Figure 2A, C). In addition, compared to HC one cluster was associated with PAH (cluster C = 2,271 genes) and two with CF (clusters D and E, composed of 572 and 471 genes, respectively) (Figure 2A, C).

These latter 3 clusters are composed of over-expressed genes relative to HC. In order to investigate the biological significance of these 5 clusters, GOminer analysis was performed to annotate all genes in each cluster. The ingenuity pathway analysis was used to identify key functional pathways.

Identification and validation of genes associated with both CRDs

Microarray data highlighted two under-expressed genes signatures in both diseases (Figure 3A). Cluster A was mainly related to cellular metabolic processes (GO:0044237) (Table 2A) including genes involved in the cell cycle (cyclin-dependent kinase 9 (*CDK9*), ataxia telangiectasia mutated (*ATM*) and B-cell CLL/lymphoma 2 (*BCL2*)). Concerning cluster B, we found GO categories related to T cell signalling (such as "T cell receptor signalling pathway", GO:0050852 and "antigen receptor-mediated signalling pathway", GO:0050351) (Table 2B). Among genes from cluster B (associated with CRD) and from enriched GO categories (mainly related to gene expression and T cell signalling), we identified a main network of 25 genes associated with lymphocyte survival including 4 major genes under-expressed in both CRDs: CD3 gamma (*CD3G*), CD3 Epsilon (*CD3E*), Transcription factor 7 (*TCF-7*) and Interleukin-7 Receptor (*IL-7R*) (Figure 3B).

We performed a Prediction Analysis of Microarrays (PAM) based on genes from enriched GO categories for clusters A and B (536 unique genes) in order to define the genes specifically

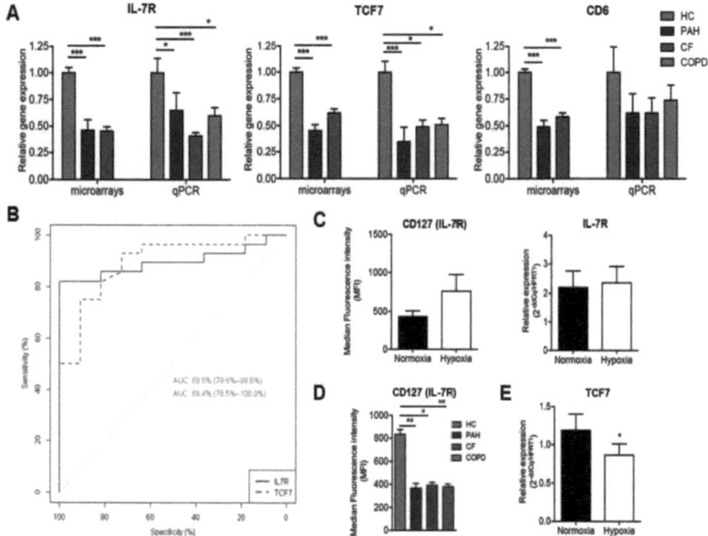

Figure 4. Validation of the most representative genes in the validation cohort. A) Quantitative PCR validation of 3 genes from the PAM analysis (*IL-7R*, *TCF-7* and *CD6*) using the validation cohort; B) based on these qPCR values, *IL-7R* and *TCF-7* enabled good discrimination between patients with CRD and HC, according to a receiver operating characteristic (ROC) analysis (AUC = 89.6% with p<0.001 and AUC = 89.4% with p<0.001, respectively); C) Median intensity fluorescence (MFI) and mRNA expression of *IL-7R* in PBMCs from healthy controls (HC) cultivated 12 hours under hypoxic and normoxic condition; D) MFI of IL-7R on PBMCs from CRD patients compared to HC; E) *TCF-7* expression in PBMCs from HC under hypoxia or normoxia.
doi:10.1371/journal.pone.0109291.g004

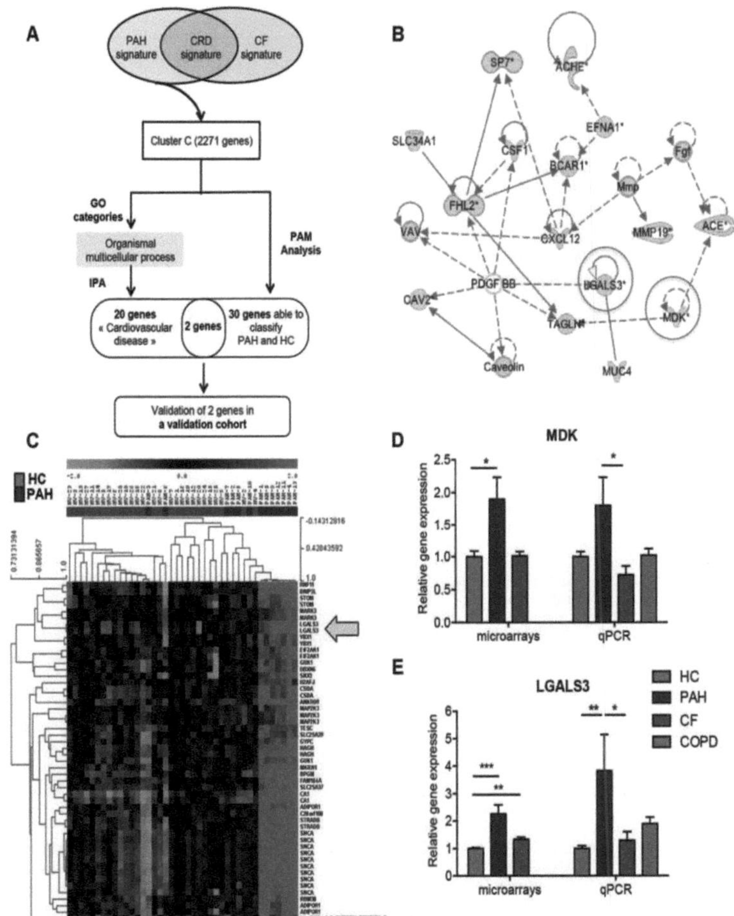

Figure 5. Characterization of over-expressed genes in the PAH signature. A) Tree analysis of the PAH signature. Identification of the most representative genes by Gominer, PAM, IPA analysis and validation by qPCR of the candidate genes in the validation cohort; B) Network generated by IPA on the most significant GO categories in PAH signature. Over-expressed genes in PAH are in gray. C) PAM analysis based on the cluster, *Green* represents relatively low expression, and *red* indicates relatively high expression; D and E) Validation by qPCR of *MDK* and *LGALS3* in the validation cohort, respectively.
doi:10.1371/journal.pone.0109291.g005

modulated in CRD (Figure 3C). A combination of 11 probes corresponding to 9 unique genes successfully classified CRD patients, with only 4 out of 28 HC misclassified (PAM overall error = 14%) (Figure 3D). PCA analysis based on the expression of these 9 genes clearly separated CRD from HC, suggesting a strong involvement of these genes in both CRDs (Figure 3E). Based on

PAM and IPA analysis, we focused on *CD6*, *IL-7R* and *TCF-7*, 3 genes involved in lymphocyte activation. Transcript levels of these 3 genes were measured by qPCR in the validation cohort of 9 CF, 7 PAH, and 11 HC. To confirm the link between these genes and CRD, regardless of the primary disease, blood samples from 12 COPD patients were also analysed. We confirmed the under-

Table 3. Gominer Analysis based for over-expressed genes in PAH signature versus HC.

GO ID	GO category	Number of significant genes	Enrichment	FDR
GO:0032501	multicellular organismal process	323	1.29	0.00
GO:0007608	sensory perception of smell	18	4.28	0.00
GO:0003008	system process	104	1.65	0.00
GO:0007275	multicellular organismal development	243	1.33	0.00
GO:0007606	sensory perception of chemical stimulus	20	3.40	0.00
GO:0032502	developmental process	259	1.28	0.00
GO:0007186	G-protein coupled receptor protein signaling pathway	57	1.85	0.00
GO:0048731	system development	201	1.33	0.00
GO:0048856	anatomical structure development	219	1.30	0.00
GO:0050877	neurological system process	74	1.65	0.00
GO:0009187	cyclic nucleotide metabolic process	21	2.61	0.00
GO:0009190	cyclic nucleotide biosynthetic process	19	2.75	0.01
GO:0048513	organ development	141	1.36	0.01
GO:0030154	cell differentiation	150	1.34	0.01
GO:0030218	erythrocyte differentiation	16	2.90	0.01
GO:0031279	regulation of cyclase activity	14	3.12	0.01
GO:0030802	regulation of cyclic nucleotide biosynthetic process	16	2.85	0.01
GO:0030808	regulation of nucleotide biosynthetic process	16	2.85	0.01
GO:0007155	cell adhesion	65	1.58	0.01

Only GO categories enriched in cluster C with FDR less than 1%, with enrichment superior to 2 and with more than 10 genes are displayed.
doi:10.1371/journal.pone.0109291.t003

expression of *TCF-7* and *IL-7R* in the three CRD groups expect for *CD6* (Figure 4A). The ROC analysis indicated that *IL-7R* and *TCF-7* discriminated CRD with high sensitivity and specificity (AUC = 89.6%; p<0.001 and AUC = 89.4%; p<0.001, respectively) (Figure 4B).

Effect of hypoxia on TCF-7 and IL-7R expression

Finally, we investigated whether hypoxia itself, a hallmark of peripheral tissues in all end-stage CRD patients, regulates *TCF-7* and *IL-7R* genes. For this, we studied variation in the fluorescence intensity of IL-7R and expression of *TCF-7* and *IL-7R* in PBMCs from HC incubated 12h under hypoxic or normoxic conditions. No difference in median fluorescence intensity (MFI) or expression of IL-7R was observed, supposing a long-term action of hypoxia on its regulation (Figure 4C). However IL-7R was significantly downregulated in PBMC of CRD patients compared to HC (Figure 4D). Similarly, a significant decrease in *TCF-7* expression was found under hypoxia (Figure 4E). These results might suggest a possible modulation of *TCF-7* gene and IL-7R protein in response to the hypoxic state of patients with CRD.

Identification and validation of genes associated with PAH

Microarray analysis highlighted one cluster (cluster C) associated with PAH (Figure 5A). GO ontology analysis allowed us to identify genes related to "organismal multicellular process" (GO:0032501), "G-protein coupled receptor protein signaling pathway" (GO:0007186) and "sensory perception of smell" (GO:0007608) (Table 3). Using IPA analysis, we characterized several over-expressed genes in PAH, in particular related to cardiovascular diseases, including the genes coding for caveolin-2 (*CAV2*), the vasoconstrictor angiotensin-converting enzyme gene (*ACE*), as well as molecules involved in angiogenesis and adhesion,

such as midkine (*MDK*), and lectin galactoside-binding soluble 3 (*LGALS3*) (Figure 5B). Similarly, using a PAM analysis based on the 2,271 genes for cluster C, we identified the most informative genes in the PAH-specific signature. A combination of 30 unique genes (corresponding to 53 probes) classified PAH accurately, (with only 1 out of 28 HC misclassified (Figure 5C). Based on PAM and IPA analysis, we validated by qPCR two genes: *MDK* and *LGALS3* (Figure 5D, E). *MDK* was clearly over-expressed in PAH compared to the 3 other groups, but difference was only significant with CF (p<0.05) (Figure 5D). *LGALS3* was significantly over-expressed in PAH compared to HC and CF (p<0.01 and p<0.05, respectively) implying a strong contribution of this gene to PAH (Figure 5E).

Identification and validation of genes associated with CF

The CF signature was composed of two clusters (clusters D and E) of over-expressed genes involved in "cellular localization" (GO:0051641) (Table 4A) and in "Immune Response" (GO:0006955) and more specifically in "leukocyte activation" (GO:0002366) (Table 4B, Figure 6A). In addition, we found a set of 22 over-expressed genes associated with innate immunity, especially genes coding toll-like receptor 4 (*TLR4*), TLR8, NLR family CARD domain-containing protein 4 (*NLRC4*) and interleukin 1 (*IL1*) (Figure 6B). Using IPA, we measured the level of gene transcripts involved in CF, notably *NLRC4*, *TLR4* and *TLR8*, in the independent validation cohort. Whereas the over-expression of *NLRC4* and *TLR8* were not confirmed (Figure 6C, D), we found a significant increase in *TLR4* gene expression in CF patients (p<0.01 vs HC) (Figure 6E). Interestingly our investigation showed a significant expression of *TLR8* in COPD (p<0.05 vs HC) and *TLR4* in PAH, suggesting that these genes are not specific to CF. Altogether, these results still confirm the stimulation of innate immune response during CF.

Table 4. Gominer Analysis based for over-expressed genes in CF signature versus HC.

GO ID	GO category	Number of significant genes	Enrichment	FDR
A.	***Cluster D - CF signature***			
GO:0008104	protein localization	73	1.74	0.00
GO:0033036	macromolecule localization	82	1.63	0.00
GO:0045184	establishment of protein localization	63	1.73	0.01
GO:0016050	vesicle organization	12	4.46	0.01
GO:0015031	protein transport	62	1.73	0.00
GO:0006464	protein modification process	97	1.49	0.01
GO:0046907	intracellular transport	56	1.75	0.01
GO:0051641	cellular localization	77	1.57	0.01
GO:0034613	cellular protein localization	41	1.94	0.01
GO:0070727	cellular macromolecule localization	41	1.93	0.01
GO:0043412	macromolecule modification	99	1.45	0.01
GO:0016192	vesicle-mediated transport	49	1.78	0.01
GO:0044260	cellular macromolecule metabolic process	242	1.19	0.01
GO:0006886	intracellular protein transport	35	1.92	0.01
B.	***Cluster E - CF signature***			
GO:0009611	response to wounding	54	2.48	0.00
GO:0006952	defense response	53	2.45	0.00
GO:0023052	signaling	148	1.54	0.00
GO:0023033	signaling pathway	121	1.63	0.00
GO:0023046	signaling process	112	1.60	0.00
GO:0023060	signal transmission	111	1.58	0.00
GO:0007165	signal transduction	101	1.62	0.00
GO:0006955	immune response	51	2.13	0.00
GO:0002376	immune system process	70	1.84	0.00
GO:0048583	regulation of response to stimulus	47	2.17	0.00
GO:0035466	regulation of signaling pathway	60	1.94	0.00
GO:0035556	intracellular signal transduction	73	1.78	0.00
GO:0007243	intracellular protein kinase cascade	41	2.28	0.00
GO:0023014	signal transmission via phosphorylation event	41	2.28	0.00
GO:0006954	inflammatory response	27	2.85	0.00
GO:0002263	cell activation involved in immune response	14	4.78	0.00
GO:0002366	leukocyte activation involved in immune response	14	4.78	0.00
GO:0006950	response to stress	100	1.57	0.00
GO:0007169	transmembrane receptor protein tyrosine kinase signaling pathway	36	2.37	0.00
GO:0007166	cell surface receptor linked signaling pathway	74	1.73	0.00
GO:0023034	intracellular signaling pathway	80	1.65	0.00
GO:0050817	coagulation	28	2.61	0.00

Only GO categories enriched in cluster D (A) and in cluster E (B) with FDR less than 1%, with enrichment superior to 2 and with more than 10 genes are displayed.
doi:10.1371/journal.pone.0109291.t004

Discussion

The objectives of this research were to discover genes potentially involved in the peripheral damages seen in end-stage CRD by performing a systematic analysis of the blood mRNA from CRD patients. To make sure that genes identified as related to CRD were independent of the aetiology, we included in the screening analysis 2 diseases completely distinct in their pathophysiology, CF and PAH. We added a third unrelated disease, COPD, in the validation analysis, again increasing the probability that any link found to CRD was independent of the underlying diseases. This strategy not only provided CRD-related signatures, but also allowed the identification of genes specific of CF and PAH, some of which had not been suspected previously. The relevance of these disease-specific, highly contrasted signatures was reinforced by the concomitant study of 3 diseases that allowed each of them to serve as a control for the others and eliminate non-specific genes. COLT, a lung transplant cohort of 360 patients at time of

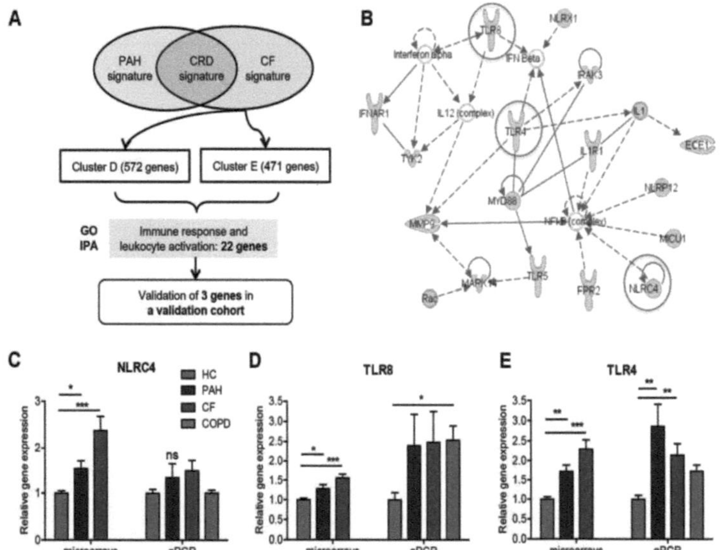

Figure 6. Characterization of over-expressed genes in the CF signature. A) Tree analysis of CF signature. Identification of the most representative genes by Gominer and IPA analysis and validation by qPCR of these genes in the validation cohort; B) Network generated by IPA on the most significant GO categories in CF signature. Over-expressed genes in CF are in gray; C, D, E) qPCR validation on the new cohort for *NLRC4*, *TLR8* and *TLR4* genes.
doi:10.1371/journal.pone.0109291.g006

this study, offered a unique opportunity to select homogeneous groups in terms of age, sex, underlying care and treatment, thus increasing the chances of detecting reliable signatures.

First, based on a microarray analysis using a combined hierarchical clustering approach, we identified a signature for CRD. The GO terms analysis in cluster A and B highlighted large families of genes associated with "metabolic process" and "T cell receptor signalling pathway", respectively. A set composed of under-expressed genes was determined, including genes involved in T-cell receptor (TCR) signalling, namely *CD3E*, *CD3G*, *IL-7R* and *TCF-7* (also known as *TCF-1*). *TCF-7* and *IL-7R* were identified in the gene network related to lymphocyte activation and were among the 9 genes selected in the PAM analysis. Their significant under-expression was confirmed by qPCR in independent CF and PAH groups and in individuals with COPD. Interestingly, these two genes are dependent on activation of the Wnt/β-catenin pathway and are pivotal in the control of T lymphocyte survival [19,20]. IL-7R composed of 2 chains, the common γ chain and the α chain (or CD127), mediates signalling of IL-7. IL-7R neutralization delays post-depletional T cell recovery through both the suppression of thymopoiesis and the inhibition of T cell homeostatic proliferation [19]. As for *IL-7R*, a number of works have established *TCF-7* as a critical regulator necessary for the maintenance of normal T-cell development, but also for the induction of many components of T-cell identity [20,21]. Among the genes induced by *TCF-7*, there are T-cell essential transcription factors such as *Gata3*, as well as components

involved in the regulation of TCR such as *IL-7R* [22–24]. Recently *TCF-7* has been shown to induce Th2 and Th17 inflammation, supporting the hypothesis that dysfunction of this pathway at any stage of T cell differentiation could lead to immune deficiency [21]. In light of the above, the down-regulation of *IL-7R* and *TCF-7* genes implies decreased adaptive immunity in end-stage CRD patients and could indirectly explain some infections and complications. A recent study described a systemic gene expression profile in patients with COPD [25]. Among the candidate genes found, *TCF-7* was a biomarker for COPD. However, our study clearly shows that *TCF-7* is not specific of COPD, but is rather an important marker of CRD. Indeed *TCF-7* was down regulated in COPD, but also in CF and PAH, evidencing a modulation of *TCF-7* in response to respiratory failure, whatever its cause. Since functional immunity is maintained by the metabolic requirement of proteins [26], the alteration of the immune response in end-stage CRD could be related to under-nutrition.

Whether the signature is related to CRD whatever the stage, or is specific to advanced respiratory failure, should be elucidated in cohorts with less developed respiratory diseases. In addition, to make sure that the signature is specific to CRD, other chronic invalidating diseases involving under-nutrition should be investigated. However the direct hypoxia-driven down-regulation of *TCF-7* in PBMC suggests that it is a respiratory-related signature. The consequences of hypoxia were also confirmed by the down-modulation of IL-7R on the surface of PBMC from CRD patients.

An improvement in the gene or protein expression after lung transplant would confirm the direct link with respiratory disorders.

In addition, we identified a specific signature for PAH. The GO and IPA analysis identified a number of genes already described in the pathophysiology of PAH: proteins coded by *CAV2* regulating lung endothelial cell proliferation and differentiation, and by *ACE*, a key enzyme in cardiovascular pathobiology, which serum levels are correlated with lung endothelial injury [27,28]. Furthermore, the midkine (*MDK*) gene, a heparin-binding growth factor linked to *ACE*, was identified in our gene network. MDK is known to promote vascular leukocyte infiltration and migration and proliferation of smooth muscle cells. MDK levels are increased in systemic hypertension and *MDK* interacts with *ACE* in the renin-angiotensin system [29,30].

The gene most contributing to PAH according to the PAM analysis was *LGALS3*, a member of the galectin family of carbohydrate binding proteins. We validated its over-expression in an independent PAH group by qPCR. Galectin-3 is described as a multifunctional protein involved in a variety of biological processes including fibrosis, angiogenesis and the activation of various immune cells, such as macrophages, neutrophils, mast cells and lymphocytes [31,32]. Interestingly, several works have shown that the upregulation of *LGALS3* is linked to heart failure and is an independent blood biomarker for ventricular remodeling and mortality [33–35]. Our results suggest that *LGALS3* may be involved in right heart failure, the most common cause of death in PAH [36]. Further investigations are required to decipher the functional role of galectin-3 in PAH.

The over-expression of genes related to innate immunity identified in CF through GO analysis was consistent with inflammation in this disease [37]. In accord with this, the IPA analysis showed many genes involved in inflammatory functions. Among these, Pattern Recognition Receptor (PRR) family genes, including TLR, notably *TLR4* and *TLR8*, were overexpressed. Their altered expression is directly associated with immune-deregulation [38,39]. We validated the *TLR4* over-expression by qPCR in blood from other CF patients. Most interestingly, *TLR4* was also significantly increased in uninfected PAH patients, suggesting that *TLR4* upregulation in CF patients is not related to infections. Additional PRRs were present in this network, including a member of the Nod-Like Receptor family, *NLRC4*. The *NLRC4* inflammasome is essential for host immunity against extracellular pathogens, such as *Pseudomonas aeruginosa*, a frequent pulmonary pathogen in CF [40]. Thus, *NLRC4* over-expression in the blood of CF could relate to their infectious status.

The number of patients per group is small, which can be seen as a limitation of the study. Indeed as showed on Figure 1 the selection strategy that aimed to get homogeneity of the patients populations within groups regarding type of the disease, treatments, experimental process (RNA and cDNA qualities) led to eliminating many samples from the analysis. The number of analysed patients was further decreased by elimination of unsuitable RNA. This strategy reduced the power of the study to detect genes relevant for each disease, but also lowered the risk of misclassifying the patients because of comorbidities. In addition, confounding factors such as age, lower in CF, or specific treatments, still cannot be eliminated. Nevertheless, we tried to overcome this by matching the age of HC population with these of CF and PAH groups. A systematic strategy of propensity score matching would have stratified group comparisons on such covariates. However the study was mainly designed to detect a signature common to CF and PAH that could be validated in new sets of patients and COPD, rather than identifying genes specific of each disease. A different strategy of selection aiming to eliminate

confounding factors would have been applied if the discovery of genes specific for each disease had been the primary objective. Despite this limitation, clustering analysis discriminated groups accurately, provided functional clusters, and most significant genes were validated in independent samples. Moreover, the risk of bias is lowered by that overexpressed genes are related to pathophysiological pathways already known to be disturbed in the respective diseases. It is the case of innate immunity genes in CF.

The blood gene expression profiling of patients with CRD enabled us providing a systematic description of peripheral molecular events related to CRD, CF and PAH. Notably, a common pattern associated with respiratory diseases, mainly under-expressed genes playing a role in immune functions is described. The relevance of these genes in the immunodeficiency of CRD patients is potentially important and would benefit from being investigated in functional studies. Our study further demonstrates the interest of systematic gene screening in order to detect unexplored mechanisms. The peripheral signatures found strengthen the arguments for a global approach of respiratory diseases in a systemic medical strategy. Elucidation of the molecular mechanisms involved in these changes in gene expression will require further investigations.

Supporting Information

Figure S1   Blood cell count in Giga/L and in percentage in the microarray cohort (A and B) and the validation cohort (C and D). Results are given as mean ± standard error (SEM). PAH = pulmonary arterial hypertension; CF = cystic fibrosis; COPD: Chronic Obstructive Respiratory Disease; Leu: Leukocytes; PMN: Polymorphonuclear Neutrophil; Ly: Lymphocytes; Mo: Monocytes; Eo: Eosinophils; Bas: Basophils. (TIF)

Acknowledgments

The authors thank the Integrative genomics platform of Nantes, in particular Catherine Chevalier and Edouard Hirchaud for assistance with the microarray data. The authors also thank the Cytocell platform of Nantes for assistance in the flow cytometry analysis and Béatrice Delasalle for statistics help. The authors are also grateful to the members of the COLT consortium. Membership of the Cohort of Lung Transplantation–COLT Consortium (associating surgeons; anaesthetists,-intensivists, physicians, research staff): **Leader:** Magnan Antoine; ; antoine.magnan@univ-nantes.fr; *Bordeaux*: J. Jougon, J.-F. Velly; H. Rozé; E. Blanchard, C. Dromer; *Bruxelles*: M. Antoine, M. Cappello, R. Souilamas, M. Ruiz, Y. Sokolow, F. Vanden Eynden, G. Van Nooten; L. Barvais, J. Berré, S. Brimioulle, D. De Backer, J. Créteur, E. Engelman, I. Huybrechts, B. Ickx, T. J.C. Preiser, T. Tuna, L. Van Obberghe, N. Vancutsem, J.-L. Vincent; P. De Vuyst, I. Etienne, F. Féry, F. Jacobs, C. Knoop, J.L. Vachiéry, P. Van den Borne, I. Wellemans; G. Amand, L. Collignon, M. Giroux; *Grenoble*: E. Arnaud-Crozat, V. Bach, P.-Y. Brichon, P. Chaffanjon, O. Chavanon, A. de Lambert, J.-P. Fleury, S. Guigard, K. Hireche, A. Pirvu, P. Porcu, R. Hacini; P. Albaladejo, C. Allègre, D. Anglade, D. Bedague, P. Bouzat, E. Briot, O. Carle, M. Casez-Brasseur, D. Colas, G. Dessertaine, M. Durand, J. Duret, M.C. Fèvre, G. Francony, S. Gay, M.R Marino, B. Oummahan, D. Protar, D. Rehm, S. Robin, M. Rossi-Blancher, L. Saunier; P. Bedouch, A. Boignard, H. Bouvaist, A. Briault, B. Camara, S. Chanoine, M. Dubuc, S. Lantuéjoul, S. Quêtant, J. Maurizi, P. Pavèse, C. Pison, C. Saint-Raymond, N. Wion; C. Chérion; *Lyon*: R. Grima, O. Jegaden, J.-M. Maury, F. Tronc; C. Flamens, S. Paulus; J.-F. Mornex, F. Philit, A. Senechal, J.-C. Glérant, S. Turquier; D. Gamondes; L. Chalabresse, F. Thivolet-Bejui; C Barnel, C. Dubois, A. Tiberghien; *Paris, Hôpital Européen Georges Pompidou*: F. Le Pimpec-Barthes, A. Bel, P. Mordant, P. Achouh; V. Boussaud; R. Guillemain, D. Méléard, M.O. Bricourt, B. Cholley; V. Pezella; *Marseille*: M. Adda, M. Badier, F. Bregeon, B. Coltey, X.B. D'Journo, S. Dizier, C. Doddoli, N. Dufeu, H. Dutau, JM. Forel, JY. Gaubert, C. Gomez, M. Leone, A. Nieves, B. Orsini, L. Papazian L, C. Picard, M. Reynaud-Gaubert, A. Roch, JM. Rolain, E.

Sampol, V. Secq, P. Thomas, D. Trousse; Yahyaoui M; *Nantes:* O. Baron, P. Lacoste, C. Perigaud, J.C. Roussel; I. Danner, A Haloun A. Magnan, A Tissot; T. Lepoivre, M. Treilhaud; K. Botturi-Cavaillès, S. Brouard, R. Danger, J. Loy, M. Morisset, M. Pain, S. Pares, D. Reboulleau, P.-J. Royer; *Paris, Hôpital Marie Lannelongue:* P. Dartevelle, E. Fadel, S. Mussot, D. Fabre, O. Mercier; P. Viard, S. François; J. Cerrina, P. Hervé, J. Le Pavec, F. Le Roy Ladurie; l. lamran; *Paris, Hôpital Bichat:* Y. Castier, P. Cerceau, F. Francis, G. Lesèche; N. Allou, P. Augustin, S. Boudinet, M. Desmard, G. Dufour, P. Montravers; O. Brugière, G. Dauriat, G. Jébrak, H. Mal, A. Marceau, A.-C. Métivier, G. Thabut; B. Ait Ilalne; *Strasbourg:* P. Falcoz, G. Massard, N. Santelmo; G. Ajob, O. Collange O. Helms, J. Hentz, A. Roche; B. Bakouboula, T. Degot, A. Dory, S. Hirschi, S. Ohlmann-Caillard, L. Kessler, R. Kessler, A. Schuller; K. Bennedif, S. Vargas; *Suresnes:* P. Bonnette, A. Chapelier, P. Puyo, E. Sage; J. Bresson, V. Caille, C. Cerf, J. Devaquet, V. Dumans-Nizard, ML. Felten, M. Fischler, AG. Si Larbi, M. Leguen, L. Ley, N. Liu, G. Trebbia;

S. De Miranda, B. Douvry, F. Gonin, D. Grenet, A.M. Hamid, H. Neveu, F. Parquin, C. Picard, A. Roux, M. Stern; F. Bouillioud, P. Cahen, M. Colombat, C. Dautricourt, M. Delahousse, B. D'Urso, J. Gravisse, A. Guth, S. Hillaire, P. Honderlick, M. Lequintrec, E. Longchampt, F. Mellot, A. Scherrer L. Temagoult, L. Tricot; M. Vasse, C. Veyrie, L. Zemoura; *Toulouse:* J. Berjaud, L. Brouchet, M. Dahan; F. Le Balle, O. Mathe; H. Benahoua, A. Didier, A.L. Goin, M. Murris; L. Crognier, O. Fourcade.

Author Contributions

Conceived and designed the experiments: JC RD KB AM SB. Performed the experiments: JC RD. Analyzed the data: JC RD. Contributed reagents/materials/analysis tools: JC RD. Contributed to the writing of the manuscript: JC RD AM SB. Patient recruitment: KB MRG SM MS IDB JFM CP CD RK MD OB JLP FP MH CG.

References

1. Chailleux E, Fauroux B, Binet F, Dautzenberg B, Polu JM (1996) Predictors of survival in patients receiving domiciliary oxygen therapy or mechanical ventilation. A 10-year analysis of ANTADIR Observatory. CHEST 109: 741–749.

2. Barnes PJ (2000) Chronic obstructive pulmonary disease. N Engl J Med 343: 269–280. doi:10.1056/NEJM200007273430407.

3. Ratjen F, Döring G (2003) Cystic fibrosis. Lancet 361: 681–689. doi:10.1016/S0140-6736(03)12567-6.

4. Humbert M, Sitbon O, Simonneau G (2004) Treatment of pulmonary arterial hypertension. N Engl J Med 351: 1425–1436. doi:10.1056/NEJMra040291.

5. Price LC, Wort SJ, Perros F, Dorfmüller P, Huertas A, et al. (2012) Inflammation in pulmonary arterial hypertension. CHEST 141: 210–221. doi:10.1378/chest.11-0793.

6. de Theije C, Costes F, Langen RC, Pison C, Gosker HR (2011) Hypoxia and muscle maintenance regulation: implications for chronic respiratory disease. Curr Opin Clin Nutr Metab Care 14: 548–553. doi:10.1097/MCO.0-b013e32834b6e79.

7. Cano NJM, Pichard C, Roth H, Court-Fortuné I, Cynober L, et al. (2004) C-reactive protein and body mass index predict outcome in end-stage respiratory failure. CHEST 126: 540–546. doi:10.1378/chest.126.2.540.

8. Bull TM, Coldren CD, Moore M, Sotto-Santiago SM, Pham DV, et al. (2004) Gene Microarray Analysis of Peripheral Blood Cells in Pulmonary Arterial Hypertension. Am J Respir Crit Care Med 170: 911–919. doi:10.1164/rccm.200312-1686OC.

9. Adib-Conquy M, Pedron T, Petit-Bertron A-F, Tabary O, Corvol H, et al. (2008) Neutrophils in cystic fibrosis display a distinct gene expression pattern. Mol Med 14: 36–44. doi:10.2119/2007-00081.Adib-Conquy.

10. Chen H, Wang Y, Bai C, Wang X (2012) Alterations of plasma inflammatory biomarkers in the healthy and chronic obstructive pulmonary disease patients with or without acute exacerbation. J Proteomics 75: 2835–2843. doi:10.1016/j.jprot.2012.01.027.

11. Le Meur N, Lamirault G, Bihouée A, Steenman M, Bédrine-Ferran H, et al. (2004) A dynamic, web-accessible resource to process raw microarray scan data into consolidated gene expression values: importance of replication. Nucleic Acids Res 32: 5349–5358. doi:10.1093/nar/gkh870.

12. Chopard A, Lecunff M, Danger R, Lamirault G, Bihouee A, et al. (2009) Large-scale mRNA analysis of female skeletal muscles during 60 days of bed rest with and without exercise or dietary protein supplementation as countermeasures. Physiol Genomics 38: 291–302. doi:10.1152/physiolgenomics.00036.2009.

13. Applied Biosystems (1997) ABI PRISM 7900 user bulletin 2: 11–24. Available: http://www3.appliedbiosystems.com/cms/groups/mcb_support/documents/generaldocuments/cms_040980.pdf. Accessed 2014 Sep 29.

14. Dray S, Dufour AB (2007) The ade4 package: implementing the duality diagram for ecologists. Journal of Statistical Software 22(4): 1–20.

15. Kuimelis RG, Livak KJ, Mullah B, Andrus A (1997) Structural analogues of TaqMan probes for real-time quantitative PCR. Nucleic Acids Symp Ser: 255–256.

16. Alizadeh AA, Eisen MB, Davis RE, Ma C, Lossos IS, et al. (2000) Distinct types of diffuse large B-cell lymphoma identified by gene expression profiling. Nature 403: 503–511. doi:10.1038/35000501.

17. Qiu W, Lee M-LT (2006) SPCalc: A web-based calculator for sample size and power calculations in micro-array studies. Bioinformation 1: 251–252.

18. Eisen MB, Spellman PT, Brown PO, Botstein D (1998) Cluster analysis and display of genome-wide expression patterns. Proc Natl Acad Sci USA 95: 14863–14868.

19. Mai H-L, Boeffard F, Longis J, Danger R, Martinet B, et al. (2014) IL-7 receptor blockade following T cell depletion promotes long-term allograft survival. J Clin Invest 124: 1723–1733. doi:10.1172/JCI66287.

20. Ioannidis V, Beermann F, Clevers H, Held W (2001) The beta-catenin-TCF-1 pathway ensures CD4(+)CD8(+) thymocyte survival. Nat Immunol 2: 691–697. doi:10.1038/90623.

21. Ma J, Wang R, Fang X, Sun Z (2012) β-catenin/TCF-1 pathway in T cell development and differentiation. J Neuroimmune Pharmacol 7: 750–762. doi:10.1007/s11481-012-9367-y.

22. Weber BN, Chi AW-S, Chavez A, Yashiro-Ohtani Y, Yang Q, et al. (2011) A critical role for TCF-1 in T-lineage specification and differentiation. Nature 476: 63–68. doi:10.1038/nature10279.

23. Yu Q, Xu M, Sen JM (2007) Beta-catenin expression enhances IL-7 receptor signaling in thymocytes during positive selection. J Immunol 179: 126–131.

24. Peschon JJ, Morrissey PJ, Grabstein KH, Ramsdell FJ, Maraskovsky E, et al. (1994) Early lymphocyte expansion is severely impaired in interleukin 7 receptor-deficient mice. J Exp Med 180: 1955–1960.

25. Bahr TM, Hughes GJ, Armstrong M, Reisdorph R, Coldren CD, et al. (2013) Peripheral Blood Mononuclear Cell Gene Expression in Chronic Obstructive Pulmonary Disease. Am J Respir Cell Mol Biol 49: 316–323. doi:10.1165/rcmb.2012-0230OC.

26. Iyer SS, Chatraw JH, Tan WG, Wherry EJ, Becker TC, et al. (2012) Protein energy malnutrition impairs homeostatic proliferation of memory CD8 T cells. The Journal of Immunology 188: 77–84. doi:10.4049/jimmunol.1004027.

27. Orfanos SE, Armaganidis A, Glynos C, Psevdi E, Kaltsas P, et al. (2000) Pulmonary capillary endothelium-bound angiotensin-converting enzyme activity in acute lung injury. Circulation 102: 2011–2018.

28. Xie L, Vo-Ransdell C, Abel B, Willoughby C, Jang S, et al. (2011) Caveolin-2 is a negative regulator of anti-proliferative function and signaling of transforming growth factor-β in endothelial cells. Am J Physiol, Cell Physiol 301: C1161–C1174. doi:10.1152/ajpcell.00486.2010.

29. Hobo A, Yuzawa Y, Kosugi T, Kato N, Asai N, et al. (2009) The growth factor midkine regulates the renin-angiotensin system in mice. J Clin Invest 119: 1616–1625. doi:10.1172/JCI37249.

30. Weckbach LT, Muramatsu T, Walzog B (2011) Midkine in inflammation. ScientificWorldJournal 11: 2491–2505. doi:10.1100/2011/517152.

31. Taniguchi T, Asano Y, Akamata K, Noda S, Masui Y, et al. (2012) Serum levels of galectin-3: possible association with fibrosis, aberrant angiogenesis, and immune activation in patients with systemic sclerosis. J Rheumatol 39: 539–544. doi:10.3899/jrheum.110755.

32. Tribulatti MV, Figini MG, Carabelli J, Cattaneo V, Campetella O (2012) Redundant and Antagonistic Functions of Galectin-1, -3, and -8 in the Elicitation of T Cell Responses. The Journal of Immunology 188: 2991–2999. doi:10.4049/jimmunol.1102182.

33. de Boer RA, Yu L, van Veldhuisen DJ (2010) Galectin-3 in cardiac remodeling and heart failure. Curr Heart Fail Rep 7: 1–8. doi:10.1007/s11897-010-0004-x.

34. Chowdhury F, Kehl D, Choudhary R, Maisel A (2013) The Use of Biomarkers in the Patient with Heart Failure. Curr Cardiol Rep 15: 372. doi:10.1007/s11886-013-0372-4.

35. Gaggin HK, Januzzi JL Jr (2013) Biochimica et Biophysica Acta. BBA - Molecular Basis of Disease 1832: 2442–2450. doi:10.1016/j.bbadis.2012.12.014.

36. Schermuly RT, Ghofrani HA, Wilkins MR, Grimminger F (2011) Mechanisms of disease: pulmonary arterial hypertension. Nat Rev Cardiol 8: 443–455. doi:10.1038/nrcardio.2011.87.

37. Cohen TS, Prince A (2012) Cystic fibrosis: a mucosal immunodeficiency syndrome. Nat Med 18: 509–519. doi:10.1038/nm.2715.

38. Krieg AM, Vollmer J (2007) Toll-like receptors 7, 8, and 9: linking innate immunity to autoimmunity. Immunol Rev 220: 251–269. doi:10.1111/j.1600-065X.2007.00572.x.

39. Sturges NC, Wikström ME, Winfield KR, Gard SE, Brennan S, et al. (2010) Monocytes from children with clinically stable cystic fibrosis show enhanced expression of Toll-like receptor 4. Pediatr Pulmonol 45: 883–889. doi:10.1002/ppul.21230.

40. Cai S, Batra S, Wakamatsu N, Pacher P, Jeyaseelan S (2012) NLRC4 inflammasome-mediated production of IL-1β modulates mucosal immunity in the lung against gram-negative bacterial infection. The Journal of Immunology 188: 5623–5635. doi:10.4049/jimmunol.1200195.

III. Revues didactiques

<u>Revue N°1</u>

IL-17 in severe asthma : where do we stand?

<u>Chesné J</u>*, Braza F*, Mahay G, Brouard S, Aronica M, and Magnan A

(Revue publiée dans American Journal of Respiratory Critical Care Medicine,

Août 2014)

PULMONARY PERSPECTIVE

IL-17 in Severe Asthma
Where Do We Stand?

Julie Chesné[1,2,3,4*], Faouzi Braza[1,2,3,4,5*], Guillaume Mahay[1,2,3,4,6], Sophie Brouard[3,5], Marc Aronica[7,8], and Antoine Magnan[1,2,3,4,6]

[1]Institut national de la santé et de la recherche médicale (INSERM), Unité mixte de recherche (UMR) 1087, l'Institut du Thorax, Nantes, France; [2]Centre national de la recherche scientifique (CNRS), UMR 6291, Nantes, France; [3]Université de Nantes, Nantes, France; [4]Département Hospitalo-Universitaire (DHU) 2020 Médecine Personnalisée des Maladies Chroniques, Nantes, France; [5]INSERM, UMR 1064, Center of Research in Transplantation and Immunology, Nantes, France; [6]Centre Hospitalo-Universitaire (CHU) Nantes, l'Institut du Thorax, Service de Pneumologie, Nantes, France; [7]Department of Pathobiology, Lerner Research Institute, Cleveland, Ohio; and [8]Respiratory Institute, Cleveland Clinic, Cleveland, Ohio

Abstract

Asthma is a major chronic disease ranging from mild to severe refractory disease and is classified into various clinical phenotypes. Severe asthma is difficult to treat and frequently requires high doses of systemic steroids. In some cases, severe asthma even responds poorly to steroids. Several studies have suggested a central role of IL-17 (also called IL-17A) in severe asthma. Indeed, high levels of IL-17 are found in induced sputum and bronchial biopsies obtained from patients with severe asthma. The recent identification of a steroid-insensitive pathogenic Th17 pathway is therefore of major interest. In addition, IL-17A has been described in multiple aspects of asthma pathogenesis, including structural alterations of epithelial cells and smooth muscle contraction. In this perspective article, we frame the topic of IL-17A effects in severe asthma by reviewing updated information from human studies. We summarize and discuss the implications of IL-17 in the induction of neutrophilic airway inflammation, steroid insensitivity, the epithelial cell profile, and airway remodeling.

Keywords: severe asthma; neutrophilic asthma; IL-17; Th17

Truth has many faces ... [so does asthma]

—Marion Zimmer Bradley, *The Mists of Avalon*

Asthma has long been considered a single homogenous disease characterized by chronic deregulated airway inflammation and bronchial hyperresponsiveness, leading to recurrent chest wheezing, cough, and shortness of breath. However, cluster analysis of large cohorts allowed the identification of several asthma phenotypes defined according to clinical and functional characteristics (1). These phenotypes roughly correspond to various pathophysiological pathways, or endotypes (1, 2). To what extent does this heterogeneity of asthma impact patient management and care? Oral (OCS) or inhaled (ICS) corticosteroids and long-acting bronchodilators are the only current therapies that are typically used for all types of asthma. However, high doses of ICS and sometimes OCS cannot control severe asthma in some patients. Moreover, steroid-insensitive or partially sensitive patients are found in some of these subgroups (3–5). For such patients, the precise description of their disease and their categorization into well-characterized subpopulations could facilitate the development of stratified and targeted therapies. Thus, the need to better characterize patients with asthma to improve their clinical management is greater than ever (6). The active development of "omics" as efficient tools with which to refine subgroups of patients together with the emergence in clinics of molecule-targeted biotherapies make this strategy of stratifying asthma care using a personalized medicine approach highly relevant.

The recent identification of patients with distinct $Th2^{high}$ and $Th2^{low}$ asthma is of particular interest based on this perspective of future stratified care (7). Th2-dependent allergic airway inflammation, first identified more than 25 years ago, appears to be the principal pathophysiological pathway. Patients with

---

(Received in original form May 13, 2014; accepted in final form August 20, 2014)

*These authors contributed equally to this work.

Supported by Vaincre la Mucoviscidose, Fondation de la Recherche Médicale (FRM), Genavie, Région Pays de La Loire, Fondation du Souffle, and Société Française d'Allergologie.

Correspondence and requests for reprints should be addressed to Antoine Magnan, M.D., INSERM U 1087, l'Institut du Thorax CHU Nantes, Hôpital Laënnec 44093 Nantes Cedex 1, France. E-mail: antoine.magnan@univ-nantes.fr

Am J Respir Crit Care Med Vol 190, Iss 10, pp 1094–1101, Nov 15, 2014

Originally Published in Press as DOI: 10.1164/rccm.201405-0859PP on August 27, 2014
Internet address: www.atsjournals.org

Th2[high] asthma appear to be easier to manage because they regularly respond to classical therapy; in addition, the patients in this subgroup with more severe asthma can be controlled with newly developed Th2-targeted therapies, such as monoclonal antibodies directed against IgE, IL-5, IL-13, IL-4, or their receptors (7–12). In contrast, Th2[low] asthma designates a patient subgroup with clinical needs that are poorly met by currently available and developing therapies (7, 13). The underlying mechanisms of the Th2[low] phenotype remain unknown, but these patients usually display predominant bronchial neutrophilic inflammation. IL-17 (formerly known as IL-17A), a key proinflammatory cytokine of the Th17 pathway, has been proposed to be involved in the neutrophilic inflammation and airway remodeling processes in severe asthma (14, 15). However, multiple new data have been accumulated, and in this paper we synthesize the knowledge on the role of IL-17 in asthma and, particularly, on the implications of IL-17 in neutrophilic inflammation, steroid insensitivity, the epithelial cell profile, and airway remodeling.

IL-17–Producing Cells in Asthma Are No Longer Limited to Th17 Cells

IL-17 is mainly secreted by a distinct CD4$^+$ T helper cell subset, characterized by the specific expression of the transcription factor retinoic acid–related orphan receptor-γt (RORγt). By secreting IL-17, Th17 cells orchestrate the recruitment of neutrophil granulocytes in the lungs and their activation directly through CXCL8 production (16) or indirectly by inducing the production of IL-6, colony stimulatory factors (CSFs) (e.g., G-CSF and GM-CSF), and the chemokines CXCL8 (IL-8), CXCL1, and CXCL5 by airway epithelial cells (17). Although Th17 cells represent a core source of IL-17, a newly identified population of innate lymphoid cells (ILCs) is also able to produce IL-17 (18). ILCs have a morphology that is typical of lymphocytes, but they lack rearranged antigen receptors (19). Currently, ILCs are broadly divided into three subsets depending on their ability to secrete Th1, Th2, and Th17 cell-associated cytokines, including group 1 ILCs (containing ILC1s and natural killer cells), group 2 ILCs (containing ILC2s), and group 3 ILCs (with

ILC3s and lymphoid tissue inducer cells) (20). The important role of ILC2s in Th2-mediated allergic lung responses has been well addressed in animals (19, 21–23). However, a recent study provided new insight regarding the role of IL-17–producing ILC3s in asthma. These cells express CC chemokine receptor 6 (CCR6), produce IL-17 and sometimes IL-22, and are central to the development of asthma in obese mice. Increased numbers of this subset of cells have been found in the bronchoalveolar lavage (BAL) fluid of obese individuals with severe asthma (18, 24); however, further investigations in larger studies are needed to confirm this finding. Accumulating data demonstrated the ability of other immune cells to produce IL-17; these cells include B cells (25), neutrophils (26), γδ T cells (27), and natural killer T cells (28). However, their relevance in human asthma remains to be elucidated.

IL-17: A Clue for Severe Neutrophilic Asthma?

Neutrophilia in severe asthma was first described in bronchial biopsy studies that aimed to distinguish eosinophilic asthma from noneosinophilic asthma (29). More recent studies in large cohorts, such as the SARP (Severe Asthma Research Program) cohort, enabled the identification of neutrophilic inflammation through induced sputum as an important hallmark of a distinct cluster of patients with moderate to severe asthma (30). However, it is noteworthy that although neutrophilic inflammation predominates in this cluster, neutrophilia can also coexist with eosinophilia (3, 30, 31). This result emphasizes the complexity of the underlying mechanisms of severe asthma.

A large series of studies suggest that the presence of IL-17 in asthmatic airways is related to asthma severity (Table 1). Indeed, since the first identification of elevated levels of IL-17A in the sputum and in BAL of patients with asthma (32), many reports have confirmed these findings and demonstrated a positive correlation between IL-17A production and asthma severity (15, 33, 34). IL-17A/F levels and the presence of Th17 cells, mixed Th17/Th2 cell infiltration, and IL-17–producing ILC3 cells in the sputum, BAL, lung biopsies, and peripheral blood have also been positively correlated with asthma severity in adults

and children (14, 24, 35–42). Recently, a strong association between high diesel exhaust particle exposure, asthma severity, and the levels of serum IL-17A was reported in children with allergic asthma (43). Notably, although all children were atopic, no correlations between diesel exhaust particle exposure and serum IL-4, IL-5, and IL-13 were found, supporting a central role of IL-17A in these patients and the possible involvement of extrinsic factors in the modulation of asthma phenotypes.

A likely role of IL-17 in neutrophilic asthma is clearly supported by the important association between IL-17 and neutrophilic inflammation in other diseases, such as psoriasis, and by the efficiency of IL-17–targeted therapies against this pathology (44, 45). Regarding the relationships between IL-17 and neutrophilic asthma, a strong correlation between IL-17 and neutrophils was established in induced sputum and blood (15, 36), although the number of IL-17$^+$ cells did not correlate with the number of neutrophils or eosinophils in the bronchial mucosa assessed in biopsies (35). The link between neutrophilic inflammation and Th17 immunity is better established in mouse models of asthma. Indeed, allergic sensitization through the airways or the skin promotes bronchial Th17 responses and can induce airway hyperresponsiveness (AHR) in mice (46, 47). This response is associated with neutrophilic infiltration and up-regulation of proneutrophil chemokines. Deficiency in IL-17RA or IL-17 leads to an impaired neutrophilic response to allergens, lack of AHR, and reduced airway remodeling (46, 48), suggesting a central role of IL-17 in the physiopathology of certain types of asthma. The factors that drive the production of IL-17A in asthma are not well defined. Nevertheless, a recent study has shown a link between complement activation and the IL-23–Th17 axis in the development of severe asthma (49). This paper demonstrated that complement factor C5a reduces the frequency of IL-17–producing Th17 cells and AHR, whereas complement factor C3a enhances Th17 responses and AHR. A disruption of this delicate balance in favor of the C3a pathway promotes a strong AHR and Th17 response, as demonstrated in mice with severe asthma (49).

The high frequency of mixed neutrophilic-eosinophilic inflammation in

Table 1. Major Clinical Findings Serving as Evidence of a Role of IL-17 in Asthma Severity

Study	Experimental Approach	Results
Al-Ramli *et al.*, 2009 (14)	Immunostaining of IL-17A and IL-17F in lung biopsies from control patients and patients with severe asthma	Higher number of IL-17A–positive cells in patients with severe asthma compared with control groups
Bullens *et al.*, 2006 (15)	Measurement of mRNA levels of IL-17 in sputum of patients with moderate to severe asthma	Increased expression of IL-17 in severe asthma; correlation between IL-17 and neutrophilia
Kim *et al.*, 2014 (24)	Quantification of IL-17 secreting innate lymphoid cells in BAL of patients with severe asthma	Increased numbers of IL-17 secreting ILC3 in BAL of patients with severe asthma
Molet *et al.*, 2001 (32)	Quantification of IL-17 secreting cells in BAL and sputum of patients with asthma	Higher number of cells expressing IL-17 in sputum and BAL of subjects with asthma
Cosmi *et al.*, 2010 (39)	*Ex vivo* quantification of IL-4–, IL-17–producing T cells in patients with severe allergic asthma	Identification of a double IL-4/IL-17–producing T cells subset that is increased in patients with severe asthma
Irvin *et al.*, 2014 (42)	Analysis of Th2/Th17 cells in BAL compartment of patients with severe asthma	Increased frequency of dual-positive Th2/Th17 cells in BAL of patients with severe asthma
Brandt *et al.*, 2013 (43)	Quantification of IL-17 in sera from atopic children with asthma exposed or not to diesel exhaust particles	Significant higher levels of IL-17 in children with asthma exposed to diesel exhaust particles
Nanzer *et al.*, 2013 (63)	Quantification of IL-17–producing $CD4^+$ T cells after *in vitro* activation in presence of steroid	$CD4^+$ T cells from patients with steroid-resistant asthma produce higher levels of IL-17 than patients with steroid-sensitive asthma and healthy volunteers

Definition of abbreviation: BAL = bronchoalveolar lavage; ILC = innate lymphoid cell.

patients with severe asthma (3, 31) could be related to a mixed Th17/Th2 activation. Accordingly, high levels of periostin, a biomarker related to the $Th2^{high}$ phenotype of asthma, and high levels of IL-6, a pro-Th17 cytokine, were found in the blood of these patients (3). However, recent data obtained from phenotypic clustering of patients with asthma revealed that neutrophil infiltrates in patients with severe asthma are associated with systemic inflammation (50) and a higher expression of the NOD-like receptor family, pyrin domain containing 3 (NLRP3), IL-1β, and IL-6 (3, 4). Although IL-1β and IL-6 are crucial for the differentiation of Th17 cells (51) and the expansion of ILC3 (24), no increased expression of IL-17 was found in the sera or sputum of patients with asthma with neutrophil infiltrate (3, 52, 53). Interestingly, a recent study revealed that dual Th2/Th17 cells were present at a higher frequency in BAL fluid from patients with asthma and were correlated with asthma severity and BAL eosinophilia but not neutrophilia (42).

The relationships between IL-17 and neutrophil activation are further illustrated in the two diseases that proved to be sensitive to IL-17 targeting, namely, ankylosing spondylitis and psoriasis. Although neutrophilia plays a role in these diseases that likely differs from its role in asthma, outcomes of IL-17 blockade in the former (54) or IL-17R neutralization in the latter produced a decrease in neutrophil influx and a down-regulation of the proneutrophilic pathways in the skin (44, 45). Some cases of neutropenia were also reported in these clinical trials, most likely due to a profound alteration of IL-17 receptor signaling pathways (54). Moreover, many studies demonstrated that IL-17 directly promotes the production of GM-CSF and IL-8 by lung epithelial cells (55, 56). The IL-17 neutrophil pathway is also well confirmed by the fact that patients with genetic IL-17–related disorders are characterized by neutropenia and susceptibility to fungal infections (57, 58).

Therefore, although the association between IL-17 and neutrophilic inflammation is well established, and although correlations between IL-17 production and disease severity and between bronchial neutrophilia and severity have been demonstrated, a cause and effect relationship between IL-17 production and neutrophilic asthma has not been determined.

A Role for IL-17 in the Development of Steroid Insensitivity

The daily administration of ICS remains the gold standard for controlling asthma symptoms and is efficient in the large majority of patients. However, in some patients with severe disease, OCS are necessary to achieve acceptable control of their symptoms. Still, other patients remain poorly controlled despite the use of high doses of OCS (59). These steroid-insensitive subjects may primarily be classified with a $Th2^{low}$ phenotype of asthma. As these individuals respond poorly to corticosteroid therapy, in the absence of validated Th2 biomarkers, the presence of Th17 cells may be responsible for the steroid insensitivity (7). This cortico-insensitivity has been well addressed in animal studies. The exposure of lymphocytes to dexamethasone *in vitro* importantly inhibits the release of Th2-related cytokines but has no effect on IL-17 production (60). In fact, dexamethasone may even promote and maintain Th17 differentiation *in vitro* (48). In addition, reconstitution of severe combined immunodeficient mice with ovalbumin allergen-specific Th2 cells induces the development of a steroid-sensitive allergic asthma. In contrast, the transfer of ovalbumin-specific Th17 cells induces a severe refractory asthma in mice, confirming the role of these cells in the mediation of cortico-resistance (60). Accordingly, mice overexpressing the transcription factor RORγT (and thus producing significant amounts of IL-17) exhibit a steroid-resistant neutrophilic asthma in response to antigen sensitization.

In this model, neutralization of IL-17 with a specific monoclonal antibody controlled the development of asthma (61). In humans, *in vitro* experiments support a role of IL-17 in steroid-insensitive asthma (62, 63); specifically, IL-17 up-regulates the expression of the glucocorticoid receptor β and induces steroid resistance in peripheral mononuclear cells (62), whereas vitamin D decreases IL-17 production in severe asthma in a steroid-independent manner (63). A mechanistic explanation of T cell–mediated steroid resistance has been recently proposed in severe asthma (42). Indeed, double-positive IL-4/IL-17 T cells can overexpress the MEK-extracellular signal-regulated kinase 1 pathway, a pathway shown to antagonize the inhibitory effect of glucosteroids (42, 64, 65). However, the higher levels of IL-17A produced by CD4$^+$ T cells from adults and children with severe asthma compared with those produced from corticosensitive patients with asthma and healthy volunteers could be due to pro-Th17 effects

mediated by steroids. Consistent with this hypothesis, glucocorticoids have been shown to promote the production of IL-17A *in vitro* in patients with severe asthma (63, 66). These data imply that severe steroid-resistant asthma may arise from aberrant and uncontrolled IL-17 inflammation promoted by progressive doses of steroids (63, 66). The recent identification and characterization of human steroid-resistant and pathogenic Th17 cells support this hypothesis. These cells were restricted to a subset of CCR6$^+$ CXCR3^{hi} CCR4^{lo} CCR10$^-$ CD161$^+$ cells and express ABCB1, a transporter protein that is involved in drug resistance (67). ABCB1-expressing Th17 cells produce important levels of IL-17A, IL-17F, and IL-22 after T-cell receptor (TCR) stimulation and are resistant to glucocorticoids. Interestingly, exposure to steroids even specifically favors the emergence of these cells within mixed T cell cultures (67).

The extent to which this Th17 subset is active and whether it is specifically selected

under high-dose steroid therapy in patients with severe asthma remain to be elucidated. Collectively, these data suggest that inflammatory IL-17–producing cells are important in the pathogenesis of and drug resistance in severe asthma (Table 1) and that approaches to characterize, quantify, and manipulate these cells may be useful for identifying new severe asthmatic subgroups and developing new specific therapies.

IL-17 Modulates the Profile of Bronchial Epithelial Cells

Airway inflammation, including IL-17–dependent inflammation, is largely involved in the activation of epithelial cells (Table 2). For example, IL-17 promotes the production of cytokines and chemokines by bronchial epithelial cells (68). Indeed, elevated levels of CXCL1, CXCL8, and IL-6 were found in cultured primary human bronchial epithelial cells after IL-17

Table 2. IL-17 Effects in Asthma Pathophysiology

Study	Cellular Type Used	Cellular Mechanisms Studied	IL-17 and Its Effects	Pathophysiologic Consequences
Cao *et al.*, 2011 (68) Zijlstra *et al.*, 2012 (70)	Primary human bronchial epithelial cells	Chemokine and cytokine production	Elevated levels of CXCL1, CXCL8, IL-6 proteins after IL-17 activation	Inflammation and steroid resistance
Huang *et al.*, 2007 (69)	Primary human bronchial epithelial cells	Gene induction	Induction by IL-17 of CXCL2, -3, -5, -6, and IL-19	Inflammation
Hallstrand *et al.*, 2013 (71)	Primary human bronchial epithelial cells	Phospholipase A2 group X activity	Increase sPLA2-X enzyme production by epithelial cells	Induction of AHR
Molet *et al.*, 2001 (32)	Primary bronchial fibroblasts	Profibrotic cytokine and chemokine production	IL-17 enhances production of IL-6, IL-11, and α-chemokines, IL-8	Subepithelial fibrosis
Bellini *et al.*, 2012 (72)	Human asthmatic circulating fibrocytes	The profibrotic and proinflammatory functions	IL-17A promotes the release of CXCL1, CXCL8, and TNF-α, IL-6, IL-11, LIF, α-SMA	Subepithelial fibrosis
Fujisawa *et al.*, 2009 (77)	Primary human bronchial epithelial cells	Secretion of mucins	Excessive synthesis of MUC5AC and MUC5B in response to IL-17	Mucus production
Ji *et al.*, 2013 (81)	Epithelial 16HBE cells	Expression of mesenchymal markers	IL-17 synergize with IL-4 and TGF-β to promote expression of α-SMA	EMT
Dragon *et al.*, 2007 (85)	Human ASM cells	Chemokine and cytokine production	Production of IL-6, IL-1β, IL-11, Eotaxin, CXCL8 after IL-17 stimulation	ASM mass
Chang *et al.*, 2011 (87)	Human ASM cells	ASM cell proliferation and migration	Proliferative and migratory abilities are reduced after inactivation of IL-17-receptors	ASM mass

Definition of abbreviation: AHR = airway hyperresponsiveness; ASM = airway smooth muscle; EMT = epithelial–mesenchymal transition; LIF = leukemia inhibitor factor; α-SMA = α-smooth muscle actin; TGF = transforming growth factor; TNF-α = tumor necrosis factor-α.

activation (68, 69). Additional genes, such as CXCL2, -3, -5, -6, and IL-19, are directly regulated by IL-17 in human airway epithelial cells. The induction of these genes is dependent on JAK-mediated PI3K signaling and ACT1/TRAF6/TAK1-dependent nuclear factor-κB activation (69). Interestingly, IL-17 can also counterbalance the effect of glucocorticoids on the human airway epithelium by inducing epigenetic changes and sustaining inflammatory cytokine production (70). Indeed, IL-17 prevents the decrease in tumor necrosis factor-α–induced IL-8 production in glucocorticoid-treated bronchial epithelial cells through the activation of the PI3K pathway and decreased histone deacetylase activity. This phenomenon may participate in the progressive establishment of steroid resistance (70).

In a subgroup of patients with exercise-induced asthma, recent data indicated that IL-17 is a key regulator of secreted phospholipase A2 group X (sPLA2-X) activity (71). sPLA2-X is the dominant sPLA2 and is expressed in the airway epithelium and BAL fluid in patients with asthma. This enzyme is strongly associated with bronchial hyperresponsiveness, and its expression can increase according to disease severity. Notably, sPLA2-X gene (PLA2G10) expression is directly regulated by IL-17 stimulation in primary airway epithelial cell cultures, indicating that IL-17 can indirectly potentiate AHR by inducing sPLA2-X enzymes expression from epithelial cells (71).

Effect of IL-17 on Airway Remodeling

Airway remodeling refers to bronchial structural changes that constitute an important feature of asthma pathophysiology. This pathological process involves the activation of different cell types, such as bronchial epithelial cells, fibroblasts, and smooth muscle cells. Recent reports support a functional role of IL-17 in this process (Table 2).

Indeed, recent studies support a contribution of IL-17A to the development of airway fibrosis during asthma by enhancing the production of profibrotic cytokines, proangiogenic factors, and collagen (32, 72–74). These fibrocyte-mediated responses in airway remodeling

require cooperative interaction with Th17 cells in a CD40 signaling–dependent manner (75). The bronchial fibroblasts obtained from patients with asthma are able to specifically promote Th17 cells in vitro (76), demonstrating that the local environment in the airways could favor the emergence of Th17 cells in patients with asthma. IL-17 has also been described as a potent factor leading to hypersecretion of the mucins MUC5AC and MUC5B by goblet cells, a major physiopathological feature of airway remodeling (77, 78).

Moreover, IL-17 is also able to induce a phenotypic conversion from epithelial to mesenchymal morphology through the epithelial–mesenchymal transition (EMT) process. During this process, the bronchial epithelial cells lose their cellular polarization and their cell–cell contacts. This process is highly dependent on transforming growth factor-β (TGF-β) (79, 80). Interestingly, a recent study demonstrated that IL-17 synergizes with IL-4 and TGF-β to promote bronchial epithelial cell proliferation and morphological changes with the expression of mesenchymal markers (80, 81). However, the majority of studies investigating the role of EMT in asthma are based on stimulation of epithelial cells in vitro (82).

An elevated airway smooth muscle (ASM) mass is another feature of airway remodeling in severe asthma (83, 84). The increase in ASM cell mass is provoked by an alteration of the secretory, proliferative, migratory, and contractile functions of ASM. Various inflammatory mediators can modulate these functions in asthma. Accordingly, recent reports suggest that IL-17A alters the function of ASM cells in asthma. Similar to the observation in epithelial cells, stimulation of ASM with IL-17 promotes the production of a large spectrum of inflammatory cytokines (IL-6, IL-1β, and IL-11) and chemokines (Eotaxin/CCL-11 and CXCL8), thus enhancing the inflammatory response (85). In addition, Th17-associated cytokines, including IL-17, promote ASM cell proliferation and migration. IL-17 also promotes ASM cell survival by inhibiting apoptosis (83, 86). Blockade of either IL-17RA or IL-17RC prevents the increase in proliferative and migratory capacities induced by exogenous administration of IL-17 (87). IL-17 increases the proliferation and migration of human ASM cells in an

ERK1/2-MAP kinase–dependent manner (83, 86).

Finally, a very elegant study showed that IL-17A produced by Th17 cells enhances smooth muscle cell contraction in mouse tracheal rings and human bronchial tissue. This effect is mediated by the IL-17–induced activation of the RhoA-ROCK pathway in ASM cells, which are two prominent regulators of myosin light chain (MLC) phosphorylation involved in smooth muscle contractility (88, 89).

Clinical Studies on IL-17

Previous data support a functional role of IL-17 in the development of severe asthma. However, the role of this cytokine can only be confirmed in clinical trials. Recently, brodalumab, a humanized monoclonal antibody that binds to the IL-17 receptor, was evaluated in patients with inadequately controlled moderate to severe asthma (90). There was no effect of brodalumab on the primary outcome (the Asthma Control Questionnaire score), which suggests a marginal role, if any, of IL-17 in asthma. This questionnaire is the best instrument, according to the Global Initiative on Asthma guidelines, for evaluating the control of asthma. However, this questionnaire has limitations due to the variability of its score, especially in severe asthma. Another suitable outcome measurement would have been the exacerbation rate, but the study was too short to expect any improvement, especially in a population of patients with not only severe but also moderate asthma. Nevertheless, a subgroup analysis identified a group with high reversibility of FEV_1 in response to albuterol that demonstrated clinically meaningful treatment effects. Based on this result, this paper suggested a new phenotype (highly reversible patients) and a new endotype (IL-17R–dependent). The results of this clinical trial are in accordance with recent data showing a functional role of IL-17A in smooth muscle cell contraction in mouse tracheal rings and human bronchial tissue (88).

Given the putative role of IL-17 in neutrophilic inflammation and severity discussed above, one could argue that the negative result of the study could also be due to an inadequate selection of patients with asthma. Indeed, patients should have been selected based on sputum neutrophilia, a biomarker for neutrophilic asthma, or the quantity of IL-17 in BAL, serum, or sputum to enrich the population of responding individuals (4, 50). The absence of selection based on an IL-17– or neutrophil-related criterion, and the inclusion of patients with both moderate and severe asthma resulted in the inclusion of many patients with Th2[high] asthma in the trial who are less likely to respond to an IL-17–targeted therapy.

Given the role of corticosteroids in the generation of Th17 cells (62, 63, 66, 67) and the survival of neutrophils (91), IL-17–related and neutrophilic asthma could be a consequence of high doses of ICS and OCS and do not play a role in disease severity. Consistent with this hypothesis, the neutrophilic phenotype is eliminated by controlled corticosteroid use (92). In addition, the presence of neutrophils in the airways of subjects with asthma can be caused by concurrent chronic sinopulmonary infections. Some studies

reported an association between poor lung function, a history of lung infection, and the presence of neutrophils in patients with asthma (30, 93). Other factors, such as airborne pollution and obesity, are also associated with an IL-17/ neutrophil-based phenotype (24, 43). Finally, there is a high frequency of atopy in severe neutrophilic and mixed granulocytic asthma, suggesting that the presence of atopy does not exclude a neutrophilic phenotype in subjects with severe asthma (3, 30). Similarly, patients with mixed Th2/Th17 inflammation are mainly atopic (39, 42). These considerations highlight the difficulty in properly defining any IL-17/neutrophil-related asthma phenotype in humans.

Conclusions and Future Directions

A growing body of evidence supports a pathological role of IL-17–producing

cells in asthma, especially regarding severity, neutrophilic inflammation, steroid resistance, and immediate response to bronchodilators. However, it appears that the role of IL-17 in asthma differs among various patient subgroups. Further investigations at the cellular level in large cohorts of patients are still needed to develop a better understanding of the involvement of IL-17 in severe asthma. Notably, future research should also focus on the use of combined genomic, transcriptomic, proteomic, and cellular approaches. Indeed, *ex vivo* quantification of pathogenic IL-17–producing cells from the blood or bronchoalveolar fluid in combination with potent biomarkers could be a suitable method of selecting patients with Th17[predominant] asthma and elucidating the Th17-oriented endotypes of asthma. ∎

Author disclosures are available with the text of this article at www.atsjournals.org.

References

1. Wenzel SE. Asthma phenotypes: the evolution from clinical to molecular approaches. *Nat Med* 2012;18:716–725.
2. Moore WC, Meyers DA, Wenzel SE, Teague WG, Li H, Li X, D'Agostino R Jr, Castro M, Curran-Everett D, Fitzpatrick AM, et al.; National Heart, Lung, and Blood Institute's Severe Asthma Research Program. Identification of asthma phenotypes using cluster analysis in the Severe Asthma Research Program. *Am J Respir Crit Care Med* 2010;181:315–323.
3. Nagasaki T, Matsumoto H, Kanemitsu Y, Izuhara K, Tohda Y, Kita H, Horiguchi T, Kuwabara K, Tomii K, Otsuka K, et al. Integrating longitudinal information on pulmonary function and inflammation using asthma phenotypes. *J Allergy Clin Immunol* 2014;133:1474–1477.
4. Baines KJ, Simpson JL, Wood LG, Scott RJ, Fibbens NL, Powell H, Cowan DC, Taylor DR, Cowan JO, Gibson PG. Sputum gene expression signature of 6 biomarkers discriminates asthma inflammatory phenotypes. *J Allergy Clin Immunol* 2014;133:997–1007.
5. Wu W, Bleecker E, Moore W, Busse WW, Castro M, Chung KF, Calhoun WJ, Erzurum S, Gaston B, Israel E, et al. Unsupervised phenotyping of Severe Asthma Research Program participants using expanded lung data. *J Allergy Clin Immunol* 2014;133:1280–1288.
6. Arron JR, Scheerens H, Matthews JG. Redefining approaches to asthma: developing targeted biologic therapies. *Adv Pharmacol* 2013;66:1–49.
7. Woodruff PG, Modrek B, Choy DF, Jia G, Abbas AR, Ellwanger A, Koth LL, Arron JR, Fahy JV. T-helper type 2-driven inflammation defines major subphenotypes of asthma. *Am J Respir Crit Care Med* 2009; 180:388–395.
8. Corren J, Lemanske RF Jr, Hanania NA, Korenblat PE, Parsey MV, Arron JR, Harris JM, Scheerens H, Wu LC, Su Z, et al. Lebrikizumab treatment in adults with asthma. *N Engl J Med* 2011;365:1088–1098.
9. Haldar P, Brightling CE, Hargadon B, Gupta S, Monteiro W, Sousa A, Marshall RP, Bradding P, Green RH, Wardlaw AJ, et al. Mepolizumab and exacerbations of refractory eosinophilic asthma. *N Engl J Med* 2009;360:973–984.
10. Haldar P, Brightling CE, Singapuri A, Hargadon B, Gupta S, Monteiro W, Bradding P, Green RH, Wardlaw AJ, Ortega H, et al. Outcomes after cessation of mepolizumab therapy in severe eosinophilic asthma: a 12-month follow-up analysis. *J Allergy Clin Immunol* 2014;133:921–923.
11. Ortega H, Chupp G, Bardin P, Bourdin A, Garcia G, Hartley B, Yancey S, Humbert M. The role of mepolizumab in atopic and nonatopic severe asthma with persistent eosinophilia. *Eur Respir J* 2014;44: 239–241.
12. Nair P, Pizzichini MMM, Kjarsgaard M, Inman MD, Efthimiadis A, Pizzichini E, Hargreave FE, O'Byrne PM. Mepolizumab for prednisone-dependent asthma with sputum eosinophilia. *N Engl J Med* 2009;360:985–993.
13. De Boever EH, Ashman C, Cahn AP, Locantore NW, Overend P, Pouliquen IJ, Serone AP, Wright TJ, Jenkins MM, Panesar IS, et al. Efficacy and safety of an anti-IL-13 mAb in patients with severe asthma: a randomized trial. *J Allergy Clin Immunol* 2014;133: 989–996.
14. Al-Ramli W, Préfontaine D, Chouiali F, Martin JG, Olivenstein R, Lemière C, Hamid Q. T(H)17-associated cytokines (IL-17A and IL-17F) in severe asthma. *J Allergy Clin Immunol* 2009;123: 1185–1187.
15. Bullens DM, Truyen E, Coteur L, Dilissen E, Hellings PW, Dupont LJ, Ceuppens JL. IL-17 mRNA in sputum of asthmatic patients: linking T cell driven inflammation and granulocytic influx? *Respir Res* 2006; 7:135.
16. Pelletier M, Maggi L, Micheletti A, Lazzeri E, Tamassia N, Costantini C, Cosmi L, Lunardi C, Annunziato F, Romagnani S, et al. Evidence for a cross-talk between human neutrophils and Th17 cells. *Blood* 2010; 115:335–343.
17. Nembrini C, Marsland BJ, Kopf M. IL-17-producing T cells in lung immunity and inflammation. *J Allergy Clin Immunol* 2009;123: 986–994. [Quiz pp. 995–996.].
18. Yu S, Kim HY, Chang Y-J, DeKruyff RH, Umetsu DT. Innate lymphoid cells and asthma. *J Allergy Clin Immunol* 2014;133:943–950. [Quiz p. 51].
19. Scanlon ST, McKenzie ANJ. Type 2 innate lymphoid cells: new players in asthma and allergy. *Curr Opin Immunol* 2012;24:707–712.
20. Walker JA, Barlow JL, McKenzie ANJ. Innate lymphoid cells—how did we miss them? *Nat Rev Immunol* 2013;13:75–87.
21. Bartemes KR, Iijima K, Kobayashi T, Kephart GM, McKenzie AN, Kita H. IL-33-responsive lineage- CD25+ CD44(hi) lymphoid cells mediate innate type 2 immunity and allergic inflammation in the lungs. *J Immunol* 2012;188:1503–1513.

22. Halim TYF, Steer CA, Mathä L, Gold MJ, Martinez-Gonzalez I, McNagny KM, McKenzie ANJ, Takei F. Group 2 innate lymphoid cells are critical for the initiation of adaptive T helper 2 cell-mediated allergic lung inflammation. *Immunity* 2014;40:425–435.

23. Kim HY, Chang YJ, Subramanian S, Lee HH, Albacker LA, Matangkasombut P, Savage PB, McKenzie AN, Smith DE, Rottman JB, et al. Innate lymphoid cells responding to IL-33 mediate airway hyperreactivity independently of adaptive immunity. *J Allergy Clin Immunol* 2012;129:216–227.e1–6.

24. Kim HY, Lee HJ, Chang Y-J, Pichavant M, Shore SA, Fitzgerald KA, Iwakura Y, Israel E, Bolger K, Faul J, et al. Interleukin-17-producing innate lymphoid cells and the NLRP3 inflammasome facilitate obesity-associated airway hyperreactivity. *Nat Med* 2014;20:54–61.

25. Vazquez-Tello A, Halwani R, Li R, Nadigel J, Bar-Or A, Mazer BD, Eidelman DH, Al-Muhsen S, Hamid Q. IL-17A and IL-17F expression in B lymphocytes. *Int Arch Allergy Immunol* 2012;157:406–416.

26. Taylor PR, Roy S, Leal SM Jr, Sun Y, Howell SJ, Cobb BA, Li X, Pearlman E. Activation of neutrophils by autocrine IL-17A-IL-17RC interactions during fungal infection is regulated by IL-6, IL-23, RORγt and dectin-2. *Nat Immunol* 2014;15:143–151.

27. Murdoch JR, Lloyd CM. Resolution of allergic airway inflammation and airway hyperreactivity is mediated by IL-17-producing γδT cells. *Am J Respir Crit Care Med* 2010;182:464–476.

28. Pichavant M, Goya S, Meyer EH, Johnston RA, Kim HY, Matangkasombut P, Zhu M, Iwakura Y, Savage PB, DeKruyff RH, et al. Ozone exposure in a mouse model induces airway hyperreactivity that requires the presence of natural killer T cells and IL-17. *J Exp Med* 2008;205:385–393.

29. Wenzel SE, Schwartz LB, Langmack EL, Halliday JL, Trudeau JB, Gibbs RL, Chu HW. Evidence that severe asthma can be divided pathologically into two inflammatory subtypes with distinct physiologic and clinical characteristics. *Am J Respir Crit Care Med* 1999;160:1001–1008.

30. Moore WC, Hastie AT, Li X, Li H, Busse WW, Jarjour NN, Wenzel SE, Peters SP, Meyers DA, Bleecker ER, National Heart, Lung, and Blood Institute's Severe Asthma Research Program. Sputum neutrophil counts are associated with more severe asthma phenotypes using cluster analysis. *J Allergy Clin Immunol* 2014;133:1557–1563.e5.

31. Hastie AT, Moore WC, Meyers DA, Vestal PL, Li H, Peters SP, Bleecker ER; National Heart, Lung, and Blood Institute Severe Asthma Research Program. Analyses of asthma severity phenotypes and inflammatory proteins in subjects stratified by sputum granulocytes. *J Allergy Clin Immunol* 2010;125:1028–1036.e13.

32. Molet S, Hamid Q, Davoine F, Nutku E, Taha R, Pagé N, Olivenstein R, Elias J, Chakir J. IL-17 is increased in asthmatic airways and induces human bronchial fibroblasts to produce cytokines. *J Allergy Clin Immunol* 2001;108:430–438.

33. Barczyk A, Pierzchala W, Sozañska E. Interleukin-17 in sputum correlates with airway hyperresponsiveness to methacholine. *Respir Med* 2003;97:726–733.

34. Sun Y-C, Zhou Q-T, Yao W-Z. Sputum interleukin-17 is increased and associated with airway neutrophilia in patients with severe asthma. *Chin Med J (Engl)* 2005;118:953–956.

35. Doe C, Bafadhel M, Siddiqui S, Desai D, Mistry V, Rugman P, McCormick M, Woods J, May R, Sleeman MA, et al. Expression of the T helper 17-associated cytokines IL-17A and IL-17F in asthma and COPD. *Chest* 2010;138:1140–1147.

36. Agache I, Ciobanu C, Agache C, Anghel M. Increased serum IL-17 is an independent risk factor for severe asthma. *Respir Med* 2010;104: 1131–1137.

37. Zhao Y, Yang J, Gao Y-D, Guo W. Th17 immunity in patients with allergic asthma. *Int Arch Allergy Immunol* 2010;151:297–307.

38. Wang YH, Voo KS, Liu B, Chen CY, Uygungil B, Spoede W, Bernstein JA, Huston DP, Liu YJ. A novel subset of CD4(+) T(H)2 memory/effector cells that produce inflammatory IL-17 cytokine and promote the exacerbation of chronic allergic asthma. *J Exp Med* 2010;207:2479–2491.

39. Cosmi L, Maggi L, Santarlasci V, Capone M, Cardilicchia E, Frosali F, Querci V, Angeli R, Matucci A, Fambrini M, et al. Identification of a novel subset of human circulating memory CD4(+) T cells that produce both IL-17A and IL-4. *J Allergy Clin Immunol* 2010;125: 222–230.e1–e4.

40. Chien JW, Lin CY, Yang KD, Lin CH, Kao JK, Tsai YG. Increased IL-17A secreting CD4+ T cells, serum IL-17 levels and exhaled nitric oxide are correlated with childhood asthma severity. *Clin Exp Allergy* 2013; 43:1018–1026.

41. Pène J, Chevalier S, Preisser L, Vénéreau E, Guilleux M-H, Ghannam S, Molès J-P, Danger Y, Ravon E, Lesaux S, et al. Chronically inflamed human tissues are infiltrated by highly differentiated Th17 lymphocytes. *J Immunol* 2008;180:7423–7430.

42. Irvin C, Zafar I, Good J, Rollins D, Christianson C, Gorska MM, Martin RJ, Alam R. Increased frequency of dual-positive TH2/TH17 cells in bronchoalveolar lavage fluid characterizes a population of patients with severe asthma. *J Allergy Clin Immunol* [online ahead of print] 18 Jul 2014; DOI: 10.1016/j.jaci.2014.05.038.

43. Brandt EB, Kovacic MB, Lee GB, Gibson AM, Acciani TH, Le Cras TD, Ryan PH, Budelsky AL, Khurana Hershey GK. Diesel exhaust particle induction of IL-17A contributes to severe asthma. *J Allergy Clin Immunol* 2013;132:1194–1204.e2.

44. Papp KA, Leonardi C, Menter A, Ortonne J-P, Krueger JG, Kricorian G, Aras G, Li J, Russell CB, Thompson EH, et al. Brodalumab, an anti-interleukin-17-receptor antibody for psoriasis. *N Engl J Med* 2012; 366:1181–1189.

45. Krueger JG, Fretzin S, Suárez-Fariñas M, Haslett PA, Phipps KM, Cameron GS, McColm J, Katcherian A, Cueto I, White T, et al. IL-17A is essential for cell activation and inflammatory gene circuits in subjects with psoriasis. *J Allergy Clin Immunol* 2012;130:145–154. e9.

46. Wilson RH, Whitehead GS, Nakano H, Free ME, Kolls JK, Cook DN. Allergic sensitization through the airway primes Th17-dependent neutrophilia and airway hyperresponsiveness. *Am J Respir Crit Care Med* 2009;180:720–730.

47. He R, Oyoshi MK, Jin H, Geha RS. Epicutaneous antigen exposure induces a Th17 response that drives airway inflammation after inhalation challenge. *Proc Natl Acad Sci USA* 2007;104: 15817–15822.

48. Zhao J, Lloyd CM, Noble A. Th17 responses in chronic allergic airway inflammation abrogate regulatory T-cell-mediated tolerance and contribute to airway remodeling. *Mucosal Immunol* 2013;6: 335–346.

49. Lajoie S, Lewkowich IP, Suzuki Y, Clark JR, Sproles AA, Dienger K, Budelsky AL, Wills-Karp M. Complement-mediated regulation of the IL-17A axis is a central genetic determinant of the severity of experimental allergic asthma. *Nat Immunol* 2010;11: 928–935.

50. Wood LG, Baines KJ, Fu J, Scott HA, Gibson PG. The neutrophilic inflammatory phenotype is associated with systemic inflammation in asthma. *Chest* 2012;142:86–93.

51. Chung Y, Chang SH, Martinez GJ, Yang XO, Nurieva R, Kang HS, Ma L, Watowich SS, Jetten AM, Tian Q, et al. Critical regulation of early Th17 cell differentiation by interleukin-1 signaling. *Immunity* 2009;30: 576–587.

52. Baines KJ, Simpson JL, Bowden NA, Scott RJ, Gibson PG. Differential gene expression and cytokine production from neutrophils in asthma phenotypes. *Eur Respir J* 2010;35:522–531.

53. Manni ML, Trudeau JB, Scheller EV, Mandalapu S, Elloso MM, Kolls JK, Wenzel SE, Alcorn JF. The complex relationship between inflammation and lung function in severe asthma. *Mucosal Immunol* 2014;7:1186–1198.

54. Baeten D, Baraliakos X, Braun J, Sieper J, Emery P, van der Heijde D, McInnes I, van Laar JM, Landewé R, Wordsworth P, et al. Anti-interleukin-17A monoclonal antibody secukinumab in treatment of ankylosing spondylitis: a randomised, double-blind, placebo-controlled trial. *Lancet* 2013;382:1705–1713.

55. Jones CE, Chan K. Interleukin-17 stimulates the expression of interleukin-8, growth-related oncogene-alpha, and granulocyte-colony-stimulating factor by human airway epithelial cells. *Am J Respir Cell Mol Biol* 2002;26:748–753.

56. McAllister F, Henry A, Kreindler JL, Dubin PJ, Ulrich L, Steele C, Finder JD, Pilewski JM, Carreno BM, Goldman SJ, et al. Role of IL-17A, IL-17F, and the IL-17 receptor in regulating growth-related oncogene-alpha and granulocyte colony-stimulating factor in bronchial epithelium: implications for airway inflammation in cystic fibrosis. *J Immunol* 2005;175:404–412.

57. Boisson B, Wang C, Pedergnana V, Wu L, Cypowyj S, Rybojad M, Belkadi A, Picard C, Abel L, Fieschi C, et al. An ACT1 mutation selectively abolishes interleukin-17 responses in humans with chronic mucocutaneous candidiasis. Immunity 2013;39:676–686.

58. Drewniak A, Gazendam RP, Tool ATJ, van Houdt M, Jansen MH, van Hamme JL, van Leeuwen EMM, Roos D, Scalais E, de Beaufort C, et al. Invasive fungal infection and impaired neutrophil killing in human CARD9 deficiency. Blood 2013;121:2385–2392.

59. Bush A, Saglani S. Management of severe asthma in children. Lancet 2010;376:814–825.

60. McKinley L, Alcorn JF, Peterson A, Dupont RB, Kapadia S, Logar A, Henry A, Irvin CG, Piganelli JD, Ray A, et al. Th17 cells mediate steroid-resistant airway inflammation and airway hyperresponsiveness in mice. J Immunol 2008;181:4089–4097.

61. Ano S, Morishima Y, Ishii Y, Yoh K, Yageta Y, Ohtsuka S, Matsuyama M, Kawaguchi M, Takahashi S, Hizawa N. Transcription factors GATA-3 and RORγt are important for determining the phenotype of allergic airway inflammation in a murine model of asthma. J Immunol 2013;190:1056–1065.

62. Vazquez-Tello A, Halwani R, Hamid Q, Al-Muhsen S. Glucocorticoid receptor-beta up-regulation and steroid resistance induction by IL-17 and IL-23 cytokine stimulation in peripheral mononuclear cells. J Clin Immunol 2013;33:466–478.

63. Nanzer AM, Chambers ES, Ryanna K, Richards DF, Black C, Timms PM, Martineau AR, Griffiths CJ, Corrigan CJ, Hawrylowicz CM. Enhanced production of IL-17A in patients with severe asthma is inhibited by 1α,25-dihydroxyvitamin D3 in a glucocorticoid-independent fashion. J Allergy Clin Immunol 2013;132:297–304.e3.

64. Liang Q, Guo L, Gogate S, Karim Z, Hanifi A, Leung DY, Gorska MM, Alam R. IL-2 and IL-4 stimulate MEK1 expression and contribute to T cell resistance against suppression by TGF-beta and IL-10 in asthma. J Immunol 2010;185:5704–5713.

65. Tsitoura DC, Rothman PB. Enhancement of MEK/ERK signaling promotes glucocorticoid resistance in CD4+ T cells. J Clin Invest 2004;113:619–627.

66. Gupta A, Dimeloe S, Richards DF, Chambers ES, Black C, Urry Z, Ryanna K, Xystrakis E, Bush A, Saglani S, et al. Defective IL-10 expression and in vitro steroid-induced IL-17A in paediatric severe therapy-resistant asthma. Thorax 2014;69:508–515.

67. Ramesh R, Kozhaya L, McKevitt K, Djuretic IM, Carlson TJ, Quintero MA, McCauley JL, Abreu MT, Unutmaz D, Sundrud MS. Pro-inflammatory human Th17 cells selectively express P-glycoprotein and are refractory to glucocorticoids. J Exp Med 2014;211:89–104.

68. Cao J, Ren G, Gong Y, Dong S, Yin Y, Zhang L. Bronchial epithelial cells release IL-6, CXCL1 and CXCL8 upon mast cell interaction. Cytokine 2011;56:823–831.

69. Huang F, Kao CY, Wachi S, Thai P, Ryu J, Wu R. Requirement for both JAK-mediated PI3K signaling and ACT1/TRAF6/TAK1-dependent NF-kappaB activation by IL-17A in enhancing cytokine expression in human airway epithelial cells. J Immunol 2007;179:6504–6513.

70. Zijlstra GJ, Ten Hacken NH, Hoffmann RF, van Oosterhout AJ, Heijink IH. Interleukin-17A induces glucocorticoid insensitivity in human bronchial epithelial cells. Eur Respir J 2012;39:439–445.

71. Hallstrand TS, Lai Y, Altemeier WA, Appel CL, Johnson B, Frevert CW, Hudkins KL, Bollinger JG, Woodruff PG, Hyde DM, et al. Regulation and function of epithelial secreted phospholipase A2 group X in asthma. Am J Respir Crit Care Med 2013;188:42–50.

72. Bellini A, Marini MA, Bianchetti L, Barczyk M, Schmidt M, Mattoli S. Interleukin (IL)-4, IL-13, and IL-17A differentially affect the profibrotic and proinflammatory functions of fibrocytes from asthmatic patients. Mucosal Immunol 2012;5:140–149.

73. Al-Muhsen S, Letuve S, Vazquez-Tello A, Pureza MA, Al-Jahdali H, Bahammam AS, Hamid Q, Halwani R. Th17 cytokines induce pro-fibrotic cytokines release from human eosinophils. Respir Res 2013; 14:34.

74. Chakir J, Shannon J, Molet S, Fukakusa M, Elias J, Laviolette M, Boulet L-P, Hamid Q. Airway remodeling-associated mediators in moderate to severe asthma: effect of steroids on TGF-β, IL-11, IL-17, and type I and type III collagen expression. J Allergy Clin Immunol 2003;111: 1293–1298.

75. Hayashi H, Kawakita A, Okazaki S, Yasutomi M, Murai H, Ohshima Y. IL-17A/F modulates fibrocyte functions in cooperation with CD40-mediated signaling. Inflammation 2013;36:830–838.

76. Loubaki L, Hadj-Salem I, Fakhfakh R, Jacques E, Plante S, Boisvert M, Aoudjit F, Chakir J. Co-culture of human bronchial fibroblasts and CD4+ T cells increases Th17 cytokine signature. PLoS ONE 2013;8: e81983.

77. Fujisawa T, Velichko S, Thai P, Hung LY, Huang F, Wu R. Regulation of airway MUC5AC expression by IL-1beta and IL-17A; the NF-kappaB paradigm. J Immunol 2009;183:6236–6243.

78. Chen Y, Thai P, Zhao Y-H, Ho Y-S, DeSouza MM, Wu R. Stimulation of airway mucin gene expression by interleukin (IL)-17 through IL-6 paracrine/autocrine loop. J Biol Chem 2003;278:17036–17043.

79. Pain M, Bermudez O, Lacoste P, Royer P-J, Botturi K, Tissot A, Brouard S, Eickelberg O, Magnan A. Tissue remodelling in chronic bronchial diseases: from the epithelial to mesenchymal phenotype. Eur Respir Rev 2014;23:118–130.

80. Vittal R, Fan L, Greenspan DS, Mickler EA, Gopalakrishnan B, Gu H, Benson HL, Zhang C, Burlingham W, Cummings OW, et al. IL-17 induces type V collagen overexpression and EMT via TGF-β-dependent pathways in obliterative bronchiolitis. Am J Physiol Lung Cell Mol Physiol 2013;304:L401–L414.

81. Ji X, Li J, Xu L, Wang W, Luo M, Luo S, Ma L, Li K, Gong S, He L, et al. IL4 and IL-17A provide a Th2/Th17-polarized inflammatory milieu in favor of TGF-β1 to induce bronchial epithelial-mesenchymal transition (EMT). Int J Clin Exp Pathol 2013;6:1481–1492.

82. Sohal SS, Ward C, Walters EH. Importance of epithelial mesenchymal transition (EMT) in COPD and asthma. Thorax 2014;69:768.

83. Chang Y, Al-Alwan L, Risse P-A, Halayko AJ, Martin JG, Baglole CJ, Eidelman DH, Hamid Q. Th17-associated cytokines promote human airway smooth muscle cell proliferation. FASEB J 2012;26: 5152–5160.

84. Girodet PO, Ozier A, Bara I, Tunon de Lara JM, Marthan R, Berger P. Airway remodeling in asthma: new mechanisms and potential for pharmacological intervention. Pharmacol Ther 2011;130:325–337.

85. Dragon S, Rahman MS, Yang J, Unruh H, Halayko AJ, Gounni AS. IL-17 enhances IL-1beta-mediated CXCL-8 release from human airway smooth muscle cells. Am J Physiol Lung Cell Mol Physiol 2007;292: L1023–L1029.

86. Al-Alwan LA, Chang Y, Baglole CJ, Risse P-A, Halayko AJ, Martin JG, Eidelman DH, Hamid Q. Autocrine-regulated airway smooth muscle cell migration is dependent on IL-17-induced growth-related oncogenes. J Allergy Clin Immunol 2012;130:977–985.e6.

87. Chang Y, Al-Alwan L, Risse P-A, Roussel L, Rousseau S, Halayko AJ, Martin JG, Hamid Q, Eidelman DH. TH17 cytokines induce human airway smooth muscle cell migration. J Allergy Clin Immunol 2011; 127:1046–1053.e1–2.

88. Kudo M, Melton AC, Chen C, Engler MB, Huang KE, Ren X, Wang Y, Bernstein X, Li JT, Atabai K, et al. IL-17A produced by αβ T cells drives airway hyper-responsiveness in mice and enhances mouse and human airway smooth muscle contraction. Nat Med 2012;18: 547–554.

89. Loirand G, Sauzeau V, Pacaud P, Small G. Small G proteins in the cardiovascular system: physiological and pathological aspects. Physiol Rev 2013;93:1659–1720.

90. Busse WW, Holgate S, Kerwin E, Chon Y, Feng J, Lin J, Lin S-L. Randomized, double-blind, placebo-controlled study of brodalumab, a human anti-IL-17 receptor monoclonal antibody, in moderate to severe asthma. Am J Respir Crit Care Med 2013;188:1294–1302.

91. Kato T, Takeda Y, Nakada T, Sendo F. Inhibition by dexamethasone of human neutrophil apoptosis in vitro. Nat Immun 1995;14:198–208.

92. Cowan DC, Cowan JO, Palmay R, Williamson A, Taylor DR. Effects of steroid therapy on inflammatory cell subtypes in asthma. Thorax 2010;65:384–390.

93. Moore WC, Bleecker ER, Curran-Everett D, Erzurum SC, Ameredes BT, Bacharier L, Calhoun WJ, Castro M, Chung KF, Clark MP, et al.; National Heart, Lung, Blood Institute's Severe Asthma Research Program. Characterization of the severe asthma phenotype by the National Heart, Lung, and Blood Institute's Severe Asthma Research Program. J Allergy Clin Immunol 2007;119:405–413.

<u>Revue N°2</u>

Regulatory functions of B cells in allergic diseases

F.Braza, <u>J.Chesné</u>, S.Castagnet, A.Magnan and S.Brouard

(Revue publiée dans Allergy, Août 2014)

REVIEW ARTICLE

Regulatory functions of B cells in allergic diseases

F. Braza[1,2,3,4], J. Chesne[1,2,3,4], S. Castagnet[5], A. Magnan[1,2,4,6] & S. Brouard[3,4]

[1]INSERM, UMR 1087, l'institut du Thorax; [2]CNRS, UMR 6291; [3]INSERM, UMR U1064, Institut de Transplantation Urologie Néphrologie du Centre Hospitalier Universitaire Hôtel Dieu; [4]Université de Nantes; [5]Laboratoire HLA, Établissement Français du Sang; [6]CHU Nantes, l'institut du Thorax, Service de Pneumologie, Nantes, France

To cite this article: Braza F, Chesne J, Castagnet S, Magnan A, Brouard S. Regulatory functions of B cells in allergic diseases. *Allergy* 2014; **69**: 1454–1463.

Keywords

allergy; B cells; IL-10; immunotherapy; regulatory B cells.

Correspondence

Sophie Brouard, INSERM, UMR U1064, Institut de Transplantation Urologie Néphrologie du Centre Hospitalier Universitaire Hôtel Dieu, 30 Boulevard Jean Monnet, 44093 Nantes Cedex 1, France.
Tel.: 02 40 08 78 42
Fax: 02 40 08 74 11
E-mail: sophie.brouard@univ-nantes.fr

Accepted for publication 22 July 2014

DOI:10.1111/all.12490

Edited by: Thomas Bieber

Abstract

B cells are essentially described for their capacity to produce antibodies ensuring anti-infectious immunity or deleterious responses in the case of autoimmunity or allergy. However, abundant data described their ability to restrain inflammation by diverse mechanisms. In allergy, some regulatory B-cell subsets producing IL-10 have been recently described as potent suppressive cells able to restrain inflammatory responses both *in vitro* and *in vivo* by regulatory T-cell differentiation or directly inhibiting T-cell-mediated inflammation. A specific deficit in regulatory B cells participates to more severe allergic inflammation. Induction of allergen tolerance through specific immunotherapy induces a specific expansion of these cells supporting their role in establishment of allergen tolerance. However, the regulatory functions carried out by B cells are not exclusively IL-10 dependent. Indeed, other regulatory mechanisms mediated by B cells are (i) the production of TGF-β, (ii) the promotion of T-cell apoptosis by Fas–Fas ligand or granzyme-B pathways, and (iii) their capacity to produce inhibitory IgG4 and sialylated IgG able to mediate anti-inflammatory mechanisms. This points to Bregs as interesting targets for the development of new therapies to induce allergen tolerance. In this review, we highlight advances in the study of regulatory mechanisms mediated by B cells and outline what is known about their phenotype as well as their suppressive role in allergy from studies in both mice and humans.

Allergic diseases encompass many heterogeneous pathologies with distinct clinical manifestations. These pathologies generally result from an uncontrolled inflammatory response to allergens and can lead to a number of disorders, including asthma, allergic rhinoconjunctivitis, anaphylaxis, urticaria, and atopic dermatitis. Mechanisms promoting allergic inflammation in mucosal tissues are characterized by dysregulated type 2 immunity with a dramatic T_H2-driven immunity, elevated allergen-specific IgE, leading to goblet cell hyperplasia and mucus overproduction. One significant cause of the development and persistence of allergic inflammation is an alteration in the immune regulatory processes (1). Regulatory T cells have long been the focus of all attention in the maintenance of allergen tolerance (2, 3), but recently, a new subset of B cells has been identified as regulatory (Bregs), due to their capacity to secrete IL-10 and constrain severe inflammation (4). In humans, B-cell depletion was recently suggested to

exacerbate ulcerative colitis, promote psoriasis, or aggravate inflammation in patients with multiple sclerosis (5–7). These observations demonstrated the role of Bregs in the control of T-cell-mediated inflammation *in vivo*. Bregs cells are of special interest in allergic diseases also, as demonstrated by recent reports showing their potential implication in the development of allergen tolerance (8–10). However, the regulatory functions carried out by B cells are not exclusively IL-10 dependent. Indeed, the recent identification of other Bregs expressing TGF-β, granzyme-B, Fas-L (Fig. 1), or producing inhibitory antibodies in allergy cases points to Bregs as interesting targets for the development of new therapies to induce allergen tolerance. In this review, we will synthesize recent data concerning Breg origin, development, and function and also report on recent findings showing how B cells can constrain inflammation, notably in allergic diseases.

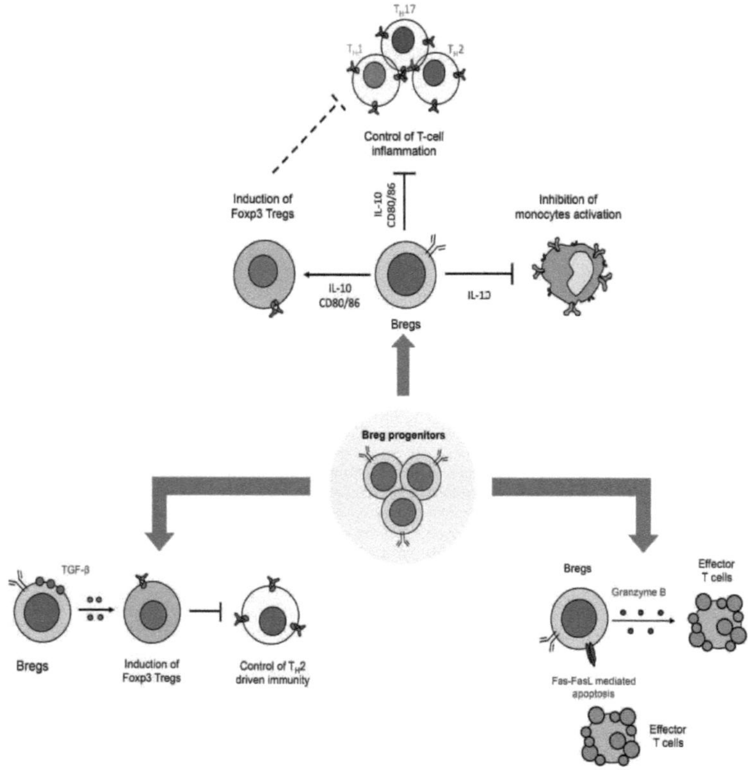

Figure 1 Suppressive functions mediated by Breg subsets in inflammation. Regulatory B cells are distinct B cell subsets exhibiting different functions. These cells probably arise from different progenitors and must be generated under specific instructive signals. Among identified regulatory B cells populations we can find IL-10 producing B cells that are important for the maintenance of Tregs and inhibition of T cell mediated inflammation. A deficit in these cells exacerbates inflammation and induces an alteration in Treg homeostasis. Some reports also demonstrated the ability of IL-10 Bregs to control inflammation by inhibiting monocyte activation and maturation. Reports also described the existence of TGF-β secreting cells controlling deleterious TH2 inflammation essentially through the induction regulatory T cells. Finally the recent identification of killer B cells suggests that Bregs may also constrain T cell responses by inducing their death.

IL-10-producing B cells as central regulators of inflammation and allergic diseases

IL-10⁺ regulatory B cells in animal models

The first experiments demonstrating the regulatory functions of B cells were performed in a guinea pig model of skin hypersensitivity. Preliminary observations demonstrated that treatment with cyclophosphamide before sensitization enhanced inflammatory responses, suggesting a regulatory role for B cells in this model (11). Adoptively transferred splenocytes from sensitized guinea pig were able to inhibit delayed-type hypersensitivity skin reactions, whereas B-cell-depleted splenocytes were not (11). A later study demonstrated that injection of high doses of sheep erythrocytes in C57BL6 mice induces the expansion of B cells, which, when transferred to naive mice, were able to generate suppressor T cells (12). More recently, the discovery that B-cell deficiency in mice prevents recovery from EAE or exacerbated autoimmune and inflammatory diseases confirmed the capacity of B cells to control deleterious inflammation (13–16). Consistent with this, chimeric mice lacking endogenous IL-10-producing B cells develop irreversible EAE associated with increased T_H1 inflammation (17). Similarly, B-cell-deficient-TCR alpha KO mice develop more severe colitis lesions than TCR alpha KO mice, indicating that B cells can contribute in part to the suppression of intestinal inflammation (18). Further investigations identified that an IL-10-producing B-cell subset is important in suppressing T_H2-driven inflammation in this model (18). More recently, it was shown that this regulatory subset was also crucial for the suppression of T_H1 and T_H17 immunity and maintenance of regulatory T cells in mice (Fig. 1) (19). A lack of specific transcriptional or surface markers makes the identification of these Bregs difficult and has led to a certain amount of controversy regarding their origin. Animal studies have demonstrated that regulatory functions can be associated with many B-cell subsets (4). Given this great heterogeneity, several models have been proposed to explain Breg origin and development. One hypothesis supposes that Bregs stem from follicular B cells (FO, $CD19^+$ $CD21^{lo}$ $CD23^{hi}$) and are generated following specific instructive signals (17, 20, 21) and that they are able to suppress maturation of monocytes and dendritic cells and so dampen T-cell proliferation (21). However, support for this theory remains modest as KO mice for G protein alpha inhibitory subunit and p110δPI3K, lacking marginal zone B cells (MZ, $CD19^+$ $CD23^{lo}$ $CD21^{hi}$ $CD1d^{hi}$) and transitional 2-marginal zone progenitors B cells (T2-MZP, $CD19^+$ $CD23^+$ $CD21^{hi}$ $CD1d^{hi}$), develop strong colitis. This result suggests that these B-cell subsets are also necessary for immune regulation (22). Consistent with this, work by Mauri's group also identified T2-MZP B cells as the main regulatory B-cell subset in mice (23, 24). Indeed, adoptive transfer of this subset can delay or stop the development of collagen-induced arthritis in mice (24). Another theory suggests that Bregs are derived from the $CD5^+$ $CD1d^{hi}$ B-cell subset, also called B10 cells (15). However, contrasting results have been obtained from IL-10 reporter mice in which IL-10-secreting B cells are confined to plasmablasts and plasma cells *in vivo* (25–27), confirming observations in infectious models (28, 29). A recent publication also suggested that the phenotype of Bregs could be dependent on their tissue localization and probably their microenvironment (30). Indeed, adipose IL-10^+ B cells are $CD1d^{low}$ $CD5^{-/low}$ $CD11b^{low}$ $CD21/CD35^{low}$ $CD23^{low}$ $CD25^+$ $CD69^+$ $CD72^{high}$ $CD185^-$ $CD196^+$ IgM^+ IgD^+, which is distinct from any other known IL-10-producing B cells (30).

Identification of IL-10^+ Regulatory B cells in humans

The existence of this subset in human has been primary suggested through studying patients with multiple sclerosis (MS), who exhibit decreased frequency of IL-10-secreting B cells compared with healthy volunteers (31). Interestingly, the partial amelioration of the disease occurring in patients with helminth-infected MS is associated with the proportion and activity of IL-10-producing B cells being restored to control levels (32). Functional Breg defects have also been reported in lupus, rheumatoid arthritis, and patients with immune thrombocytopenia (33–35). In these patients, IL-10-secreting B cells enriched within $CD24^{hi}$ $CD38^{hi}$ transitional B cells have dampened regulatory functions (33) and are unable to suppress T_H17 immunity and induce regulatory T cells *in vitro* (34). However, whereas mainly described within the $CD24^{hi}$ $CD38^{hi}$ immature B-cell subset (33, 34), IL-10 Bregs are also enriched in the $CD27^+$ $CD24^{hi}$ memory B-cell compartment and are the human equivalent of mouse B10 cells (36, 37). Despite these divergent results, expression of CD5 is a common feature of human Bregs (33, 37, 38). Notably, CD5 is directly involved in the secretion of IL-10 and could have a functional role in the suppressive effects of Bregs (39, 40). Recently, the isolation and microarray analysis of induced Bregs in healthy volunteers allowed the identification of new specific markers. In contrast to some previous reports, IL-10^+ Bregs were more enriched in a $CD25^+$ $CD71^+$ $CD73^-$ B-cell population than other described subsets (10). However, no information about their differentiation state (naive, memory, or secreting plasma cells) was given in this study. The fact that these IL-10^+ B cells also produce antibodies could suggest that they belong to a memory or plasma cell subset (10). Recently, an elegant study demonstrated that the regulatory capacity of IL-10^+ Bregs importantly depends on their capacity to also secrete TNF-α (41). Authors demonstrated that the ratio of IL-10/TNF-α expression, a measure of cytokine polarization, might be a better indicator of suppressive function of Bregs than IL-10 expression alone. Then, $CD24^{hi}$ $CD38^{hi}$ transitional B harbored the highest IL-10/TNF-α and so the best suppressive function (41). These data highlight the impossibility of clearly attesting to and identifying the origin and development of Bregs. In addition, the great heterogeneity of phenotypes strongly suggests that B cells must be generated under specific instructive signals rather than arising from a unique progenitor (Fig. 1).

IL-10^+ regulatory B cells in allergies

Since the initial experiments on a guinea pig model of hypersensitivity in 1979, very few studies have demonstrated the existence of IL-10-suppressive B cells in allergic disease models. However, observations that CD19−/− mice, which lack of IL-10 B cells, have increased contact hypersensitivity responses have pointed to the role of these cells in regulating skin allergy diseases (42). Consistent with this, a specific deficiency in IL-10-producing B cells dramatically increases allergic skin inflammation in mice with an accumulation of effector T cells and higher production of IFN-γ in the skin (43). Adoptive transfer of Bregs from CHS-mice inhibits skin inflammation and the development of the disease *in vivo* (15, 43). CpG injections reduce inflammation in a late-phase experimental allergic conjunctivitis model (44). Transfer of splenocytes from CpG-treated mice is able to constrain allergen-induced inflammatory responses in recipient mice. Flow cytometry analysis revealed that CpG treatment significantly increased the proportion of IL-10-producing B cells with a follicular phenotype, able to constrain inflammation and to inhibit eosinophilia (44). Other studies have demonstrated that B cells isolated from helminth-infected mice have a protective function in allergy by controlling fatal anaphylaxis or airway inflammation via IL-10 production (45–48). Immunosuppressive effects are mediated by the induction and maintenance of regulatory T cells independent of TGF-β (45).

Interesting data have come from clinical protocols for specific immunotherapy (SIT). Patients suffering from a food allergy (cow's milk allergy) have a diminution in their peripheral Bregs (49). These cells, called induced Bregs (B$_R$1), are characterized by the expression of CD5$^+$ and the production of IL-10 (49). Specific *in vitro* restimulation with casein induces a decrease in B$_R$1 in the allergic group but increases these cells in the tolerant group, suggesting a role for B$_R$1 in the establishment of cow's milk tolerance. Most interestingly, whereas oral tolerance induced by ingestion of milk alone did not improve clinical outcomes, milk intake associated with IFN-γ injections completely suppressed the disease, probably by increasing B$_R$1 (9). Patients receiving IFN-γ and milk have significantly higher proportion of B$_R$1 *ex vivo* and after restimulation with casein *in vitro* (9). In addition, B$_R$1 are able to suppress the proliferation of CD4$^+$ T cells with a ratio of 1 B cell to 25 PBMCs (7). In comparison, regulatory T cells suppress antigen-specific proliferation in a ratio of 1 suppressor cell to 2 or 4 responder cells in similar experimental conditions (50). Interestingly, in the context of bee-venom allergy, beekeepers who spontaneously develop tolerance toward the allergen and patients undergoing immunotherapy exhibit a higher level of antigen-specific B$_R$1 in their blood, supporting the view that Bregs are important for the establishment of allergen tolerance (10). The study of IL-10$^+$ Bregs in patients with asthmatic allergy reveals a significantly lower level of IL-10 regulatory B cells in peripheral blood of CD24$^+$ CD27$^+$ human subjects when compared to healthy controls (51). In addition, CD24$^+$ CD27$^+$ subjects exhibited a nonoptimal induction of IL-10 after stimulation with LPS and allergen resulting in the partial induction of regulatory T cells *in vitro* (51). In contrast, stimulated CD24$^+$ CD27$^+$ of healthy volunteers produce significant levels of IL-10 and induce more regulatory T cells into the system. This suggests that Bregs cells from patients with asthma do not optimally respond to LPS, which may contribute to the increased inflammation found in asthma (51).

Microbes, the hygiene hypothesis, and IL-10$^+$ Bregs: The missing link?

Many instructive signals are known to promote the generation of IL-10-regulatory B cells. BCR signaling is central to the production of IL-10 and generation of effective regulatory B cells. This is shown in mice with B cells deficient for (i) stromal interaction molecules 1 and 2 (STIM-1 and STIM-2), which control calcium signaling downstream BCR, or (ii) B-cell linker protein (BLNK), a molecule involved in the B-cell signalosome downstream the BCR; these mice have impaired IL-10 production and increased inflammation (43, 52). The dialogue with T cells is also important for optimal induction of IL-10 Bregs as CD80/86, CD40, and IL-21 molecules significantly improve generation of Bregs (17, 33, 53–55). The recent role of TIM-1 in the generation of Bregs is of special interest in allergy study as certain polymorphisms of this gene are strongly associated with allergic diseases (56–59). However, no convincing data have yet emerged in human studies. A number of reports have demonstrated that development and generation of IL-10 Bregs require Toll-like receptors (TLRs) and Myd88 signaling in both mice and humans (17, 28, 36, 60). Consistent with this, mice with a B-cell-specific deficiency in both TLR2 and TLR4 or in Myd88 develop a chronic form of EAE, comparable to chimeric mice with IL10-deficient B cells. In contrast, mice with wild-type B cells recover after a short episode of paralysis, strengthening the case for a key role for TLR signaling in the prime regulatory functions of B cells (17). The hygiene hypothesis suggests an early-life farming lifestyle confers protection against asthma, hay fever, and allergic sensitization, arguing that early exposure to microbes could activate a number of regulatory mechanisms during infancy (61). Accordingly, a decrease in parasitic infections is suggested as being responsible for the dramatic increase in the global incidence of allergic diseases, such as asthma (62, 63). Several works in animals and humans have demonstrated the role of TLRs in the protection conferred by parasites and other microbes toward allergy (64–66). It is worth-noticing that in early life, immune cells preferentially produce IL-10 after stimulation with TLR ligands (67). In line with this, a recent work showed that neonate mice exhibit dramatically higher levels of IL-10-regulatory B cells than adult mice (60). Consequently, observations that (i) lower TLR4-induced IL-10 production is significantly associated with the development of atopic dermatitis in children (68), (ii) patients with allergic asthma exhibit attenuated TLR4-induced IL-10 production by B10 cells when compared to healthy individuals (51), and (iii) infection with parasites favors the emergence of Bregs and protects from allergic inflammation (45, 48, 63), all support a potential role for IL-10 Bregs cells in the early control of allergic diseases. We could also postulate that early exposure to pathogens could enhance the generation of Bregs and thus be important for protection against allergy, probably through the maintenance of Tregs (45, 48, 66, 69) (Fig. 2). However, to date, no data have clearly demonstrated this.

New regulatory mechanisms mediated by B cells: a role in allergic diseases?

TGF-β-producing B cells

A number of studies indicate that Bregs, like Tregs, may encompass several subsets that exhibit different immune regulatory mechanisms, including, notably, the production of TGF-β. This multifunctional cytokine carries out many physiological roles in both healthy and pathological processes. TGF-β is involved in both suppression and promotion of inflammation; for example, it ensures the maturation of Tregs and inhibition of effector T cells, and it also participates in the differentiation and priming of Th17 cells. Interestingly, subset with a unique CD1dhiCD5+ phenotype controls T cell-dependent inflammatory responses. *Immunity* 2008;**28**:639–650.

16. Yanaba K, Kamata M, Ishiura N, Shibata S, Asano Y, Tada Y et al. Regulatory B cells suppress imiquimod-induced, psoriasis-like skin inflammation. *J Leukoc Biol* 2013;**94**:563–573.

17. Fillatreau S, Sweenie CH, McGeachy MJ, Gray D, Anderton SM. B cells regulate autoimmunity by provision of IL-10. *Nat Immunol* 2002;**3**:944–950.

18. Mizoguchi A, Mizoguchi E, Takedatsu H, Blumberg RS, Bhan AK. Chronic intestinal inflammatory condition generates IL-10-producing regulatory B cell subset characterized by CD1d upregulation. *Immunity* 2002;**16**:219–230.

19. Carter NA, Vasconcellos R, Rosser EC, Tulone C, Munoz-Suano A, Kamanaka M et al. Mice lacking endogenous IL-10-producing regulatory B cells develop exacerbated disease and present with an increased frequency of Th1/Th17 but a decrease in regulatory T cells. *J Immunol* 2011;**186**:5569–5579.

20. Lampropoulou V, Calderon-Gomez E, Roch T, Neves P, Shen P, Stervbo U et al. Suppressive functions of activated B cells in autoimmune diseases reveal the dual roles of Toll-like receptors in immunity. *Immunol Rev* 2010;**233**:146–161.

21. Lampropoulou V, Hoehlig K, Roch T, Neves P, Calderon Gomez E, Sweenie CH et al. TLR-activated B cells suppress T cell-mediated autoimmunity. *J Immunol* 2008;**180**:4763–4773.

22. Dalwadi H, Wei B, Schrage M, Spicher K, Su TT, Birnbaumer L et al. B cell developmental requirement for the G alpha i2 gene. *J Immunol* 2003;**170**:1707–1715.

23. Blair PA, Chavez-Rueda KA, Evans JG, Shlomchik MJ, Eddaoudi A, Isenberg DA et al. Selective targeting of B cells with agonistic anti-CD40 is an efficacious strategy for the generation of induced regulatory T2-like B cells and for the suppression of lupus in MRL/lpr mice. *J Immunol* 2009;**182**:3492–3502.

24. Evans JG, Chavez-Rueda KA, Eddaoudi A, Meyer-Bahlburg A, Rawlings DJ, Ehrenstein MR et al. Novel suppressive function of transitional 2 B cells in experimental arthritis. *J Immunol* 2007;**178**:7868–7878.

25. Madan R, Demircik F, Surianarayanan S, Allen JL, Divanovic S, Trompette A et al. Nonredundant roles for B cell-derived IL-10 in immune counter-regulation. *J Immunol* 2009;**183**:2312–2320.

26. Maseda D, Smith SH, DiLillo DJ, Bryant JM, Candando KM, Weaver CT et al. Regulatory B10 cells differentiate into antibody-secreting cells after transient IL-10 production in vivo. *J Immunol* 2012;**188**:1036–1048.

27. Scapini P, Lamagna C, Hu Y, Lee K, Tang Q, DeFranco AL et al. B cell-derived IL-10 suppresses inflammatory disease in Lyn-deficient mice. *Proc Natl Acad Sci USA* 2011;**108**:823–832.

28. Neves P, Lampropoulou V, Calderon-Gomez E, Roch T, Stervbo U, Shen P et al. Signaling via the MyD88 adaptor protein in B cells suppresses protective immunity during Salmonella typhimurium infection. *Immunity* 2010;**33**:777–790.

29. Shen P, Roch T, Lampropoulou V, O'Connor RA, Stervbo U, Hilgenberg E et al. IL-35-producing B cells are critical regulators of immunity during autoimmune and infectious diseases. *Nature* 2014;**507**:366–370.

30. Nishimura S, Manabe I, Takaki S, Nagasaki M, Otsu M, Yamashita H et al. Adipose Natural Regulatory B Cells Negatively Control Adipose Tissue Inflammation. *Cell Metab* 2013;**18**:759–766.

31. Duddy M, Niino M, Adatia F, Hebert S, Freedman M, Atkins H et al. Distinct effector cytokine profiles of memory and naive human B cell subsets and implication in multiple sclerosis. *J Immunol* 2007;**178**:6092–6099.

32. Correale J, Farez M, Razzitte G. Helminth infections associated with multiple sclerosis induce regulatory B cells. *Ann Neurol* 2008;**64**:187–199.

33. Blair PA, Norena LY, Flores-Borja F, Rawlings DJ, Isenberg DA, Ehrenstein MR et al. CD19(+)CD24(hi)CD38(hi) B cells exhibit regulatory capacity in healthy individuals but are functionally impaired in systemic Lupus Erythematosus patients. *Immunity* 2010;**32**:129–140.

34. Flores-Borja F, Bosma A, Ng D, Reddy V, Ehrenstein MR, Isenberg DA et al. CD19+ CD24hiCD38hi B cells maintain regulatory T cells while limiting TH1 and TH17 differentiation. *Sci Transl Med* 2013;**5**:173ra123.

35. Li X, Zhong H, Bao W, Boulad N, Evangelista J, Haider MA et al. Defective regulatory B-cell compartment in patients with immune thrombocytopenia. *Blood* 2012;**120**:3318–3325.

36. Bouaziz JD, Calbo S, Maho-Vaillant M, Saussine A, Bagot M, Bensussan A et al. IL-10 produced by activated human B cells regulates CD4(+) T-cell activation in vitro. *Eur J Immunol* 2010;**40**:2686–2691.

37. Iwata Y, Matsushita T, Horikawa M, DiLillo DJ, Yanaba K, Venturi GM et al. Characterization of a rare IL-10-competent B-cell subset in humans that parallels mouse regulatory B10 cells. *Blood* 2011;**117**:530–541.

38. Lemoine S, Morva A, Youinou P, Jamin C. Human T cells induce their own regulation through activation of B cells. *J Autoimmun* 2011;**36**:228–238.

39. DiLillo DJ, Weinberg JB, Yoshizaki A, Horikawa M, Bryant JM, Iwata Y et al. Chronic lymphocytic leukemia and regulatory B cells share IL-10 competence and immunosuppressive function. *Leukemia* 2013;**27**:170–182.

40. Gary-Gouy H, Harriague J, Bismuth G, Platzer C, Schmitt C, Dalloul AH. Human CD5 promotes B-cell survival through stimulation of autocrine IL-10 production. *Blood* 2002;**100**:4537–4543.

41. Cherukuri A, Rothstein DM, Clark B, Carter CR, Davison A, Hernandez-Fuentes M et al. Immunologic Human Renal Allograft Injury Associates with an Altered IL-10/TNF-alpha Expression Ratio in Regulatory B Cells. *J Am Soc Nephrol* 2014;**25**:1575–1585.

42. Watanabe R, Ishiura N, Nakashima H, Kuwano Y, Okochi H, Tamaki K et al. Regulatory B cells (B10 cells) have a suppressive role in murine lupus: CD19 and B10 cell deficiency exacerbates systemic autoimmunity. *J Immunol* 2010;**184**:4801–4809.

43. Jin G, Hamaguchi Y, Matsushita T, Hasegawa M, Le Huu D, Ishiura N et al. B-cell linker protein expression contributes to controlling allergic and autoimmune diseases by mediating IL-10 production in regulatory B cells. *J Allergy Clin Immunol* 2013;**131**:1674–1682.

44. Miyazaki D, Kuo CH, Tominaga T, Inoue Y, Ono SJ. Regulatory function of CpG-activated B cells in late-phase experimental allergic conjunctivitis. *Invest Ophthalmol Vis Sci* 2009;**50**:1626–1635.

45. Amu S, Saunders SP, Kronenberg M, Mangan NE, Atzberger A, Fallon PG. Regulatory B cells prevent and reverse allergic airway inflammation via FoxP3-positive T regulatory cells in a murine model. *J Allergy Clin Immunol* 2010;**125**:1114–1124.

46. Mangan NE, Fallon RE, Smith P, van Rooijen N, McKenzie AN, Fallon PG. Helminth infection protects mice from anaphylaxis via IL-10-producing B cells. *J Immunol* 2004;**173**:6346–6356.

47. Mangan NE, van Rooijen N, McKenzie AN, Fallon PG. Helminth-modified pulmonary immune response protects mice from allergen-induced airway hyperresponsiveness. *J Immunol* 2006;**176**:138–147.

48. van der Vlugt LE, Labuda LA, Ozir-Fazalalikhan A, Lievers E, Gloudemans AK, Liu KY et al. Schistosomes induce regulatory features in human and mouse CD1d(hi) B cells: inhibition of allergic inflammation by IL-10 and regulatory T cells. *PLoS ONE* 2012;**7**:e30883.

49. Noh J, Lee JH, Noh G, Bang SY, Kim HS, Choi WS et al. Characterisation of allergen-specific responses of IL-10-producing regula-

tory B cells (Br 1) in Cow Milk Allergy. *Cell Immunol* 2010;**264**:143–149.

50. Akdis M, Verhagen J, Taylor A, Karamloo F, Karagiannidis C, Crameri R et al. Immune responses in healthy and allergic individuals are characterized by a fine balance between allergen-specific T regulatory 1 and T helper 2 cells. *J Exp Med* 2004;**199**:1567–1575.

51. van der Vlugt LE, Mlejnek E, Ozir-Fazalalikhan A, Janssen Bonas M, Dijksman TR, Labuda LA et al. CD24(hi)CD27(+) B cells from patients with allergic asthma have impaired regulatory activity in response to lipopolysaccharide. *Clin Exp Allergy* 2014;**44**:517–528.

52. Matsumoto M, Fujii Y, Baba A, Hikida M, Kurosaki T, Baba Y. The calcium sensors STIM1 and STIM2 control B cell regulatory function through interleukin-10 production. *Immunity* 2011;**34**:703–714.

53. Mann M, Maresz K, Shriver L, Tan Y, Dittel B. B cell regulation of CD4+ CD25+ T regulatory cells and IL-10 via B7 is essential for recovery from experimental autoimmune encephalomyelitis. *J Immunol* 2007;**178**:3447–3456.

54. Mauri C, Gray D, Mushtaq N, Londei M. Prevention of arthritis by interleukin 10-producing B cells. *J Exp Med* 2003;**197**:489–501.

55. Yoshizaki A, Miyagaki T, DiLillo DJ, Matsushita T, Horikawa M, Kountikov EI et al. Regulatory B cells control T-cell autoimmunity through IL-21-dependent cognate interactions. *Nature* 2012;**491**:264–268.

56. Ding Q, Yeung M, Camirand G, Zeng Q, Akiba H, Yagita H et al. Regulatory B cells are identified by expression of TIM-1 and can be induced through TIM-1 ligation to promote tolerance in mice. *J Clin Invest* 2011;**121**:3645–3656.

57. Lee KM, Kim JI, Stott R, Soohoo J, O'Connor MR, Yeh H et al. Anti-CD45RB/anti-TIM-1-induced tolerance requires regulatory B cells. *Am J Transplant* 2012;**12**:2072–2078.

58. McIntire JJ, Umetsu SE, Akbari O, Potter M, Kuchroo VK, Barsh GS et al. Identification of Tapr (an airway hyperreactivity regulatory locus) and the linked Tim gene family. *Nat Immunol* 2001;**2**:1109–1116.

59. Xiao S, Brooks CR, Zhu C, Wu C, Sweere JM, Petecka S et al. Defect in regulatory B-cell function and development of systemic autoimmunity in T-cell Ig mucin 1 (Tim-1) mucin domain-mutant mice. *Proc Natl Acad Sci USA* 2012;**109**:12105–12110.

60. Yanaba K, Bouaziz JD, Matsushita T, Tsubata T, Tedder TF. The development and function of regulatory B cells expressing IL-10 (B10 cells) requires antigen receptor diversity and TLR signals. *J Immunol* 2009;**182**:7459–7472.

61. Braun-Fahrlander C, Riedler J, Herz U, Eder W, Waser M, Grize L et al. Environmental exposure to endotoxin and its relation to asthma in school-age children. *N Engl J Med* 2002;**347**:869–877.

62. Yazdanbakhsh M, Kremsner PG, van Ree R. Allergy, parasites, and the hygiene hypothesis. *Science* 2002;**296**:490–494.

63. Fallon PG, Mangan NE. Suppression of TH2-type allergic reactions by helminth infection. *Nat Rev Immunol* 2007;**7**:220–230.

64. Lauener RP, Birchler T, Adamski J, Braun-Fahrländer C, Bufe A, Herz U et al. Expression of CD14 and Toll-like receptor 2 in farmers' and nonfarmers' children. *Lancet* 2002;**360**:465–466.

65. Ege MJ, Bieli C, Frei R, van Strien RT, Riedler J, Ublagger E et al. Prenatal farm exposure is related to the expression of receptors of the innate immunity and to atopic sensitization in school-age children. *J Allergy Clin Immunol* 2006;**117**:817–823.

66. von Mutius E, Vercelli D. Farm living: effects on childhood asthma and allergy. *Nat Rev Immunol* 2010;**10**:861–868.

67. Kollmann TR, Levy O, Montgomery RR, Goriely S. Innate immune function by Toll-like receptors: distinct responses in newborns and the elderly. *Immunity* 2012;**37**:771–783.

68. Belderbos ME, Knol EF, Houben ML, van Bleek GM, Wilbrink B, Kimpen JL et al. Low neonatal Toll-like receptor 4-mediated interleukin-10 production is associated with subsequent atopic dermatitis. *Clin Exp Allergy* 2012;**42**:66–75.

69. Lluis A, Depner M, Gaugler B, Saas P, Casaca VI, Raedler D et al. Increased regulatory T-cell numbers are associated with farm milk exposure and lower atopic sensitization and asthma in childhood. *J Allergy Clin Immunol* 2014;**133**:551–559.

70. Frischmeyer-Guerrerio PA, Guerrerio AL, Oswald G, Chichester K, Myers L, Halushka MK et al. TGFbeta receptor mutations impose a strong predisposition for human allergic disease. *Sci Transl Med* 2013;**5**:195ra194.

71. Natarajan P, Singh A, McNamara JT, Secor ER Jr, Guernsey LA, Thrall RS et al. Regulatory B cells from hilar lymph nodes of tolerant mice in a murine model of allergic airway disease are CD5+, express TGF-beta, and co-localize with CD4+ Foxp3+ T cells. *Mucosal Immunol* 2012;**5**:691–701.

72. Liu ZQ, Wu Y, Song JP, Liu X, Liu Z, Zheng PY et al. Tolerogenic CX3CR1+ B cells suppress food allergy-induced intestinal inflammation in mice. *Allergy* 2013;**68**:1241–1248.

73. Zhang HP, Wu Y, Liu J, Jiang J, Geng XR, Yang G et al. TSP1-producing B cells show immune regulatory property and suppress

allergy-related mucosal inflammation. *Sci Rep* 2013;**3**:3345.

74. Montandon R, Korniotis S, Layseca-Espinosa E, Gras C, Megret J, Ezine S et al. Innate pro-B-cell progenitors protect against type 1 diabetes by regulating autoimmune effector T cells. *Proc Natl Acad Sci USA* 2013;**110**:2199–2208.

75. Lundy SK, Boros DL. Fas ligand-expressing B-1a lymphocytes mediate CD4(+)-T-cell apoptosis during schistosomal infection: induction by interleukin 4 (IL-4) and IL-10. *Infect Immun* 2002;**70**:812–819.

76. Klinker MW, Reed TJ, Fox DA, Lundy SK. Interleukin-5 supports the expansion of fas ligand-expressing killer B cells that induce antigen-specific apoptosis of CD4(+) T cells and secrete interleukin-10. *PLoS ONE* 2013;**8**:e70131.

77. Hagn M, Belz GT, Kallies A, Sutton VR, Thia KY, Tarlinton DM et al. Activated mouse B cells lack expression of granzyme B. *J Immunol* 2012;**188**:3886–3892.

78. Hagn M, Sontheimer K, Dahlke K, Brueggemann S, Kaltenmeier C, Beyer T et al. Human B cells differentiate into granzyme B-secreting cytotoxic B lymphocytes upon incomplete T-cell help. *Immunol Cell Biol* 2012;**90**:457–467.

79. Pipet A, Botturi K, Pinot D, Vervloet D, Magnan A. Allergen-specific immunotherapy in allergic rhinitis and asthma. Mechanisms and proof of efficacy. *Respir Med* 2009;**103**:800–812.

80. Akdis M, Akdis CA. Mechanisms of allergen-specific immunotherapy: multiple suppressor factors at work in immune tolerance to allergens. *J Allergy Clin Immunol* 2014;**133**:621–631.

81. Aalberse RC, Stapel SO, Schuurman J, Rispens T. Immunoglobulin G4: an odd antibody. *Clin Exp Allergy* 2009;**39**:469–477.

82. Canfield SM, Morrison SL. The binding affinity of human IgG for its high affinity Fc receptor is determined by multiple amino acids in the CH2 domain and is modulated by the hinge region. *J Exp Med* 1991;**173**:1483–1491.

83. van der Neut Kolfschoten M, Schuurman J, Losen M, Bleeker WK, Martinez-Martinez P, Vermeulen E et al. Anti-inflammatory activity of human IgG4 antibodies by dynamic Fab arm exchange. *Science* 2007;**317**:1554–1557.

84. Bohle B, Kinaciyan T, Gerstmayr M, Radakovics A, Jahn-Schmid B, Ebner C. Sublingual immunotherapy induces IL-10-producing T regulatory cells, allergen-specific T-cell tolerance, and immune deviation. *J Allergy Clin Immunol* 2007;**120**:707–713.

85. Piconi S, Trabattoni D, Rainone V, Borgonovo L, Passerini S, Rizzardini G et al. Immunological effects of sublingual immu-

Braza et al.

notherapy: clinical efficacy is associated with modulation of programmed cell death ligand 1, IL-10, and IgG4. *J Immunol* 2010;**185**:7723–7730.

86. Vickery BP, Lin J, Kulis M, Fu Z, Steele PH, Jones SM et al. Peanut oral immunotherapy modifies IgE and IgG4 responses to major peanut allergens. *J Allergy Clin Immunol* 2013;**131**:128–134.

87. Suarez-Fueyo A, Ramos T, Galan A, Jimeno L, Wurtzen PA, Marin A et al. Grass tablet sublingual immunotherapy downregulates the TH2 cytokine response followed by regulatory T-cell generation. *J Allergy Clin Immunol* 2014;**133**:130–138.

88. Meiler F, Zumkehr J, Klunker S, Ruckert B, Akdis CA, Akdis M. In vivo switch to IL-10-secreting T regulatory cells in high dose allergen exposure. *J Exp Med* 2008;**205**:2887–2898.

89. Kaneko Y, Nimmerjahn F, Ravetch JV. Anti-inflammatory activity of immunoglobulin G resulting from Fc sialylation. *Science* 2006;**313**:670–673.

90. Parekh RB, Dwek RA, Sutton BJ, Fernandes DL, Leung A, Stanworth D et al. Association of rheumatoid arthritis and primary osteoarthritis with changes in the glycosylation pattern of total serum IgG. *Nature* 1985;**316**:452–457.

91. Oefner CM, Winkler A, Hess C, Lorenz AK, Holecska V, Huxdorf M et al. Tolerance induction with T cell-dependent protein antigens induces regulatory sialylated IgGs. *J Allergy Clin Immunol* 2012;**129**:1647–1655.

92. Gloudemans AK, Lambrecht BN, Smits HH. Potential of immunoglobulin A to prevent allergic asthma. *Clin Dev Immunol* 2013;**2013**:542091.

93. Chen KW, Focke-Tejkl M, Blatt K, Kneidinger M, Gieras A, Dall'Antonia F et al. Carrier-bound nonallergenic Der p 2 peptides induce IgG antibodies blocking allergen-induced basophil activation in allergic patients. *Allergy* 2012;**67**:609–621.

CHAPITRE VII : Références

Adcock, I.M., G. Caramori, and K.F. Chung. 2008. New targets for drug development in asthma. *Lancet*. 372:1073–1087. doi:10.1016/S0140-6736(08)61449-X.

Agarwal, A., M. Singh, B.P. Chatterjee, A. Chauhan, and A. Chakraborti. 2014. Research Article. *International Journal of Pediatrics*. 1–8. doi:10.1155/2014/636238.

Akbari, O. 2006. The role of iNKT cells in development of bronchial asthma: a translational approach from animal models to human. *Allergy*. 61:962–968. doi:10.1111/j.1398-9995.2006.01124.x.

Al-Muhsen, S., J.R. Johnson, and Q. Hamid. 2011. Remodeling in asthma. *J. Allergy Clin. Immunol*. 128:451–62– quiz 463–4. doi:10.1016/j.jaci.2011.04.047.

Al-Ramli, W., D. Préfontaine, F. Chouiali, J.G. MARTIN, R. Olivenstein, C. Lemière, and Q. Hamid. 2009. T(H)17-associated cytokines (IL-17A and IL-17F) in severe asthma. *J. Allergy Clin. Immunol*. 123:1185–1187. doi:10.1016/j.jaci.2009.02.024.

Amelink, M., J.C. de Groot, S.B. de Nijs, R. Lutter, A.H. Zwinderman, P.J. Sterk, A. ten Brinke, and E.H. Bel. 2013. Severe adult-onset asthma: A distinct phenotype. *J. Allergy Clin. Immunol*. 132:336–341. doi:10.1016/j.jaci.2013.04.052.

Anderson, G.P. 2008. Endotyping asthma: new insights into key pathogenic mechanisms in a complex, heterogeneous disease. *Lancet*. 372:1107–1119. doi:10.1016/S0140-6736(08)61452-X.

Ano, S., Y. Morishima, Y. Ishii, K. Yoh, Y. Yageta, S. Ohtsuka, M. Matsuyama, M. Kawaguchi, S. Takahashi, and N. Hizawa. 2013. Transcription Factors GATA-3 and ROR t Are Important for Determining the Phenotype of Allergic Airway Inflammation in a Murine Model of Asthma. *The Journal of Immunology*. 190:1056–1065. doi:10.4049/jimmunol.1202386.

Arron, J.R., H. Scheerens, and J.G. Matthews. 2013. Redefining Approaches to Asthma. *In* Advances in Pharmacology. Elsevier. 1–49.

Baeten, D., X. Baraliakos, J. Braun, J. Sieper, P. Emery, D. van der Heijde, I. McInnes, J.M. van Laar, R. Landewé, P. Wordsworth, J. Wollenhaupt, H. Kellner, J. Paramarta, J. Wei, A. Brachat, S. Bek, D. Laurent, Y. Li, Y.A. Wang, A.P. Bertolino, S. Gsteiger, A.M. Wright, and W. Hueber. 2013. Anti-interleukin-17A monoclonal antibody secukinumab in treatment of ankylosing spondylitis: a randomised, double-blind, placebo-controlled trial. *Lancet*. 382:1705–1713. doi:10.1016/S0140-6736(13)61134-4.

Bai, T.R. 1990. Abnormalities in airway smooth muscle in fatal asthma. *Am. Rev. Respir. Dis*. 141:552–557. doi:10.1164/ajrccm/141.3.552.

Baines, K.J., J.L. Simpson, L.G. Wood, R.J. Scott, N.L. Fibbens, H. Powell, D.C. Cowan, D.R. Taylor, J.O. Cowan, and P.G. Gibson. 2014. Sputum gene expression signature of 6 biomarkers discriminates asthma inflammatory phenotypes. *J. Allergy Clin. Immunol*. doi:10.1016/j.jaci.2013.12.1091.

Bara, I., A. Ozier, J.-M. Tunon de Lara, R. Marthan, and P. Berger. 2010. Pathophysiology of bronchial smooth muscle remodelling in asthma. *European Respiratory Journal*. 36:1174–1184. doi:10.1183/09031936.00019810.

Barnes, P.J. 1998. Efficacy of inhaled corticosteroids in asthma. *J. Allergy Clin. Immunol.* 102:531–538.

Barnig, C., and F. de Blay. 2013. Mesurer l'hyperréactivité bronchique : quel intérêt pratique ? *Revue Française d'Allergologie*. 53:117–118. doi:10.1016/j.reval.2013.02.002.

Barrett, N.A., and K.F. Austen. 2009. Innate Cells and T Helper 2 Cell Immunity in Airway Inflammation. *Immunity*. 31:425–437. doi:10.1016/j.immuni.2009.08.014.

Barton, S.J., G.H. Koppelman, J.M. Vonk, C.A. Browning, I.M. Nolte, C.E. Stewart, S. Bainbridge, S. Mutch, M.J. Rose-Zerilli, D.S. Postma, N. Maniatis, A.P. Henry, I.P. Hall, S.T. Holgate, P. Tighe, J.W. Holloway, and I. Sayers. 2009. PLAUR polymorphisms are associated with asthma, PLAUR levels, and lung function decline. *J. Allergy Clin. Immunol.* 123:1391–400.e17. doi:10.1016/j.jaci.2009.03.014.

Bell, M.C., and W.W. Busse. 2013. Severe asthma: an expanding and mounting clinical challenge. *J Allergy Clin Immunol Pract*. 1:110–21– quiz 122. doi:10.1016/j.jaip.2013.01.005.

Bendelac, A., P.B. Savage, and L. Teyton. 2007. The Biology of NKT Cells. *Annu. Rev. Immunol.* 25:297–336. doi:10.1146/annurev.immunol.25.022106.141711.

Berger, P., J.-M. Tunon de Lara, J.P. Savineau, and R. Marthan. 2001. Selected contribution: tryptase-induced PAR-2-mediated Ca(2+) signaling in human airway smooth muscle cells. *J. Appl. Physiol.* 91:995–1003.

Berger, P., R. Marthan, and J.-M. Tunon de Lara. 2002. [The pathophysiological role of smooth muscle cells in bronchial inflammation]. *Revue des Maladies Respiratoires*. 19:778–794.

Binia, A., N. Khorasani, P.K. Bhavsar, I. Adcock, C.E. Brightling, K.F. Chung, W.O.C. Cookson, and M.F. Moffatt. 2010. Chromosome 17q21 SNP and severe asthma. *J Hum Genet*. 56:97–98. doi:10.1038/jhg.2010.134.

Bock, S.A., A. Muñoz-Furlong, and H.A. Sampson. 2007. Further fatalities caused by anaphylactic reactions to food, 2001-2006. *Journal of Allergy and Clinical Immunology*. 119:1016–1018. doi:10.1016/j.jaci.2006.12.622.

Boniface, S., V. Koscher, E. Mamessier, M. El Biaze, P. Dupuy, A.M. Lorec, C. Guillot, M. Badier, P. Bongrand, D. Vervloet, and A. Magnan. 2003. Assessment of T lymphocyte cytokine production in induced sputum from asthmatics: a flow cytometry study. *Clin. Exp. Allergy*. 33:1238–1243.

Botturi, K., M. Langelot, D. Lair, A. Pipet, M. Pain, J. Chesné, D. Hassoun, Y. Lacoeuille, A. Cavaillès, and A. Magnan. 2011. Pharmacology & Therapeutics. *Pharmacol. Ther.*

131:114–129. doi:10.1016/j.pharmthera.2011.03.010.

Boucherat, O., J. Boczkowski, L. Jeannotte, and C. Delacourt. 2013. Cellular and molecular mechanisms of goblet cell metaplasia in the respiratory airways. *Exp Lung Res.* 39:207–216. doi:10.3109/01902148.2013.791733.

Bousquet, J., E. Mantzouranis, A.A. Cruz, N. Aït-Khaled, C.E. Baena-Cagnani, E.R. Bleecker, C.E. Brightling, P. Burney, A. Bush, W.W. Busse, T.B. Casale, M. Chan-Yeung, R. Chen, B. Chowdhury, K.F. Chung, R. Dahl, J.M. Drazen, L.M. Fabbri, S.T. Holgate, F. Kauffmann, T. Haahtela, N. Khaltaev, J.P. Kiley, M.R. Masjedi, Y. Mohammad, P. O'Byrne, M.R. Partridge, K.F. Rabe, A. Togias, C. van Weel, S. Wenzel, N. Zhong, and T. Zuberbier. 2010. Uniform definition of asthma severity, control, and exacerbations: document presented for the World Health Organization Consultation on Severe Asthma. 926–938.

Braza, F., J. Chesne, S. Castagnet, A. Magnan, and S. Brouard. 2014. Regulatory functions of B cells in allergic diseases. *Allergy.* doi:10.1111/all.12490.

Bullens, D.M., E. Truyen, L. Coteur, E. Dilissen, P.W. Hellings, L.J. Dupont, and J.L. Ceuppens. 2006. IL-17 mRNA in sputum of asthmatic patients: linking T cell driven inflammation and granulocytic influx. *Respir Res.* 7:135. doi:10.1186/1465-9921-7-135.

Burrows, B. 1995. Allergy and the development of asthma and bronchial hyperresponsiveness. *Clin. Exp. Allergy.* 25 Suppl 2:15–5– discussion 17–8.

Busse, W.W. 2010. The Relationship of Airway Hyperresponsiveness and Airway Inflammation. *CHEST.* 138:4S. doi:10.1378/chest.10-0100.

Busse, W.W., S. Holgate, E. Kerwin, Y. Chon, J. Feng, J. Lin, and S.-L. Lin. 2013. Randomized, Double-Blind, Placebo-controlled Study of Brodalumab, a Human Anti–IL-17 Receptor Monoclonal Antibody, in Moderate to Severe Asthma. *Am. J. Respir. Crit. Care Med.* 188:1294–1302. doi:10.1164/rccm.201212-2318OC.

Bønnelykke, K., P. Sleiman, K. Nielsen, E. Kreiner-Møller, J.M. Mercader, D. Belgrave, H.T. den Dekker, A. Husby, A. Sevelsted, G. Faura-Tellez, L.J. Mortensen, L. Paternoster, R. Flaaten, A. Mølgaard, D.E. Smart, P.F. Thomsen, M.A. Rasmussen, S. Bonàs-Guarch, C. Holst, E.A. Nohr, R. Yadav, M.E. March, T. Blicher, P.M. Lackie, V.W.V. Jaddoe, A. Simpson, J.W. Holloway, L. Duijts, A. Custovic, D.E. Davies, D. Torrents, R. Gupta, M.V. Hollegaard, D.M. Hougaard, H. Hakonarson, and H. Bisgaard. 2014. A genome-wide association study identifies CDHR3 as a susceptibility locus for early childhood asthma with severe exacerbations. *Nat. Genet.* 46:51–55. doi:10.1038/ng.2830.

Carroll, N., J. Elliot, A. Morton, and A. James. 1993. The structure of large and small airways in nonfatal and fatal asthma. *Am. Rev. Respir. Dis.* 147:405–410. doi:10.1164/ajrccm/147.2.405.

Castro, M., S. Mathur, F. Hargreave, L.-P. Boulet, F. Xie, J. Young, H.J. Wilkins, T. Henkel, and P. Nair. 2011. Reslizumab for Poorly Controlled, Eosinophilic Asthma. *Am. J. Respir. Crit. Care Med.* 184:1125–1132. doi:10.1164/rccm.201103-0396OC.

Chambers, L.S., J.L. Black, P. Poronnik, and P.R. Johnson. 2001. Functional effects of protease-activated receptor-2 stimulation on human airway smooth muscle. *Am. J. Physiol. Lung Cell Mol. Physiol.* 281:L1369–78.

Charriot, J., A.-S. Gamez, M. Humbert, P. Chanez, and A. Bourdin. 2013. [Targeted therapies in severe asthma: the discovery of new molecules]. *Revue des Maladies Respiratoires.* 30:613–626. doi:10.1016/j.rmr.2013.02.018.

Chen, Y., M. Zhong, L. Liang, F. Gu, and H. Peng. 2014. Interleukin-17 Induces Angiogenesis in Human Choroidal Endothelial Cells in vitro. *Invest. Ophthalmol. Vis. Sci.* doi:10.1167/iovs.14-15029.

Chesne, J., F. Braza, and A. Magnan. 2013. Th17, neutrophiles et hyperréactivité bronchique. *Revue Française d'Allergologie.* 53:104–107. doi:10.1016/j.reval.2013.01.022.

Chesne, J., F. Braza, G. Mahay, S. Brouard, M. Aronica, and A. Magnan. 2014. IL-17 in Severe Asthma: Where Do We Stand? *Am. J. Respir. Crit. Care Med.* doi:10.1164/rccm.201405-0859PP.

Chiba, Y., K. Matsusue, and M. Misawa. 2010. RhoA, a Possible Target for Treatment of Airway Hyperresponsiveness in Bronchial Asthma. *J Pharmacol Sci.* 114:239–247. doi:10.1254/jphs.10R03CR.

Chiba, Y., S. Nakazawa, M. Todoroki, K. Shinozaki, H. Sakai, and M. Misawa. 2009. Interleukin-13 Augments Bronchial Smooth Muscle Contractility with an Up-Regulation of RhoA Protein. *Am J Respir Cell Mol Biol.* 40:159–167. doi:10.1165/rcmb.2008-0162OC.

Cho, S.H., H.J. You, C.H. Woo, Y.J. Yoo, and J.H. Kim. 2004a. Rac and Protein Kinase C-Regulate ERKs and Cytosolic Phospholipase A2 in Fc RI Signaling to Cysteinyl Leukotriene Synthesis in Mast Cells. *The Journal of Immunology.* 173:624–631. doi:10.4049/jimmunol.173.1.624.

Cho, S.H., H.J. You, C.H. Woo, Y.J. Yoo, and J.H. Kim. 2004b. Rac and Protein Kinase C-Regulate ERKs and Cytosolic Phospholipase A2 in Fc RI Signaling to Cysteinyl Leukotriene Synthesis in Mast Cells. *The Journal of Immunology.* 173:624–631. doi:10.4049/jimmunol.173.1.624.

Chung, K.F. 2007. Should treatments for asthma be aimed at the airway smooth muscle? *Expert Rev Respir Med.* 1:209–217. doi:10.1586/17476348.1.2.209.

Chung, Y., S.H. Chang, G.J. Martinez, X.O. Yang, R. Nurieva, H.S. Kang, L. Ma, S.S. Watowich, A.M. Jetten, Q. Tian, and C. Dong. 2009. Critical Regulation of Early Th17 Cell Differentiation by Interleukin-1 Signaling. *Immunity.* 30:576–587. doi:10.1016/j.immuni.2009.02.007.

Conejero, L., Y. Higaki, M.L. Baeza, M. Fernández, I. Varela-Nieto, and J.M. Zubeldia. 2007. Pollen-induced airway inflammation, hyper-responsiveness and apoptosis in a murine model of allergy. *Clin. Exp. Allergy.* 37:331–338. doi:10.1111/j.1365-2222.2007.02660.x.

Corren, J. 2013. Anti-interleukin-13 antibody therapy for asthma: one step closer. *European Respiratory Journal*. 41:255–256. doi:10.1183/09031936.00124212.

Corren, J., L.E. Mansfield, T. Pertseva, V. Blahzko, and K. Kaiser. 2013. Efficacy and safety of fluticasone/ formoterol combination therapy in patients with moderate-to-severe asthma. *Respiratory Medicine*. 107:180–195. doi:10.1016/j.rmed.2012.10.025.

Corren, J., R.F. Lemanske Jr., N.A. Hanania, P.E. Korenblat, M.V. Parsey, J.R. Arron, J.M. Harris, H. Scheerens, L.C. Wu, Z. Su, S. Mosesova, M.D. Eisner, S.P. Bohen, and J.G. Matthews. 2011. Lebrikizumab Treatment in Adults with Asthma. *N Engl J Med*. 365:1088–1098. doi:10.1056/NEJMoa1106469.

Corren, J., T.B. Casale, B. Lanier, R. Buhl, S. Holgate, and P. Jimenez. 2009. Safety and tolerability of omalizumab. *Clin. Exp. Allergy*. 39:788–797. doi:10.1111/j.1365-2222.2009.03214.x.

Corry, D.B., H.G. Folkesson, M.L. Warnock, D.J. Erle, M.A. Matthay, J.P. Wiener-Kronish, and R.M. Locksley. 1996. Interleukin 4, but not interleukin 5 or eosinophils, is required in a murine model of acute airway hyperreactivity. *J. Exp. Med.* 183:109–117.

Cosmi, L., L. Maggi, V. Santarlasci, M. Capone, E. Cardilicchia, F. Frosali, V. Querci, R. Angeli, A. Matucci, M. Fambrini, F. Liotta, P. Parronchi, E. Maggi, S. Romagnani, and F. Annunziato. 2010. Identification of a novel subset of human circulating memory CD4(+) T cells that produce both IL-17A and IL-4. *J. Allergy Clin. Immunol.* 125:222–30.e1–4. doi:10.1016/j.jaci.2009.10.012.

Coyle, A.J., G. Le Gros, C. Bertrand, S. Tsuyuki, C.H. Heusser, M. Kopf, and G.P. Anderson. 1995. Interleukin-4 is required for the induction of lung Th2 mucosal immunity. *Am J Respir Cell Mol Biol*. 13:54–59. doi:10.1165/ajrcmb.13.1.7598937.

Davies, D.E., J. Wicks, R.M. Powell, S.M. Puddicombe, and S.T. Holgate. 2003. Airway remodeling in asthma: new insights. *J. Allergy Clin. Immunol.* 111:215–25– quiz 226. doi:10.1067/mai.2003.128.

De Boever, E.H., C. Ashman, A.P. Cahn, N.W. Locantore, P. Overend, I.J. Pouliquen, A.P. Serone, T.J. Wright, M.M. Jenkins, I.S. Panesar, S.S. Thiagarajah, and S.E. Wenzel. 2014. Efficacy and safety of an anti-IL-13 mAb in patients with severe asthma: A randomized trial. *J. Allergy Clin. Immunol.* 133:989–996.e4. doi:10.1016/j.jaci.2014.01.002.

Deckers, J., F.B. Madeira, and H. Hammad. 2013. Innate immune cells in asthma. *Trends in Immunology*. 34:540–547. doi:10.1016/j.it.2013.08.004.

Delmas, M.C., and C. Fuhrman. 2010. L'asthme en France : synthèse des données épidémiologiques descriptives. *Revue des Maladies Respiratoires*. 27:151–159. doi:10.1016/j.rmr.2009.09.001.

Delmas, M.C., N. Guignon, B. Leynaert, I. Annesi-Maesano, L. Com-Ruelle, L. Gonzalez, and C. Fuhrman. 2012. [Prevalence and control of asthma in young children in France]. *Revue des Maladies Respiratoires*. 29:688–696. doi:10.1016/j.rmr.2011.11.016.

Depuydt, P.O., B.N. Lambrecht, G.F. Joos, and R.A. Pauwels. 2002. Effect of ozone exposure on allergic sensitization and airway inflammation induced by dendritic cells. *Clin. Exp. Allergy*. 32:391–396.

Doe, C. 2010. Expression of the T Helper 17-Associated Cytokines IL-17A and IL-17F in Asthma and COPD. *CHEST*. 138:1140. doi:10.1378/chest.09-3058.

Doeing, D.C., and J. Solway. 2013. Airway smooth muscle in the pathophysiology and treatment of asthma. *J. Appl. Physiol.* 114:834–843. doi:10.1152/japplphysiol.00950.2012.

Drake, L.Y., K. Iijima, and H. Kita. 2014. Group 2 innate lymphoid cells and CD4 +T cells cooperate to mediate type 2 immune response in mice. *Allergy*. n/a–n/a. doi:10.1111/all.12446.

Ege, M.J., and E. von Mutius. 2014. Atopy: a mirror of environmental changes? *J. Allergy Clin. Immunol.* 133:1354–1355. doi:10.1016/j.jaci.2014.01.031.

Ege, M.J., C. Bieli, R. Frei, R.T. van Strien, J. Riedler, E. Ublagger, D. Schram-Bijkerk, B. Brunekreef, M. van Hage, A. Scheynius, G. Pershagen, M.R. Benz, R. Lauener, E. von Mutius, C. Braun-Fahrländer, Parsifal Study team. 2006. Prenatal farm exposure is related to the expression of receptors of the innate immunity and to atopic sensitization in school-age children. *J. Allergy Clin. Immunol.* 117:817–823. doi:10.1016/j.jaci.2005.12.1307.

Ege, M.J., I. Herzum, G. Büchele, S. Krauss-Etschmann, R.P. Lauener, M. Roponen, A. Hyvärinen, D.A. Vuitton, J. Riedler, B. Brunekreef, J.-C. Dalphin, C. Braun-Fahrländer, J. Pekkanen, H. Renz, E. von Mutius, Protection Against Allergy Study in Rural Environments (PASTURE) Study group. 2008. Prenatal exposure to a farm environment modifies atopic sensitization at birth. *J. Allergy Clin. Immunol.* 122:407–12– 412.e1–4. doi:10.1016/j.jaci.2008.06.011.

Ege, M.J., M. Mayer, A.-C. Normand, J. Genuneit, W.O.C.M. Cookson, C. Braun-Fahrländer, D. Heederik, R. Piarroux, E. von Mutius, GABRIELA Transregio 22 Study Group. 2011. Exposure to environmental microorganisms and childhood asthma. *N Engl J Med*. 364:701–709. doi:10.1056/NEJMoa1007302.

Eifan, A.O., M.A. Calderon, and S.R. Durham. 2013. Allergen immunotherapy forhouse dust mite: clinical efficacyand immunological mechanisms inallergic rhinitis and asthma. *Expert Opinion on Biological Therapy*. 13:000–000. doi:10.1517/14712598.2013.844226.

Eisenbarth, S.C., D.A. Piggott, J.W. Huleatt, I. Visintin, C.A. Herrick, and K. Bottomly. 2002. Lipopolysaccharide-enhanced, toll-like receptor 4-dependent T helper cell type 2 responses to inhaled antigen. *J. Exp. Med.* 196:1645–1651.

Epstein, M.M. 2006. Are mouse models of allergic asthma useful for testing novel therapeutics? *Exp. Toxicol. Pathol.* 57 Suppl 2:41–44. doi:10.1016/j.etp.2006.02.005.

Erika von Mutius MD, M. 2009. Gene-environment interactions in asthma. *Journal of Allergy and Clinical Immunology.* 123:3–11. doi:10.1016/j.jaci.2008.10.046.

Erle, D.J., and D. Sheppard. 2014. The cell biology of asthma. *J. Cell Biol.* 205:621–631. doi:10.1083/jcb.201401050.

Finotto, S. 2002. Development of Spontaneous Airway Changes Consistent with Human Asthma in Mice Lacking T-bet. *Science.* 295:336–338. doi:10.1126/science.1065544.

Flood-Page, P., C. Swenson, I. Faiferman, J. Matthews, M. Williams, L. Brannick, D. Robinson, S. Wenzel, W. Busse, T.T. Hansel, N.C. Barnes, on behalf of the International Mepolizumab Study Group. 2007. A Study to Evaluate Safety and Efficacy of Mepolizumab in Patients with Moderate Persistent Asthma. *Am. J. Respir. Crit. Care Med.* 176:1062–1071. doi:10.1164/rccm.200701-085OC.

Foo, S.Y., and S. Phipps. 2010. Regulation of inducible BALT formation and contribution to immunity and pathology. *Mucosal Immunology.* 3:537–544. doi:10.1038/mi.2010.52.

Frei, R., C. Roduit, C. Bieli, S. Loeliger, M. Waser, A. Scheynius, M. van Hage, G. Pershagen, G. Doekes, J. Riedler, E. von Mutius, F. Sennhauser, C.A. Akdis, C. Braun-Fahrländer, R.P. Lauener, as part of the PARSIFAL study team. 2014. Expression of Genes Related to Anti-Inflammatory Pathways Are Modified Among Farmers' Children. *PLoS ONE.* 9:e91097. doi:10.1371/journal.pone.0091097.s001.

Freund-Michel, V., and N. Frossard. 2006. Inflammatory conditions increase expression of protease-activated receptor-2 by human airway smooth muscle cells in culture. *Fundam Clin Pharmacol.* 20:351–357. doi:10.1111/j.1472-8206.2006.00418.x.

Frischmeyer-Guerrerio, P.A., A.L. Guerrerio, G. Oswald, K. Chichester, L. Myers, M.K. Halushka, M. Oliva-Hemker, R.A. Wood, and H.C. Dietz. 2013. TGF Receptor Mutations Impose a Strong Predisposition for Human Allergic Disease. *Science Translational Medicine.* 5:195ra94–195ra94. doi:10.1126/scitranslmed.3006448.

Fujisawa, T., S. Velichko, P. Thai, L.Y. Hung, F. Huang, and R. Wu. 2009. Regulation of Airway MUC5AC Expression by IL-1 and IL-17A; the NF- B Paradigm. *The Journal of Immunology.* 183:6236–6243. doi:10.4049/jimmunol.0900614.

Fulkerson, P.C., and M.E. Rothenberg. 2013. Targeting eosinophils in allergy, inflammation and beyond. *Nat Rev Drug Discov.* 12:117–129. doi:10.1038/nrd3838.

Garlisi, C.G., A. Falcone, T.T. Kung, D. Stelts, K.J. Pennline, A.J. Beavis, S.R. Smith, R.W. Egan, and S.P. Umland. 1995. T cells are necessary for Th2 cytokine production and eosinophil accumulation in airways of antigen-challenged allergic mice. *Clin. Immunol. Immunopathol.* 75:75–83.

Garrett, J.P.-D., A.J. Apter, O. Hoffstad, J.M. Spergel, and D.J. Margolis. 2013. Asthma and frequency of wheeze: risk factors for the persistence of atopic dermatitis in children. *Ann. Allergy Asthma Immunol.* 110:146–149. doi:10.1016/j.anai.2012.12.013.

Gauvreau, G.M., P.M. O'Byrne, L.-P. Boulet, Y. Wang, D. Cockcroft, J. Bigler, J.M. FitzGerald,

M. Boedigheimer, B.E. Davis, C. Dias, K.S. Gorski, L. Smith, E. Bautista, M.R. Comeau, R. Leigh, and J.R. Parnes. 2014. Effects of an Anti-TSLP Antibody on Allergen-Induced Asthmatic Responses. *N Engl J Med*. 370:2102–2110. doi:10.1056/NEJMoa1402895.

Gelfand, E.W., A. Joetham, Z.-H. Cui, A. Balhorn, K. Takeda, C. Taube, and A. Dakhama. 2004. Induction and maintenance of airway responsiveness to allergen challenge are determined at the age of initial sensitization. *J. Immunol.* 173:1298–1306.

GINA, *Global Initiative for Asthma. Global strategy for asthma management and prevention. Available from : www.ginasthma.com. Revised* 2014

GINA, *Global Initiative for Asthma. Global strategy for asthma management and prevention.* 2004

Gold, M.J., F. Antignano, T.Y.F. Halim, J.A. Hirota, M.-R. Blanchet, C. Zaph, F. Takei, and K.M. McNagny. 2014. Group 2 innate lymphoid cells facilitate sensitization to local, but not systemic, TH2-inducing allergen exposures. *J. Allergy Clin. Immunol.* 133:1142–1148. doi:10.1016/j.jaci.2014.02.033.

Gounni, A.S., V. Wellemans, J. Yang, F. Bellesort, K. Kassiri, S. Gangloff, M. Guenounou, A.J. Halayko, Q. Hamid, and B. Lamkhioued. 2005. Human airway smooth muscle cells express the high affinity receptor for IgE (Fc epsilon RI): a critical role of Fc epsilon RI in human airway smooth muscle cell function. *J. Immunol.* 175:2613–2621.

Green, R.H., C.E. Brightling, S. McKenna, B. Hargadon, D. Parker, P. Bradding, A.J. Wardlaw, and I.D. Pavord. 2002. Asthma exacerbations and sputum eosinophil counts: a randomised controlled trial. *The Lancet*. 360:1715–1721. doi:10.1016/S0140-6736(02)11679-5.

Gregory, L.G., and C.M. Lloyd. 2011. Orchestrating house dust mite-associated allergy in the lung. *Trends in Immunology*. 32:402–411. doi:10.1016/j.it.2011.06.006.

Grunig, G., M. Warnock, A.E. Wakil, R. Venkayya, F. Brombacher, D.M. Rennick, D. Sheppard, M. Mohrs, D.D. Donaldson, R.M. Locksley, and D.B. Corry. 1998. Requirement for IL-13 independently of IL-4 in experimental asthma. *Science*. 282:2261–2263.

Gu, C., L. Wu, and X. Li. 2013. IL-17 family: Cytokines, receptors and signaling. *Cytokine*. 1–9. doi:10.1016/j.cyto.2013.07.022.

Gustafsson, D., O. Sjöberg, and T. Foucard. 2000. Development of allergies and asthma in infants and young children with atopic dermatitis--a prospective follow-up to 7 years of age. *Allergy*. 55:240–245.

Halayko, A.J., and Y. Amrani. 2003. Mechanisms of inflammation-mediated airway smooth muscle plasticity and airways remodeling in asthma. *Respir Physiol Neurobiol*. 137:209–222.

Haldar, P., C.E. Brightling, B. Hargadon, S. Gupta, W. Monteiro, A. Sousa, R.P. Marshall, P. Bradding, R.H. Green, A.J. Wardlaw, and I.D. Pavord. 2009. Mepolizumab and

Exacerbations of Refractory Eosinophilic Asthma. *N Engl J Med.* 360:973–984. doi:10.1056/NEJMoa0808991.

Haldar, P., I.D. Pavord, D.E. Shaw, M.A. Berry, M. Thomas, C.E. Brightling, A.J. Wardlaw, and R.H. Green. 2008. Cluster Analysis and Clinical Asthma Phenotypes. *Am. J. Respir. Crit. Care Med.* 178:218–224. doi:10.1164/rccm.200711-1754OC.

Halim, T.Y.F., C.A. Steer, L. Mathä, M.J. Gold, I. Martinez-Gonzalez, K.M. McNagny, A.N.J. McKenzie, and F. Takei. 2014. Group 2 innate lymphoid cells are critical for the initiation of adaptive T helper 2 cell-mediated allergic lung inflammation. *Immunity.* 40:425–435. doi:10.1016/j.immuni.2014.01.011.

Halwani, R., S. Al-Muhsen, H. Al-Jahdali, and Q. Hamid. 2011. Role of Transforming Growth Factor–β in Airway Remodeling in Asthma. *Am J Respir Cell Mol Biol.* 44:127–133. doi:10.1165/rcmb.2010-0027TR.

Hamilton, L.M., C. Torres-Lozano, S.M. Puddicombe, A. Richter, I. Kimber, R.J. Dearman, B. Vrugt, R. Aalbers, S.T. Holgate, R. Djukanovic, S.J. Wilson, and D.E. Davies. 2003. The role of the epidermal growth factor receptor in sustaining neutrophil inflammation in severe asthma. *Clin. Exp. Allergy.* 33:233–240.

Hammad, H., and B.N. Lambrecht. 2008. Dendritic cells and epithelial cells: linking innate and adaptive immunity in asthma. *Nature Publishing Group.* 8:193–204. doi:10.1038/nri2275.

Hammad, H., and B.N. Lambrecht. 2012. The airway epithelium in asthma. *Nat. Med.* 18:684–692. doi:10.1038/nm.2737.

Hammad, H., M. Chieppa, F. Perros, M.A. Willart, R.N. Germain, and B.N. Lambrecht. 2009. House dust mite allergen induces asthma via Toll-like receptor 4 triggering of airway structural cells. *Nat. Med.* 15:410–416. doi:10.1038/nm.1946.

Hanania, N.A., S. Wenzel, K. Rosén, H.-J. Hsieh, S. Mosesova, D.F. Choy, P. Lal, J.R. Arron, J.M. Harris, and W. Busse. 2013. Exploring the effects of omalizumab in allergic asthma: an analysis of biomarkers in the EXTRA study. *Am. J. Respir. Crit. Care Med.* 187:804–811. doi:10.1164/rccm.201208-1414OC.

Hansbro, P.M., G.E. Kaiko, and P.S. Foster. 2011. Cytokine/anti-cytokine therapy - novel treatments for asthma? *British Journal of Pharmacology.* 163:81–95. doi:10.1111/j.1476-5381.2011.01219.x.

Hastie, A.T., W.C. Moore, D.A. Meyers, P.L. Vestal, H. Li, S.P. Peters, E.R. Bleecker, National Heart, Lung, and Blood Institute Severe Asthma Research Program. 2010. Analyses of asthma severity phenotypes and inflammatory proteins in subjects stratified by sputum granulocytes. *J. Allergy Clin. Immunol.* 125:1028–1036.e13. doi:10.1016/j.jaci.2010.02.008.

He, R., H.Y. Kim, J. Yoon, M.K. Oyoshi, A. MacGinnitie, S. Goya, E.-J. Freyschmidt, P. Bryce, A.N.J. McKenzie, D.T. Umetsu, H.C. Oettgen, and R.S. Geha. 2009. Exaggerated IL-17 response to epicutaneous sensitization mediates airway inflammation in the absence of IL-4 and IL-13. *J. Allergy Clin. Immunol.* 124:761–70.e1. doi:10.1016/j.jaci.2009.07.040.

He, R., M.K. Oyoshi, H. Jin, and R.S. Geha. 2007. Epicutaneous antigen exposure induces a Th17 response that drives airway inflammation after inhalation challenge. *Proc. Natl. Acad. Sci. U.S.A.* 104:15817–15822. doi:10.1073/pnas.0706942104.

Henderson, W.R., D.B. Lewis, R.K. Albert, Y. Zhang, W.J. Lamm, G.K. Chiang, F. Jones, P. Eriksen, Y.T. Tien, M. Jonas, and E.Y. Chi. 1996. The importance of leukotrienes in airway inflammation in a mouse model of asthma. *J. Exp. Med.* 184:1483–1494.

Herrick, C.A., and K. Bottomly. 2003. To respond or not to respond: T cells in allergic asthma. *Nat. Rev. Immunol.* 3:405–412. doi:10.1038/nri1084.

Hirota, J.A., and D.A. Knight. 2012. Human airway epithelial cell innate immunity: relevance to asthma. *Current Opinion in Immunology.* 24:740–746. doi:10.1016/j.coi.2012.08.012.

Hirota, J.A., T.T.B. Nguyen, D. Schaafsma, P. Sharma, and T. Tran. 2009. Pulmonary Pharmacology & Therapeutics. *Pulmonary Pharmacology & Therapeutics.* 22:370–378. doi:10.1016/j.pupt.2008.12.004.

Hizume, D.C., A.C. Toledo, H.T. Moriya, B.M. Saraiva-Romanholo, F.M. Almeida, F.M. Arantes-Costa, R.P. Vieira, M. Dolhnikoff, D.I. Kasahara, and M.A. Martins. 2012. Cigarette smoke dissociates inflammation and lung remodeling in OVA-sensitized and challenged mice. *Respir Physiol Neurobiol.* 181:167–176. doi:10.1016/j.resp.2012.03.005.

Holgate, S.T. 2007. Epithelium dysfunction in asthma. *Journal of Allergy and Clinical Immunology.* 120:1233–1244. doi:10.1016/j.jaci.2007.10.025.

Holgate, S.T. 2012. Innate and adaptive immune responsesin asthma. *Nat. Med.* 18:673–683. doi:10.1038/nm.2731.

Holmes, A.M., R. Solari, and S.T. Holgate. 2011. Animal models of asthma: value, limitations and opportunities for alternative approaches. *Drug Discov. Today.* 16:659–670. doi:10.1016/j.drudis.2011.05.014.

Hoover, W.C., W. Zhang, Z. Xue, H. Gao, J. Chernoff, D.W. Clapp, S.J. Gunst, and R.S. Tepper. 2012. Inhibition of p21 Activated Kinase (PAK) Reduces Airway Responsiveness In Vivo and In Vitro in Murine and Human Airways. *PLoS ONE.* 7:e42601. doi:10.1371/journal.pone.0042601.g008.

Hulin, M., and I. Annesi-Maesano. 2010. [Allergic diseases in children and farming environment]. *Revue des Maladies Respiratoires.* 27:1195–1220. doi:10.1016/j.rmr.2010.10.002.

Humbles, A.A., B. Lu, C.A. Nilsson, C. Lilly, E. Israel, Y. Fujiwara, N.P. Gerard, and C. Gerard. 2000. A role for the C3a anaphylatoxin receptor in the effector phase of asthma. *Nature.* 406:998–1001. doi:10.1038/35023175.

Illi, S., M. Depner, J. Genuneit, E. Horak, G. Loss, C. Strunz-Lehner, G. Büchele, A. Boznanski, H. Danielewicz, P. Cullinan, D. Heederik, C. Braun-Fahrländer, E. von Mutius, GABRIELA Study Group. 2012. Protection from childhood asthma and allergy in Alpine farm environments-the GABRIEL Advanced Studies. *J. Allergy Clin. Immunol.* 129:1470–7.e6. doi:10.1016/j.jaci.2012.03.013.

Irvin, C., I. Zafar, J. Good, D. Rollins, C. Christianson, M.M. Gorska, R.J. Martin, and R. Alam. 2014. Increased frequency of dual-positive TH2/TH17 cells in bronchoalveolar lavage fluid characterizes a population of patients with severe asthma. *J. Allergy Clin. Immunol.* doi:10.1016/j.jaci.2014.05.038.

Islam, S.A., and A.D. Luster. 2012. T cell homing to epithelial barriers in allergic disease. *Nat. Med.* 18:705–715. doi:10.1038/nm.2760.

Islam, S.A., D.S. Chang, R.A. Colvin, M.H. Byrne, M.L. McCully, B. Moser, S.A. Lira, I.F. Charo, and A.D. Luster. 2011. Mouse CCL8, a CCR8 agonist, promotes atopic dermatitis by recruiting IL-5. *Nat. Immunol.* 12:167–177. doi:10.1038/ni.1984.

Iwamura, C., and T. Nakayama. 2010. Role of NKT cells in allergic asthma. *Current Opinion in Immunology.* 22:807–813. doi:10.1016/j.coi.2010.10.008.

Jacobsen, E.A., K.R. Zellner, D. Colbert, N.A. Lee, and J.J. Lee. 2011. Eosinophils regulate dendritic cells and Th2 pulmonary immune responses following allergen provocation. *The Journal of Immunology.* 187:6059–6068. doi:10.4049/jimmunol.1102299.

Jacobsen, E.A., S.I. Ochkur, R.S. Pero, A.G. Taranova, C.A. Protheroe, D.C. Colbert, N.A. Lee, and J.J. Lee. 2008. Allergic pulmonary inflammation in mice is dependent on eosinophil-induced recruitment of effector T cells. *Journal of Experimental Medicine.* 205:699–710. doi:10.1084/jem.185.12.2143.

Jatakanon, A., C. Uasuf, W. Maziak, S. Lim, K.F. Chung, and P.J. Barnes. 1999. Neutrophilic inflammation in severe persistent asthma. *Am. J. Respir. Crit. Care Med.* 160:1532–1539.

Jatakanon, A., S. Lim, and P.J. Barnes. 2000. Changes in sputum eosinophils predict loss of asthma control. *Am. J. Respir. Crit. Care Med.* 161:64–72. doi:10.1164/ajrccm.161.1.9809100.

Jia, G., R.W. Erickson, D.F. Choy, S. Mosesova, L.C. Wu, O.D. Solberg, A. Shikotra, R. Carter, S. Audusseau, Q. Hamid, P. Bradding, J.V. Fahy, P.G. Woodruff, J.M. Harris, J.R. Arron, Bronchoscopic Exploratory Research Study of Biomarkers in Corticosteroid-refractory Asthma (BOBCAT) Study Group. 2012. Periostin is a systemic biomarker of eosinophilic airway inflammation in asthmatic patients. *J. Allergy Clin. Immunol.* 130:647–654.e10. doi:10.1016/j.jaci.2012.06.025.

John, M., S.J. Hirst, P.J. Jose, A. Robichaud, N. Berkman, C. Witt, C.H. Twort, P.J. Barnes, and K.F. Chung. 1997. Human airway smooth muscle cells express and release RANTES in response to T helper 1 cytokines: regulation by T helper 2 cytokines and corticosteroids. *J. Immunol.* 158:1841–1847.

Juncadella, I.J., A. Kadl, A.K. Sharma, Y.M. Shim, A. Hochreiter-Hufford, L. Borish, and K.S. Ravichandran. 2014. Apoptotic cell clearance by bronchial epithelial cells critically influences airway inflammation. Nature. 493:547–551. doi:10.1038/nature11714.

Just, J. 2011. De la dermatite atopique à l'asthme. *Revue Française d'Allergologie*. doi:10.1016/j.reval.2011.07.010.

Just, J., and F. Amat. 2014. Autres traitements de l'asthme allergique. *Revue Française d'Allergologie*. 54:96–100. doi:10.1016/j.reval.2014.01.019.

Kanny, G., D.A. Moneret-Vautrin, J. Flabbee, E. Beaudouin, M. Morisset, and F. Thevenin. 2001. Population study of food allergy in France. *Journal of Allergy and Clinical Immunology*. 108:133–140. doi:10.1067/mai.2001.116427.

Karila, C. 2013. [Atopic dermatitis and allergy]. *Arch Pediatr*. 20:906–909. doi:10.1016/j.arcped.2013.04.011.

Kauffmann, F., M.H. Dizier, M.-P. Oryszczyn, N. Le Moual, V. Siroux, S. Kennedy, I. Annesi-Maesano, J. Bousquet, D. Charpin, J. Feingold, F. Gormand, A. Grimfeld, J. Hochez, M. Lathrop, R. Matran, F. Neukirch, E. Paty, I. Pin, and F. Demenais. 2002. [Epidemiological study on the Genetics and Environment of Asthma, bronchial hyperresponsiveness and atopy (EGEA) - First results of a multi-disciplinary study]. *Revue des Maladies Respiratoires*. 19:63–72.

Kikuchi, I., S. Kikuchi, T. Kobayashi, K. Hagiwara, Y. Sakamoto, M. Kanazawa, and M. Nagata. 2006. Eosinophil Trans-Basement Membrane Migration Induced by Interleukin-8 and Neutrophils. *Am J Respir Cell Mol Biol*. 34:760–765. doi:10.1165/rcmb.2005-0303OC.

Kim, E.Y., J.T. Battaile, A.C. Patel, Y. You, E. Agapov, M.H. Grayson, L.A. Benoit, D.E. Byers, Y. Alevy, J. Tucker, S. Swanson, R. Tidwell, J.W. Tyner, J.D. Morton, M. Castro, D. Polineni, G.A. Patterson, R.A. Schwendener, J.D. Allard, G. Peltz, and M.J. Holtzman. 2008. Persistent activation of an innate immune response translates respiratory viral infection into chronic lung disease. *Nat. Med.* 14:633–640. doi:10.1038/nm1770.

Kim, H.Y., H.J. Lee, Y.-J. Chang, M. Pichavant, S.A. Shore, K.A. Fitzgerald, Y. Iwakura, E. Israel, K. Bolger, J. Faul, R.H. DeKruyff, and D.T. Umetsu. 2014. Interleukin-17-producing innate lymphoid cells and the NLRP3 inflammasome facilitate obesity-associated airway hyperreactivity. *Nat. Med.* 20:54–61. doi:10.1038/nm.3423.

Kim, H.Y., Y.-J. Chang, S. Subramanian, H.-H. Lee, L.A. Albacker, P. Matangkasombut, P.B. Savage, A.N.J. McKenzie, D.E. Smith, J.B. Rottman, R.H. DeKruyff, and D.T. Umetsu. 2012. Innate lymphoid cells responding to IL-33 mediate airway hyperreactivity independently of adaptive immunity. *J. Allergy Clin. Immunol.* 129:216–27.e1–6. doi:10.1016/j.jaci.2011.10.036.

Kim, J., A.C. Merry, J.A. Nemzek, G.L. Bolgos, J. Siddiqui, and D.G. Remick. 2001. Eotaxin represents the principal eosinophil chemoattractant in a novel murine asthma model induced by house dust containing cockroach allergens. *J. Immunol.* 167:2808–2815.

Kim, J.S., J.E. Smith-Garvin, G.A. Koretzky, and M.S. Jordan. 2011. The requirements for natural Th17 cell development are distinct from those of conventional Th17 cells. *Journal of Experimental Medicine*. 208:2201–2207. doi:10.1002/jmv.10504.

Kinyanjui, M.W., J. Shan, E.M. Nakada, S.T. Qureshi, and E.D. Fixman. 2013. Dose-Dependent Effects of IL-17 on IL-13-Induced Airway Inflammatory Responses and Airway Hyperresponsiveness. *The Journal of Immunology*. 190:3859–3868. doi:10.4049/jimmunol.1200506.

Kirstein, F., W.G.C. Horsnell, D.A. Kuperman, X. Huang, D.J. Erle, A.L. Lopata, and F. Brombacher. 2010. Expression of IL-4 receptor alpha on smooth muscle cells is not necessary for development of experimental allergic asthma. *J. Allergy Clin. Immunol.* 126:347–354. doi:10.1016/j.jaci.2010.04.028.

Kita, H. 2013. Eosinophils: multifunctional and distinctive properties. *Int Arch Allergy Immunol.* 161 Suppl 2:3–9. doi:10.1159/000350662.

Kleeberger, S.R., and D. Peden. 2005. Gene-Environment Interactions in Asthma and Other Respiratory Diseases*. *Annu. Rev. Med.* 56:383–400. doi:10.1146/annurev.med.56.062904.144908.

Klein Wolterink, R.G.J., and R.W. Hendriks. 2013. Type 2 Innate Lymphocytes in Allergic Airway Inflammation. *Curr Allergy Asthma Rep.* 13:271–280. doi:10.1007/s11882-013-0346-z.

Koh, M.S., and L.B. Irving. 2007. The natural history of asthma from childhood to adulthood. *International Journal of Clinical Practice*. 61:1371–1374. doi:10.1111/j.1742-1241.2007.01426.x.

Korn, T., E. Bettelli, M. Oukka, and V.K. Kuchroo. 2009. IL-17 and Th17 Cells. *Annu. Rev. Immunol.* 27:485–517. doi:10.1146/annurev.immunol.021908.132710.

Koshak, E.A. 2007. Classification of asthma according to revised 2006 GINA: evolution from severity to control. *Ann Thorac Med.* 2:45–46. doi:10.4103/1817-1737.32228.

Kudo, M., A.C. Melton, C. Chen, M.B. Engler, K.E. Huang, X. Ren, Y. Wang, X. Bernstein, J.T. Li, K. Atabai, X. Huang, and D. Sheppard. 2012. IL-17A produced by. *Nat. Med.* 18:547–554. doi:10.1038/nm.2684.

Kudo, M., S.M.A. Khalifeh Soltani, S.A. Sakuma, W. McKleroy, T.-H. Lee, P.G. Woodruff, J.W. Lee, K. Huang, C. Chen, M. Arjomandi, X. Huang, and K. Atabai. 2013a. Mfge8 suppresses airway hyperresponsiveness in asthma by regulating smooth muscle contraction. *Proc. Natl. Acad. Sci. U.S.A.* 110:660–665. doi:10.1073/pnas.1216673110.

Kudo, M., Y. Ishigatsubo, and I. Aoki. 2013b. Pathology of asthma. *Front Microbiol.* 4:263. doi:10.3389/fmicb.2013.00263.

Kulig, M., R. Bergmann, U. Tacke, U. Wahn, and I. Guggenmoos-Holzmann. 1998. Long-lasting sensitization to food during the first two years precedes allergic airway disease.

The MAS Study Group, Germany. *Pediatr Allergy Immunol.* 9:61–67.

Lajoie, S., I.P. Lewkowich, Y. Suzuki, J.R. Clark, A.A. Sproles, K. Dienger, A.L. Budelsky, and M. Wills-Karp. 2010. Complement-mediated regulation of the IL-17A axis is a central genetic determinant of the severity of experimental allergic asthma. *Nat. Immunol.* 11:928–935. doi:10.1038/ni.1926.

Lambrecht, B.N., and H. Hammad. 2003. Taking our breath away: dendritic cells in the pathogenesis of asthma. *Nat. Rev. Immunol.* 3:994–1003. doi:10.1038/nri1249.

Lambrecht, B.N., and H. Hammad. 2009. Biology of lung dendritic cells at the origin of asthma. *Immunity.* 31:412–424. doi:10.1016/j.immuni.2009.08.008.

Lampinen, M., M. Carlson, L.D. Håkansson, and P. Venge. 2004. Cytokine-regulated accumulation of eosinophils in inflammatory disease. *Allergy.* 59:793–805. doi:10.1111/j.1398-9995.2004.00469.x.

Larché, M., D.S. Robinson, and A.B. Kay. 2003. The role of T lymphocytes in the pathogenesis of asthma. *Journal of Allergy and Clinical Immunology.* 111:450–463. doi:10.1067/mai.2003.169.

Leroyer, C., L. Simonin, E. Noel-Savina, and F. Couturaud. 2013. L'asthme sévère réfractaire : quels traitements disponibles et à venir ? *Revue Française d'Allergologie.* 53:179–184. doi:10.1016/j.reval.2013.01.020.

Leung, D.Y.M., and T. Bieber. 2003. Atopic dermatitis. *The Lancet.* 361:151–160. doi:10.1016/S0140-6736(03)12193-9.

Leung, T.F., H.Y. Sy, M.C.Y. Ng, I.H.S. Chan, G.W.K. Wong, N.L.S. Tang, M.M.Y. Waye, and C.W.K. Lam. 2009. Asthma and atopy are associated with chromosome 17q21 markers in Chinese children. *Allergy.* 64:621–628. doi:10.1111/j.1398-9995.2008.01873.x.

Liang, Q., L. Guo, S. Gogate, Z. Karim, A. Hanifi, D.Y. Leung, M.M. Gorska, and R. Alam. 2010. IL-2 and IL-4 Stimulate MEK1 Expression and Contribute to T Cell Resistance against Suppression by TGF- and IL-10 in Asthma. *The Journal of Immunology.* 185:5704–5713. doi:10.4049/jimmunol.1000690.

Lisbonne, M., S. Diem, A. de Castro Keller, J. Lefort, L.M. Araujo, P. Hachem, J.M. Fourneau, S. Sidobre, M. Kronenberg, M. Taniguchi, P. Van Endert, M. Dy, P. Askenase, M. Russo, B.B. Vargaftig, A. Herbelin, and M.C. Leite-de-Moraes. 2003. Cutting Edge: Invariant V 14 NKT Cells Are Required for Allergen-Induced Airway Inflammation and Hyperreactivity in an Experimental Asthma Model. *The Journal of Immunology.* 171:1637–1641. doi:10.4049/jimmunol.171.4.1637.

Liu, W. 2006. CD127 expression inversely correlates with FoxP3 and suppressive function of human CD4+ T reg cells. *Journal of Experimental Medicine.* 203:1701–1711. doi:10.1084/jem.20060772.

Lloyd, C.M., and E.M. Hessel. 2010. Functions of T cells in asthma: more than just T. *Nature*

Publishing Group. 10:838–848. doi:10.1038/nri2870.

Lluis, A., M. Depner, B. Gaugler, P. Saas, V.I. Casaca, D. Raedler, S. Michel, J. Tost, J. Liu, J. Genuneit, P. Pfefferle, M. Roponen, J. Weber, C. Braun-Fahrländer, J. Riedler, R. Lauener, D.A. Vuitton, J.-C. Dalphin, J. Pekkanen, E. von Mutius, B. Schaub, Protection Against Allergy: Study in Rural Environments Study Group. 2014a. Increased regulatory T-cell numbers are associated with farm milk exposure and lower atopic sensitization and asthma in childhood. *J. Allergy Clin. Immunol.* 133:551–559. doi:10.1016/j.jaci.2013.06.034.

Lluis, A., N. Ballenberger, S. Illi, M. Schieck, M. Kabesch, T. Illig, I. Schleich, E. von Mutius, and B. Schaub. 2014b. Regulation of TH17 markers early in life through maternal farm exposure. *J. Allergy Clin. Immunol.* 133:864–871. doi:10.1016/j.jaci.2013.09.030.

Loirand, G., V. Sauzeau, and P. Pacaud. 2013. Small G Proteins in the Cardiovascular System: Physiological and Pathological Aspects. *Physiological Reviews.* 93:1659–1720. doi:10.1152/physrev.00021.2012.

Lu, T.X., J. Hartner, E.-J. Lim, V. Fabry, M.K. Mingler, E.T. Cole, S.H. Orkin, B.J. Aronow, and M.E. Rothenberg. 2011. MicroRNA-21 limits in vivo immune response-mediated activation of the IL-12/IFN-gamma pathway, Th1 polarization, and the severity of delayed-type hypersensitivity. *The Journal of Immunology.* 187:3362–3373. doi:10.4049/jimmunol.1101235.

Maddur, M.S., P. Miossec, S.V. Kaveri, and J. Bayry. 2012. Maddur et al. 2012. *AJPA.* 181:8–18. doi:10.1016/j.ajpath.2012.03.044.

Maes, T., S. Provoost, E.A. Lanckacker, D.D. Cataldo, J.A.J. Vanoirbeek, B. Nemery, K.G. Tournoy, and G.F. Joos. 2010. Mouse models to unravel the role of inhaled pollutants on allergic sensitization and airway inflammation. *Respir Res.* 11:7. doi:10.1186/1465-9921-11-7.

Magnan, A., and F.X. Blanc. 2013. Médecine personnalisée dans l'asthme : c'est maintenant. *Revue des Maladies Respiratoires.* 30:601–604. doi:10.1016/j.rmr.2013.07.008.

Magnan, A., L. Mély, S. Prato, D. Vervloet, F. Romagné, C. Camilla, A. Necker, B. Casano, F. Montero-Jullian, V. Fert, B. Malissen, and P. Bongrand. 2000a. Relationships between natural T cells, atopy, IgE levels, and IL-4 production. *Allergy.* 55:286–290.

Magnan, A., L. Mély, S. Prato, D. Vervloet, F. Romagné, C. Camilla, A. Necker, B. Casano, F. Montero-Jullian, V. Fert, B. Malissen, and P. Bongrand. 2000b. Relationships between natural T cells, atopy, IgE levels, and IL-4 production. *Allergy.* 55:286–290.

Magnan, A.O., L.G. Mély, C.A. Camilla, M.M. Badier, F.A. Montero-Julian, C.M. Guillot, B.B. Casano, S.J. Prato, V. Fert, P. Bongrand, and D. Vervloet. 2000c. Assessment of the Th1/Th2 paradigm in whole blood in atopy and asthma. Increased IFN-gamma-producing CD8(+) T cells in asthma. *Am. J. Respir. Crit. Care Med.* 161:1790–1796. doi:10.1164/ajrccm.161.6.9906130.

Mamessier, E., A. Nieves, A.M. Lorec, P. Dupuy, D. Pinot, C. Pinet, D. Vervloet, and A. Magnan. 2008. T-cell activation during exacerbations: a longitudinal study in refractory asthma. *Allergy*. 63:1202–1210. doi:10.1111/j.1398-9995.2008.01687.x.

Mamessier, E., J. Birnbaum, P. Dupuy, D. Vervloet, and A. Magnan. 2006. Ultra-rush venom immunotherapy induces differential T cell activation and regulatory patterns according to the severity of allergy. *Clin. Exp. Allergy*. 36:704–713. doi:10.1111/j.1365-2222.2006.02487.x.

Manni, M.L., J.B. Trudeau, E.V. Scheller, S. Mandalapu, M.M. Elloso, J.K. Kolls, S.E. Wenzel, and J.F. Alcorn. 2014. The complex relationship between inflammation and lung function in severe asthma. *Mucosal Immunology*. 1–13. doi:10.1038/mi.2014.8.

Martin, B., K. Hirota, D.J. Cua, B. Stockinger, and M. Veldhoen. 2009. Interleukin-17-producing gammadelta T cells selectively expand in response to pathogen products and environmental signals. *Immunity*. 31:321–330. doi:10.1016/j.immuni.2009.06.020.

Martin, R.A., S.R. Hodgkins, A.E. Dixon, and M.E. Poynter. 2014. Aligning mouse models of asthma to human endotypes of disease. *Respirology*. 19:823–833. doi:10.1111/resp.12315.

Masoli, M., D. Fabian, S. Holt, R. Beasley, Global Initiative for Asthma (GINA) Program. 2004. The global burden of asthma: executive summary of the GINA Dissemination Committee report. *Allergy*. 59:469–478. doi:10.1111/j.1398-9995.2004.00526.x.

Massot, B., M.L. Michel, S. Diem, C. Ohnmacht, S. Latour, M. Dy, G. Eberl, and M.C. Leite-de-Moraes. 2014. TLR-Induced Cytokines Promote Effective Proinflammatory Natural Th17 Cell Responses. *The Journal of Immunology*. 192:5635–5642. doi:10.4049/jimmunol.1302089.

Matsumoto, A., K. Hiramatsu, Y. Li, A. Azuma, S. Kudoh, H. Takizawa, and I. Sugawara. 2006. Repeated exposure to low-dose diesel exhaust after allergen challenge exaggerates asthmatic responses in mice. *Clin. Immunol.* 121:227–235. doi:10.1016/j.clim.2006.08.003.

Matsumoto, H. 2014. Serum periostin: a novel biomarker for asthma management. *Allergol Int.* 63:153–160. doi:10.2332/allergolint.13-RAI-0678.

McKinley, L., J.F. Alcorn, A. Peterson, R.B. Dupont, S. Kapadia, A. Logar, A. Henry, C.G. Irvin, J.D. Piganelli, A. Ray, and J.K. Kolls. 2008. TH17 cells mediate steroid-resistant airway inflammation and airway hyperresponsiveness in mice. *The Journal of Immunology*. 181:4089–4097.

Meyer, E.H., S. Goya, O. Akbari, G.J. Berry, P.B. Savage, M. Kronenberg, T. Nakayama, R.H. DeKruyff, and D.T. Umetsu. 2006. Glycolipid activation of invariant T cell receptor+ NK T cells is sufficient to induce airway hyperreactivity independent of conventional CD4+ T cells. *Proc. Natl. Acad. Sci. U.S.A.* 103:2782–2787. doi:10.1073/pnas.0510282103.

Michel, M.L., A.C. Keller, C. Paget, M. Fujio, F. Trottein, P.B. Savage, C.H. Wong, E. Schneider,

M. Dy, and M.C. Leite-de-Moraes. 2007. Identification of an IL-17-producing NK1.1neg iNKT cell population involved in airway neutrophilia. *Journal of Experimental Medicine*. 204:995–1001. doi:10.1084/jem.20061551.

Mintz-Cole, R.A., A.M. Gibson, S.A. Bass, A.L. Budelsky, T. Reponen, and G.K.K. Hershey. 2012. Dectin-1 and IL-17A Suppress Murine Asthma Induced by Aspergillus versicolor but Not Cladosporium cladosporioides Due to Differences in -Glucan Surface Exposure. *The Journal of Immunology*. 189:3609–3617. doi:10.4049/jimmunol.1200589.

Mionnet, C., V. Buatois, A. Kanda, V. Milcent, S. Fleury, D. Lair, M. Langelot, Y. Lacoeuille, E. Hessel, R. Coffman, A. Magnan, D. Dombrowicz, N. Glaichenhaus, and V. Julia. 2010. CX3CR1 is required for airway inflammation by promoting T helper cell survival and maintenance in inflamed lung. *Nat. Med.* 16:1305–1312. doi:10.1038/nm.2253.

Miyabara, Y., H. Takano, T. Ichinose, H.B. Lim, and M. Sagai. 1998. Diesel exhaust enhances allergic airway inflammation and hyperresponsiveness in mice. *Am. J. Respir. Crit. Care Med.* 157:1138–1144. doi:10.1164/ajrccm.157.4.9708066.

Moffatt, M.F., I.G. Gut, F. Demenais, D.P. Strachan, E. Bouzigon, S. Heath, E. von Mutius, M. Farrall, M. Lathrop, W.O.C.M. Cookson, GABRIEL Consortium. 2010. A large-scale, consortium-based genomewide association study of asthma. *N Engl J Med*. 363:1211–1221. doi:10.1056/NEJMoa0906312.

Moffatt, M.F., M. Kabesch, L. Liang, A.L. Dixon, D. Strachan, S. Heath, M. Depner, A. von Berg, A. Bufe, E. Rietschel, A. Heinzmann, B. Simma, T. Frischer, S.A.G. Willis-Owen, K.C.C. Wong, T. Illig, C. Vogelberg, S.K. Weiland, E. von Mutius, G.R. Abecasis, M. Farrall, I.G. Gut, G.M. Lathrop, and W.O.C. Cookson. 2007. Genetic variants regulating ORMDL3 expression contribute to the risk of childhood asthma. *Nature*. 448:470–473. doi:10.1038/nature06014.

Monteseirín, J. 2009. Neutrophils and asthma. *J Investig Allergol Clin Immunol*. 19:340–354.

Moore, W.C., A.T. Hastie, X. Li, H. Li, W.W. Busse, N.N. Jarjour, S.E. Wenzel, S.P. Peters, D.A. Meyers, E.R. Bleecker, National Heart, Lung, and Blood Institute's Severe Asthma Research Program. 2013. Sputum neutrophil counts are associated with more severe asthma phenotypes using cluster analysis. *J. Allergy Clin. Immunol.* doi:10.1016/j.jaci.2013.10.011.

Moore, W.C., D.A. Meyers, S.E. Wenzel, W.G. Teague, H. Li, X. Li, R. D'Agostino Jr., M. Castro, D. Curran-Everett, A.M. Fitzpatrick, B. Gaston, N.N. Jarjour, R. Sorkness, W.J. Calhoun, K.F. Chung, S.A.A. Comhair, R.A. Dweik, E. Israel, S.P. Peters, W.W. Busse, S.C. Erzurum, and E.R. Bleecker. 2010. Identification of Asthma Phenotypes Using Cluster Analysis in the Severe Asthma Research Program. *Am. J. Respir. Crit. Care Med.* 181:315–323. doi:10.1164/rccm.200906-0896OC.

Moran, E.M., M. Connolly, W. Gao, J. McCormick, U. Fearon, and D.J. Veale. 2011. Interleukin-17A induction of angiogenesis, cell migration, and cytoskeletal rearrangement. *Arthritis Rheum.* 63:3263–3273. doi:10.1002/art.30582.

Moreira, A.P., K.A. Cavassani, U.B. Ismailoglu, R. Hullinger, M.P. Dunleavy, D.A. Knight, S.L. Kunkel, S. Uematsu, S. Akira, and C.M. Hogaboam. 2011. The protective role of TLR6 in a mouse model of asthma is mediated by IL-23 and IL-17A. *J. Clin. Invest.* 121:4420–4432. doi:10.1172/JCI44999.

Nadel, J.A. 2013. Pulmonary Pharmacology & Therapeutics. *Pulmonary Pharmacology & Therapeutics.* 26:510–513. doi:10.1016/j.pupt.2013.02.003.

Nadif, R., V. Siroux, M.-P. Oryszczyn, C. Ravault, C. Pison, I. Pin, F. Kauffmann, Epidemiological study on the Genetics and Environment of Asthma (EGEA). 2009. Heterogeneity of asthma according to blood inflammatory patterns. *Thorax.* 64:374–380. doi:10.1136/thx.2008.103069.

Nagasaki, T., H. Matsumoto, Y. Kanemitsu, K. Izuhara, Y. Tohda, H. Kita, T. Horiguchi, K. Kuwabara, K. Tomii, K. Otsuka, M. Fujimura, N. Ohkura, K. Tomita, A. Yokoyama, H. Ohnishi, Y. Nakano, T. Oguma, S. Hozawa, I. Ito, T. Oguma, H. Inoue, T. Tajiri, T. Iwata, Y. Izuhara, J. Ono, S. Ohta, T. Yokoyama, A. Niimi, and M. Mishima. 2014. Integrating longitudinal information on pulmonary function and inflammation using asthma phenotypes. *J. Allergy Clin. Immunol.* doi:10.1016/j.jaci.2013.12.1084.

Nair, P., M. Gaga, E. Zervas, K. Alagha, F.E. Hargreave, P.M. O'Byrne, P. Stryszak, L. Gann, J. Sadeh, P. Chanez, Study Investigators. 2012. Safety and efficacy of a CXCR2 antagonist in patients with severe asthma and sputum neutrophils: a randomized, placebo-controlled clinical trial. *Clin. Exp. Allergy.* 42:1097–1103. doi:10.1111/j.1365-2222.2012.04014.x.

Nair, P., M.M.M. Pizzichini, M. Kjarsgaard, M.D. Inman, A. Efthimiadis, E. Pizzichini, F.E. Hargreave, and P.M. O'Byrne. 2009. Mepolizumab for prednisone-dependent asthma with sputum eosinophilia. *N Engl J Med.* 360:985–993. doi:10.1056/NEJMoa0805435.

Nakagome, K., S. Matsushita, and M. Nagata. 2012. Neutrophilic Inflammation in Severe Asthma. *Int Arch Allergy Immunol.* 158:96–102. doi:10.1159/000337801.

Nakajima, S., A. Kitoh, G. Egawa, Y. Natsuaki, S. Nakamizo, C.S. Moniaga, A. Otsuka, T. Honda, S. Hanakawa, W. Amano, Y. Iwakura, S. Nakae, M. Kubo, Y. Miyachi, and K. Kabashima. 2014. IL-17A as an Inducer for Th2 Immune Responses in Murine Atopic Dermatitis Models. 1–9. doi:10.1038/jid.2014.51.

Nembrini, C., B.J. Marsland, and M. Kopf. 2009. IL-17-producing T cells in lung immunity and inflammation. *J. Allergy Clin. Immunol.* 123:986–94– quiz 995–6. doi:10.1016/j.jaci.2009.03.033.

Newcomb, D.C., and R.S. Peebles Jr. 2013. ScienceDirectTh17-mediated inflammation in asthma. *Current Opinion in Immunology.* 1–6. doi:10.1016/j.coi.2013.08.002.

Noh, J., J.H. Lee, G. Noh, S.Y. Bang, H.S. Kim, W.S. Choi, S. Cho, and S.S. Lee. 2010. Characterisation of allergen-specific responses of IL-10-producing regulatory B cells (Br1) in Cow Milk Allergy. *Cell. Immunol.* 264:143–149. doi:10.1016/j.cellimm.2010.05.013.

O'Byrne, P.M., N. Naji, and G.M. Gauvreau. 2012. Severe asthma: future treatments. *Clinical*

& Experimental Allergy. 42:706–711. doi:10.1111/j.1365-2222.2012.03965.x.

Ortega, H., G. Chupp, P. Bardin, A. Bourdin, G. Garcia, B. Hartley, S. Yancey, and M. Humbert. 2014. The role of mepolizumab in atopic and nonatopic severe asthma with persistent eosinophilia. *European Respiratory Journal.* doi:10.1183/09031936.00220413.

Osborn, D.A., and J.K.H. Sinn. 2013. Prebiotics in infants for prevention of allergy. *Cochrane Database Syst Rev.* 3:CD006474. doi:10.1002/14651858.CD006474.pub3.

Ozier, A., B. Allard, I. Bara, P.-O. Girodet, T. Trian, R. Marthan, and P. Berger. 2011. The pivotal role of airway smooth muscle in asthma pathophysiology. *Journal of Allergy.* 2011:742710. doi:10.1155/2011/742710.

Pain, M., O. Bermudez, P. Lacoste, P.-J. Royer, K. Botturi, A. Tissot, S. Brouard, O. Eickelberg, and A. Magnan. 2014. Tissue remodelling in chronic bronchial diseases: from the epithelial to mesenchymal phenotype. *Eur Respir Rev.* 23:118–130. doi:10.1183/09059180.00004413.

Palomares, O., M.M.I. n-Fontecha, R. Lauener, C. Traidl-Hoffmann, O. Cavkaytar, M. Akdis, and C.A. Akdis. 2014. Regulatory T cells and immune regulation of allergic diseases: roles of IL-10 and TGF-b. 1–10. doi:10.1038/gene.2014.45.

Panina-Bordignon, P., A. Papi, M. Mariani, P. Di Lucia, G. Casoni, C. Bellettato, C. Buonsanti, D. Miotto, C. Mapp, A. Villa, G. Arrigoni, L.M. Fabbri, and F. Sinigaglia. 2001. The C-C chemokine receptors CCR4 and CCR8 identify airway T cells of allergen-challenged atopic asthmatics. *J. Clin. Invest.* 107:1357–1364. doi:10.1172/JCI12655.

Pavord, I.D., S. Korn, P. Howarth, E.R. Bleecker, R. Buhl, O.N. Keene, H. Ortega, and P. Chanez. 2012. Mepolizumab for severe eosinophilic asthma (DREAM): a multicentre, double-blind, placebo-controlled trial. *Lancet.* 380:651–659. doi:10.1016/S0140-6736(12)60988-X.

Pelaia, G., A. Vatrella, and R. Maselli. 2012. The potential of biologics for the treatment of asthma. 1–15. doi:10.1038/nrd3792.

Pepe, C., S. Foley, J. Shannon, C. Lemière, R. Olivenstein, P. Ernst, M.S. Ludwig, J.G. MARTIN, and Q. Hamid. 2005. Differences in airway remodeling between subjects with severe and moderate asthma. *Journal of Allergy and Clinical Immunology.* 116:544–549. doi:10.1016/j.jaci.2005.06.011.

Perry, M.M., J.E. Baker, D.S. Gibeon, I.M. Adcock, and K.F. Chung. 2013. Airway Smooth Muscle Hyperproliferation is Regulated by microRNA-221 in Severe Asthma. *Am J Respir Cell Mol Biol.* 130814131000002. doi:10.1165/rcmb.2013-0067OC.

Peters, M.C., Z.K. Mekonnen, S. Yuan, N.R. Bhakta, P.G. Woodruff, and J.V. Fahy. 2014. Measures of gene expression in sputum cells can identify TH2-high and TH2-low subtypes of asthma. *J. Allergy Clin. Immunol.* 133:388–394. doi:10.1016/j.jaci.2013.07.036.

Pham, D., S. Sehra, X. Sun, and M.H. Kaplan. 2014. The transcription factor Etv5 controls TH17 cell development and allergic airway inflammation. *J. Allergy Clin. Immunol.* doi:10.1016/j.jaci.2013.12.021.

Pichavant, M., S. Goya, E.H. Meyer, R.A. Johnston, H.Y. Kim, P. Matangkasombut, M. Zhu, Y. Iwakura, P.B. Savage, R.H. DeKruyff, S.A. Shore, and D.T. Umetsu. 2008. Ozone exposure in a mouse model induces airway hyperreactivity that requires the presence of natural killer T cells and IL-17. *Journal of Experimental Medicine.* 205:385–393. doi:10.1084/jem.20071507.

Pignatti, P., G. Moscato, S. Casarini, M. Delmastro, M. Poppa, G. Brunetti, P. Pisati, and B. Balbi. 2005. Downmodulation of CXCL8/IL-8 receptors on neutrophils after recruitment in the airways. *Journal of Allergy and Clinical Immunology.* 115:88–94. doi:10.1016/j.jaci.2004.08.048.

Piper, E., C. Brightling, R. Niven, C. Oh, R. Faggioni, K. Poon, D. She, C. Kell, R.D. May, G.P. Geba, and N.A. Molfino. 2013. A phase II placebo-controlled study of tralokinumab in moderate-to-severe asthma. *European Respiratory Journal.* 41:330–338. doi:10.1183/09031936.00223411.

Pipet, A., K. Botturi, D. Pinot, D. Vervloet, and A. Magnan. 2009. Allergen-specific immunotherapy in allergic rhinitis and asthma. Mechanisms and proof of efficacy. *Respiratory Medicine.* 103:800–812. doi:10.1016/j.rmed.2009.01.008.

POCKET GUIDE FOR ASTHMA MANAGEMENT AND PREVENTION. 2014. 1–32.

Prazma, C.M., S. Wenzel, N. Barnes, J.A. Douglass, B.F. Hartley, and H. Ortega. 2014. Characterisation of an OCS-dependent severe asthma population treated with mepolizumab. *Thorax.* doi:10.1136/thoraxjnl-2014-205581.

Prieto, L., L. Bruno, V. Gutiérrez, S. Uixera, C. Pérez-Francés, A. Lanuza, and A. Ferrer. 2003. Airway responsiveness to adenosine 5'-monophosphate and exhaled nitric oxide measurements: predictive value as markers for reducing the dose of inhaled corticosteroids in asthmatic subjects. *CHEST.* 124:1325–1333. doi:10.1111/j.1399-3038.2006.00411.x.

Proust, B., M.A. Nahori, C. Ruffie, J. Lefort, and B.B. Vargaftig. 2003. Persistence of bronchopulmonary hyper-reactivity and eosinophilic lung inflammation after anti-IL-5 or -IL-13 treatment in allergic BALB/c and IL-4Ralpha knockout mice. *Clin. Exp. Allergy.* 33:119–131. doi:10.1093/cvr/cvs422.

Prussin, C., J. Lee, and B. Foster. 2009. Eosinophilic gastrointestinal disease and peanut allergy are alternatively associated with IL-5+ and IL-5(-) T(H)2 responses. *J. Allergy Clin. Immunol.* 124:1326–32.e6. doi:10.1016/j.jaci.2009.09.048.

RACKEMANN, F.M. 1947. A working classification of asthma. *Am. J. Med.* 3:601–606.

Ramesh, R., L. Kozhaya, K. McKevitt, I.M. Djuretic, T.J. Carlson, M.A. Quintero, J.L. McCauley, M.T. Abreu, D. Unutmaz, and M.S. Sundrud. 2014. Pro-inflammatory human Th17 cells selectively express P-glycoprotein and are refractory to glucocorticoids. *Journal of Experimental Medicine*. 211:89–104. doi:10.1084/jem.20130301.

Randall, T.D. 2010. Bronchus-associated lymphoid tissue (BALT) structure and function. *Adv. Immunol.* 107:187–241. doi:10.1016/B978-0-12-381300-8.00007-1.

Rangel-Moreno, J., D.M. Carragher, M. de la Luz Garcia-Hernandez, J.Y. Hwang, K. Kusser, L. Hartson, J.K. Kolls, S.A. Khader, and T.D. Randall. 2011. The development of inducible bronchus-associated lymphoid tissue depends on IL-17. *Nat. Immunol.* 12:639–646.

Raymond, M., V.Q. Van, K. Wakahara, M. Rubio, and M. Sarfati. 2011. Lung dendritic cells induce T(H)17 cells that produce T(H)2 cytokines, express GATA-3, and promote airway inflammation. *J. Allergy Clin. Immunol.* 128:192–201.e6. doi:10.1016/j.jaci.2011.04.029.

Ribot, J.C., A. deBarros, D.J. Pang, J.F. Neves, V. Peperzak, S.J. Roberts, M. Girardi, J. Borst, A.C. Hayday, D.J. Pennington, and B. Silva-Santos. 2009. CD27 is a thymic determinant of the balance between interferon-γ- and interleukin 17–producing γδ T cell subsets. *Nat. Immunol.* 10:427–436. doi:10.1038/ni.1717.

Riedler, J., C. Braun-Fahrländer, W. Eder, M. Schreuer, M. Waser, S. Maisch, D. Carr, R. Schierl, D. Nowak, E. von Mutius, ALEX Study Team. 2001. Exposure to farming in early life and development of asthma and allergy: a cross-sectional survey. *The Lancet.* 358:1129–1133. doi:10.1016/S0140-6736(01)06252-3.

Robinson, D.S. 2010. The role of the T cell in asthma. *J. Allergy Clin. Immunol.* 126:1081–91–quiz 1092–3. doi:10.1016/j.jaci.2010.06.025.

Robinson, D.S., Q. Hamid, S. Ying, A. Tsicopoulos, J. Barkans, A.M. Bentley, C. Corrigan, S.R. Durham, and A.B. Kay. 1992. Predominant TH2-like bronchoalveolar T-lymphocyte population in atopic asthma. *N Engl J Med.* 326:298–304. doi:10.1056/NEJM199201303260504.

Roduit, C., R. Frei, M. Depner, B. Schaub, G. Loss, J. Genuneit, P. Pfefferle, A. Hyvärinen, A.M. Karvonen, J. Riedler, J.-C. Dalphin, J. Pekkanen, E. von Mutius, C. Braun-Fahrländer, R. Lauener, PASTURE study group. 2014. Increased food diversity in the first year of life is inversely associated with allergic diseases. *J. Allergy Clin. Immunol.* 133:1056–1064. doi:10.1016/j.jaci.2013.12.1044.

Rolland-Debord, C., D. Lair, T. Roussey-Bihouée, D. Hassoun, J. Evrard, M.-A. Cheminant, J. Chesné, F. Braza, G. Mahay, V. Portero, C. Sagan, B. Pitard, and A. Magnan. 2014. Block copolymer/DNA vaccination induces a strong allergen-specific local response in a mouse model of house dust mite asthma. *PLoS ONE.* 9:e85976. doi:10.1371/journal.pone.0085976.

Rot, A., M. Krieger, T. Brunner, S.C. Bischoff, T.J. Schall, and C.A. Dahinden. 1992. RANTES and macrophage inflammatory protein 1 alpha induce the migration and activation of normal human eosinophil granulocytes. *J. Exp. Med.* 176:1489–1495.

Roth, M., and M. Tamm. 2010. Airway smooth muscle cells respond directly to inhaled environmental factors. *Swiss Med Wkly*. 140:w13066.

Saenz, S.A., B.C. Taylor, and D. Artis. 2008. Welcome to the neighborhood: epithelial cell-derived cytokines license innate and adaptive immune responses at mucosal sites. *Immunol. Rev.* 226:172–190. doi:10.1111/j.1600-065X.2008.00713.x.

Saglani, S., S.A. Mathie, L.G. Gregory, M.J. Bell, A. Bush, and C.M. Lloyd. 2009. Pathophysiological features of asthma develop in parallel in house dust mite-exposed neonatal mice. *Am J Respir Cell Mol Biol*. 41:281–289. doi:10.1165/rcmb.2008-0396OC.

Salob, S.P., A. Laverty, and D.J. Atherton. 1993. Bronchial hyperresponsiveness in children with atopic dermatitis. *Pediatrics*. 91:13–16.

Savenije, O.E., J.M. Mahachie John, R. Granell, M. Kerkhof, F.N. Dijk, J.C. de Jongste, H.A. Smit, B. Brunekreef, D.S. Postma, K. Van Steen, J. Henderson, and G.H. Koppelman. 2014. Association of IL33-IL-1 receptor-like 1 (IL1RL1) pathway polymorphisms with wheezing phenotypes and asthma in childhood. *J. Allergy Clin. Immunol.* 134:170–177. doi:10.1016/j.jaci.2013.12.1080.

Schäfer, T., E. Böhler, S. Ruhdorfer, L. Weigl, D. Wessner, J. Heinrich, B. Filipiak, H.E. Wichmann, and J. Ring. 2001. Epidemiology of food allergy/food intolerance in adults: associations with other manifestations of atopy. *Allergy*. 56:1172–1179.

Schnyder-Candrian, S., D. Togbe, I. Couillin, I. Mercier, F. Brombacher, V. Quesniaux, F. Fossiez, B. Ryffel, and B. Schnyder. 2006. Interleukin-17 is a negative regulator of established allergic asthma. *J. Exp. Med.* 203:2715–2725. doi:10.1084/jem.20061401.

Sehmi, R., K. Howie, D.R. Sutherland, W. Schragge, P.M. O'Byrne, and J.A. Denburg. 1996. Increased levels of CD34+ hemopoietic progenitor cells in atopic subjects. *Am J Respir Cell Mol Biol*. 15:645–655. doi:10.1165/ajrcmb.15.5.8918371.

Seymour, B.W., K.E. Pinkerton, K.E. Friebertshauser, R.L. Coffman, and L.J. Gershwin. 1997. Second-hand smoke is an adjuvant for T helper-2 responses in a murine model of allergy. *J. Immunol.* 159:6169–6175.

Shi, Y.-H., G.-C. Shi, H.-Y. Wan, X.-Y. Ai, H.-X. Zhu, W. Tang, J.-Y. Ma, X.-Y. Jin, and B.-Y. Zhang. 2013. An increased ratio of Th2/Treg cells in patients with moderate to severe asthma. *Chin. Med. J.* 126:2248–2253. doi:10.3760/cma.j.issn.0366-6999.20121841.

Shin, Y.S., K. Takeda, and E.W. Gelfand. 2009. Understanding asthma using animal models. *Allergy Asthma Immunol Res*. 1:10–18. doi:10.4168/aair.2009.1.1.10.

Simeone-Penney, M.C., M. Severgnini, L. Rozo, S. Takahashi, B.H. Cochran, and A.R. Simon. 2008. PDGF-induced human airway smooth muscle cell proliferation requires STAT3 and the small GTPase Rac1. *AJP: Lung Cellular and Molecular Physiology*. 294:L698–L704. doi:10.1152/ajplung.00529.2007.

Singh, A.M., P. Dahlberg, K. Burmeister, M.D. Evans, R. Gangnon, K.A. Roberg, C. Tisler, D. DaSilva, T. Pappas, L. Salazar, R.F. Lemanske Jr., J.E. Gern, and C.M. Seroogy. 2013.

Inhaled corticosteroid use is associated with increased circulating T regulatory cells in children with asthma. *Clinical and Molecular Allergy*. 11:1–1. doi:10.1186/1476-7961-11-1.

Siracusa, M.C., B.S. Kim, J.M. Spergel, and D. Artis. 2013. Basophils and allergic inflammation. *J. Allergy Clin. Immunol.* 132:789–801– quiz 788. doi:10.1016/j.jaci.2013.07.046.

Siroux, V., X. Basagana, A. Boudier, I. Pin, J. Garcia-Aymerich, A. Vesin, R. Slama, D. Jarvis, J.M. Anto, F. Kauffmann, and J. Sunyer. 2011. Identifying adult asthma phenotypes using a clustering approach. *European Respirctory Journal*. 38:310–317. doi:10.1183/09031936.00120810.

Smit, L.A.M., E. Bouzigon, I. Pin, V. Siroux, F. Monier, H. Aschard, J. Bousquet, F. Gormand, J. Just, N. Le Moual, R. Nadif, P. Scheinmann, D. Vervloet, M. Lathrop, F. Demenais, F. Kauffmann, EGEA Cooperative Group. 2010. 17q21 variants modify the association between early respiratory infections and asthma. *European Respiratory Journal*. 36:57–64. doi:10.1183/09031936.00154509.

Soumelis, V., P.A. Reche, H. Kanzler, W. Yuan, G. Edward, B. Homey, M. Gilliet, S. Ho, S. Antonenko, A. Lauerma, K. Smith, D. Gorman, S. Zurawski, J. Abrams, S. Menon, T. McClanahan, R. de Waal-Malefyt Rd, F. Bazan, R.A. Kastelein, and Y.-J. Liu. 2002. Human epithelial cells trigger dendritic cell mediated allergic inflammation by producing TSLP. *Nat. Immunol.* 3:673–680. doi:10.1038/ni805.

Staumont-Sallé, D., S. Fleury, A. Lazzari, O. Molendi-Coste, N. Hornez, C. Lavogiez, A. Kanda, J. Wartelle, A. Fries, D. Pennino, C. Mionnet, J. Prawitt, E. Bouchaert, E. Delaporte, N. Glaichenhaus, B. Staels, V. Julia, and D. Dombrowicz. 2014. CX₃CL1 (fractalkine) and its receptor CX₃CR1 regulate atopic dermatitis by controlling effector T cell retention in inflamed skin. *Journal of Experimentai Medicine*. 211:1185–1196. doi:10.1084/jem.20121350.

Stelmaszczyk-Emmel, A., A. Zawadzka-Krajewska, A. Szypowska, M. Kulus, and U. Demkow. 2013. Frequency and Activation of CD4+CD25 highFoxP3+ Regulatory T Cells in Peripheral Blood from Children with Atopic Allergy. *Int Arch Allergy Immunol*. 162:16–24. doi:10.1159/000350769.

Stokes, J.R. 2014. UNCORRECTED PROOF. *International Immunopharmacology*. 1–5. doi:10.1016/j.intimp.2014.05.032.

Strachan, D.P. 1989. Hay fever, hygiene, and household size. *BMJ*. 299:1259–1260.

Struyf, S., E. Van Collie, L. Paemen, W. Put, J.P. Lenaerts, P. Proost, G. Opdenakker, and J. Van Damme. 1998. Synergistic induction of MCP-1 and -2 by IL-1beta and interferons in fibroblasts and epithelial cells. *Journal of Leukocyte Biology*. 63:364–372.

Suurmond, J., J.N. Stoop, F. Rivellese, A.M. Bakker, T.W.J. Huizinga, and R.E.M. Toes. 2014. Activation of human basophils by combined toll-like receptor- and FcεRI-triggering can promote Th2 skewing of naive T helper cells. *Eur. J. Immunol.* 44:386–396. doi:10.1002/eji.201343617.

Takeda, K., E. Hamelmann, A. Joetham, L.D. Shultz, G.L. Larsen, C.G. Irvin, and E.W. Gelfand. 1997. Development of eosinophilic airway inflammation and airway hyperresponsiveness in mast cell-deficient mice. *J. Exp. Med.* 186:449–454.

Tanaka, H., M. Komai, K. Nagao, M. Ishizaki, D. Kajiwara, K. Takatsu, G. Delespesse, and H. Nagai. 2004. Role of interleukin-5 and eosinophils in allergen-induced airway remodeling in mice. *Am J Respir Cell Mol Biol.* 31:62–68. doi:10.1165/rcmb.2003-0305OC.

Taube, C., A. Dakhama, and E.W. Gelfand. 2004. Insights into the pathogenesis of asthma utilizing murine models. *Int Arch Allergy Immunol.* 135:173–186. doi:10.1159/000080899.

Thomsen, S.F. 2014. Review Article. *ISRN Allergy.* 1–7. doi:10.1155/2014/354250.

Thomson, N.C., and R. Chaudhuri. 2012. Omalizumab: clinical use for the management of asthma. *Clin Med Insights Circ Respir Pulm Med.* 6:27–40. doi:10.4137/CCRPM.S7793.

Thomson, N.C., M. Patel, and A.D. Smith. 2012a. Lebrikizumab in the personalized management of asthma. *Biologics.* 6:329–335. doi:10.2147/BTT.S28666.

Thomson, N.C., S. Bicknell, and R. Chaudhuri. 2012b. Bronchial thermoplasty for severe asthma. *Current Opinion in Allergy and Clinical Immunology.* 12:241–248. doi:10.1097/ACI.0b013e32835335ca.

Tian, M., Y. Wang, Y. Lu, Y.-H. Jiang, and D.-Y. Zhao. 2014. Effects of sublingual immunotherapy for Dermatophagoides farinae on Th17 cells and CD4(+) CD25(+) regulatory T cells in peripheral blood of children with allergic asthma. *Int Forum Allergy Rhinol.* 4:371–375. doi:10.1002/alr.21305.

Tliba, O., Y. Amrani, and R.A. Panettieri. 2008. Is airway smooth muscle the "missing link" modulating airway inflammation in asthma? *CHEST.* 133:236–242. doi:10.1378/chest.07-0262.

Tremblay, K., M. Lemire, V. Provost, T. Pastinen, Y. Renaud, A.J. Sandford, M. Laviolette, T.J. Hudson, and C. Laprise. 2006. Association study between the CX3CR1 gene and asthma. *Genes Immun.* 7:632–639. doi:10.1038/sj.gene.6364340.

Trevor, J.L., and J.S. Deshane. 2014. Refractory asthma: mechanisms, targets, and therapy. *Allergy.* 69:817–827. doi:10.1111/all.12412.

Trompette, A., S. Divanovic, A. Visintin, C. Blanchard, R.S. Hegde, R. Madan, P.S. Thorne, M. Wills-Karp, T.L. Gioannini, J.P. Weiss, and C.L. Karp. 2009. Allergenicity resulting from functional mimicry of a Toll-like receptor complex protein. *Nature.* 457:585–588. doi:10.1038/nature07548.

Tsitoura, D.C., and P.B. Rothman. 2004. Enhancement of MEK/ERK signaling promotes glucocorticoid resistance in CD4+ T cells. *J. Clin. Invest.* 113:619–627. doi:10.1172/JCI200418975.

Tual, S., P. Godard, J.-P. Piau, J. Bousquet, and I. Annesi-Maesano. 2008. Asthma-related mortality in France, 1980-2005: decline since the last decade. *Allergy*. 63:621–623. doi:10.1111/j.1398-9995.2008.01657.x.

Umetsu, D.T., and R.H. DeKruyff. 2010. The International Journal of Biochemistry & Cell Biology. *International Journal of Biochemistry and Cell Biology*. 42:529–534. doi:10.1016/j.biocel.2009.10.022.

van de Veen, W., B. Stanic, G. Yaman, M. Wawrzyniak, S. Söllner, D.G. Akdis, B. Rückert, C.A. Akdis, and M. Akdis. 2013. IgG4 production is confined to human IL-10-producing regulatory B cells that suppress antigen-specific immune responses. *J. Allergy Clin. Immunol.* 131:1204–1212. doi:10.1016/j.jaci.2013.01.014.

Wakahara, K., H. Tanaka, G. Takahashi, M. Tamari, R. Nasu, T. Toyohara, H. Takano, S. Saito, N. Inagaki, K. Shimokata, and H. Nagai. 2008. Repeated instillations of Dermatophagoides farinae into the airways can induce Th2-dependent airway hyperresponsiveness, eosinophilia and remodeling in mice: effect of intratracheal treatment of fluticasone propionate. *Eur. J. Pharmacol.* 578:87–96. doi:10.1016/j.ejphar.2007.09.005.

Walker, J.A., J.L. Barlow, and A.N.J. McKenzie. 2013. Innate lymphoid cells — how did wemiss them? *Nature Publishing Group*. 13:75–87. doi:10.1038/nri3349.

WANG Wei, L. Xiang, Y.-G. Liu, Y.-H. Wang, and K.-L. Shen. 2010. Effect of house dust mite immunotherapy on interleukin-10-secreting regulatory T cells in asthmatic children. *Chin. Med. J.* 123:2099–2104. doi:10.3760/cma.j.issn.0366-6999.2010.15.026.

Wang, J., and A.H. Liu. 2011. Food allergies and asthma. *Current Opinion in Allergy and Clinical Immunology*. 11:249–254. doi:10.1097/ACI.0b013e3283464c8e.

Wang, J.Y., S.D. Shyur, W.H. Wang, Y.H. Liou, C.G.J. Lin, Y.J. Wu, and L.S.H. Wu. 2009. The polymorphisms of interleukin 17A (IL17A) gene and its association with pediatric asthma in Taiwanese population. *Allergy*. 64:1056–1060. doi:10.1111/j.1398-9995.2009.01950.x.

Wang, Y.H., K.S. Voo, B. Liu, C.Y. Chen, B. Uygungil, W. Spoede, J.A. Bernstein, D.P. Huston, and Y.J. Liu. 2010. A novel subset of CD4+ TH2 memory/effector cells that produce inflammatory IL-17 cytokine and promote the exacerbation of chronic allergic asthma. *Journal of Experimental Medicine*. 207:2479–2491. doi:10.1067/mai.2003.139.

Wanner, A. 1990. Utility of animal models in the study of human airway disease. *CHEST*. 98:211–217.

Watson, M.L., S.P. Grix, N.J. Jordan, G.A. Place, S. Dodd, J. Leithead, C.T. Poll, T. Yoshimura, and J. Westwick. 1998. Interleukin 8 and monocyte chemoattractant protein 1 production by cultured human airway smooth muscle cells. *Cytokine*. 10:346–352. doi:10.1006/cyto.1997.0350.

Wenzel, S., D. Wilbraham, R. Fuller, E.B. Getz, and M. Longphre. 2007. Effect of an interleukin-4 variant on late phase asthmatic response to allergen challenge in asthmatic patients: results of two phase 2a studies. *Lancet*. 370:1422–1431. doi:10.1016/S0140-6736(07)61600-6.

Wenzel, S., L. Ford, D. Pearlman, S. Spector, L. Sher, F. Skobieranda, L. Wang, S. Kirkesseli, R. Rocklin, B. Bock, J. Hamilton, J.E. Ming, A. Radin, N. Stahl, G.D. Yancopoulos, N. Graham, and G. Pirozzi. 2013. Dupilumab in Persistent Asthma with Elevated Eosinophil Levels. *N Engl J Med*. 368:2455–2466. doi:10.1056/NEJMoa1304048.

Wenzel, S.E. 2012. Asthma phenotypes: the evolution from clinical to molecular approaches. *Nat. Med.* 18:716–725. doi:10.1038/nm.2678.

Wenzel, S.E., L.B. Schwartz, E.L. Langmack, J.L. Halliday, J.B. Trudeau, R.L. Gibbs, and H.W. Chu. 1999. Evidence that severe asthma can be divided pathologically into two inflammatory subtypes with distinct physiologic and clinical characteristics. *Am. J. Respir. Crit. Care Med.* 160:1001–1008. doi:10.1164/ajrccm.160.3.9812110.

Wijesinghe, M., M. Weatherall, K. Perrin, J. Crane, and R. Beasley. 2009. International trends in asthma mortality rates in the 5- to 34-year age group: a call for closer surveillance. *CHEST*. 135:1045–1049. doi:10.1378/chest.08-2082.

Wills-Karp, M., J. Luyimbazi, X. Xu, B. Schofield, T.Y. Neben, C.L. Karp, and D.D. Donaldson. 1998. Interleukin-13: central mediator of allergic asthma. *Science*. 282:2258–2261.

Wilson, R.H., G.S. Whitehead, H. Nakano, M.E. Free, J.K. Kolls, and D.N. Cook. 2009. Allergic Sensitization through the Airway Primes Th17-dependent Neutrophilia and Airway Hyperresponsiveness. *Am. J. Respir. Crit. Care Med.* 180:720–730. doi:10.1164/rccm.200904-0573OC.

Wolterink, R.G.J.K., A. KleinJan, M. van Nimwegen, I. Bergen, M. de Bruijn, Y. Levani, and R.W. Hendriks. 2012. Pulmonary innate lymphoid cells are major producers of IL-5 and IL-13 in murine models of allergic asthma. *Eur. J. Immunol.* 42:1106–1116. doi:10.1002/eji.201142018.

Wood, L.G., K.J. Baines, J. Fu, H.A. Scott, and P.G. Gibson. 2012. The Neutrophilic Inflammatory Phenotype Is Associated With Systemic Inflammation in Asthma. *CHEST*. 142. doi:10.1378/chest.11-1838.

Woodruff, P.G., B. Modrek, D.F. Choy, G. Jia, A.R. Abbas, A. Ellwanger, L.L. Koth, J.R. Arron, and J.V. Fahy. 2009. T-helper type 2-driven inflammation defines major subphenotypes of asthma. *Am. J. Respir. Crit. Care Med.* 180:388–395. doi:10.1164/rccm.200903-0392OC.

Woodruff, P.G., H.A. Boushey, G.M. Dolganov, C.S. Barker, Y.H. Yang, S. Donnelly, A. Ellwanger, S.S. Sidhu, T.P. Dao-Pick, and C. Pantoja. 2007. Genome-wide profiling identifies epithelial cell genes associated with asthma and with treatment response to corticosteroids. *Proc. Natl. Acad. Sci. U.S.A.* 104:15858–15863.

Wu, W., E. Bleecker, W. Moore, W.W. Busse, M. Castro, K.F. Chung, W.J. Calhoun, S.

Erzurum, B. Gaston, E. Israel, D. Curran-Everett, and S.E. Wenzel. 2014. Unsupervised phenotyping of Severe Asthma Research Program participants using expanded lung data. *J. Allergy Clin. Immunol.* doi:10.1016/j.jaci.2013.11.042.

Yang, D., Q. Chen, S.B. Su, P. Zhang, K. Kurosaka, R.R. Caspi, S.M. Michalek, H.F. Rosenberg, N. Zhang, and J.J. Oppenheim. 2008. Eosinophil-derived neurotoxin acts as an alarmin to activate the TLR2-MyD88 signal pathway in dendritic cells and enhances Th2 immune responses. *Journal of Experimental Medicine.* 205:79–90. doi:10.1084/jem.20062027.

Yeganeh, B., C. Xia, H. Movassagh, C. Koziol-White, Y. Chang, L. Al-Alwan, J.E. Bourke, and B.G.G. Oliver. 2013. Pulmonary Pharmacology & Therapeutics. *Pulmonary Pharmacology & Therapeutics.* 26:105–111. doi:10.1016/j.pupt.2012.06.011.

Yu, S., H.Y. Kim, Y.-J. Chang, R.H. DeKruyff, and D.T. Umetsu. 2014a. Innate lymphoid cells and asthma. *J. Allergy Clin. Immunol.* 133:943–50– quiz 51. doi:10.1016/j.jaci.2014.02.015.

Yu, S., H.Y. Kim, Y.-J. Chang, R.H. DeKruyff, and D.T. Umetsu. 2014b. Innate lymphoid cells and asthma. *J. Allergy Clin. Immunol.* 133:943–950. doi:10.1016/j.jaci.2014.02.015.

Zhang, D.H., L. Yang, L. Cohn, L. Parkyn, R. Homer, P. Ray, and A. Ray. 1999. Inhibition of allergic inflammation in a murine model of asthma by expression of a dominant-negative mutant of GATA-3. *Immunity.* 11:473–482.

Zhao, J., C.M. Lloyd, and A. Noble. 2012. Th17 responses in chronic allergic airway inflammation abrogate regulatory T-cell-mediated tolerance and contribute to airway remodeling. *Mucosal Immunology.* 1–12. doi:10.1038/mi.2012.76.

Zhao, Y., J. Yang, and Y.-D. Gao. 2011. Altered expressions of helper T cell (Th)1, Th2, and Th17 cytokines in CD8(+) and γδ T cells in patients with allergic asthma. *J Asthma.* 48:429–436. doi:10.3109/02770903.2011.570403.

Zhu, Z., R.J. Homer, Z. Wang, Q. Chen, G.P. Geba, J. Wang, Y. Zhang, and J.A. Elias. 1999. Pulmonary expression of interleukin-13 causes inflammation, mucus hypersecretion, subepithelial fibrosis, physiologic abnormalities, and eotaxin production. *J. Clin. Invest.* 103:779–788. doi:10.1172/JCI5909.

Ziegler, S.F., and D. Artis. 2010. Sensing the outside world: TSLP regulates barrier immunity. *Nat. Immunol.* 11:289–293. doi:10.1038/ni.1852.

Zijlstra, G.J., F. Fattahi, D. Rozeveld, M.R. Jonker, N.M. Kliphuis, M. van den Berge, M.N. Hylkema, N.H.T. Ten Hacken, A.J.M. van Oosterhout, and I.H. Heijink. 2014. Glucocorticoids induce the production of the chemoattractant CCL20 in airway epithelium. *European Respiratory Journal.* doi:10.1183/09031936.00209513.

Buy your books fast and straightforward online - at one of the world's fastest growing online book stores! Environmentally sound due to Print-on-Demand technologies.

Buy your books online at

www.get-morebooks.com

Achetez vos livres en ligne, vite et bien, sur l'une des librairies en ligne les plus performantes au monde!
En protégeant nos ressources et notre environnement grâce à l'impression à la demande.

La librairie en ligne pour acheter plus vite

www.morebooks.fr

SIA OmniScriptum Publishing
Brivibas gatve 1 97
LV-103 9 Riga, Latvia
Telefax: +371 68620455

info@omniscriptum.com
www.omniscriptum.com

Printed by Books on Demand GmbH, Norderstedt / Germany